高职高专计算机类专业系列教材

视频剪辑技术

SHIPIN JIANJI JISHU

主　编　杨官霞　李淑娟　张　静

副主编　张　莉　刘晶晶　韩　彦

参　编　廖智蓉　苑　竹　李　君　陈婷婷

　　　　朱海峰　黄胜华　侯卫东

西安电子科技大学出版社

内 容 简 介

　　本书是视频剪辑软件 Premiere 的入门教材。全书内容按项目组织，包括数字视频制作基础、分镜头脚本的撰写与拍摄、初识 Premiere、素材导入、基本剪辑、视频过渡效果、字幕、视频效果、音频等 9 个项目。书中内容由浅入深，理论简单够用，项目精选精练，操作步骤讲解仔细到位，能让初学者快速入门并迅速掌握 Premiere 的基本操作，逐步提高自己的理论和实践水平。

　　本书可作为高职高专学校影视制作、数字媒体、广播电视编导、传媒等专业的教材，也可作为对视频剪辑感兴趣的读者的学习参考书。

图书在版编目（CIP）数据

　　视频剪辑技术/ 杨官霞，李淑娟，张静主编. -- 西安 ：西安电子
科技大学出版社, 2025. 7. -- ISBN 978-7-5606-7714-9

　　Ⅰ. TP317.53

中国国家版本馆 CIP 数据核字第 202448H1W9 号

策　　　划　刘小莉
责任编辑　刘小莉
出版发行　西安电子科技大学出版社（西安市太白南路 2 号）
电　　　话　（029）88202421　88201467　　　邮　　编　710071
网　　　址　www.xduph.com　　　　　　电子邮箱　xdupfxb001@163.com
经　　　销　新华书店
印刷单位　陕西日报印务有限公司
版　　　次　2025 年 7 月第 1 版　　　　2025 年 7 月第 1 次印刷
开　　　本　787 毫米×1092 毫米　1/16　　　印　　张　15
字　　　数　353 千字
定　　　价　36.00 元

ISBN 978-7-5606-7714-9

XDUP 8015001-1

*** 如有印装问题可调换 ***

前　言

　　Premiere(简称"Pr")是 Adobe 公司开发的视频剪辑软件。Pr 软件本身功能强大，具备视频剪辑、视频过渡转场、特效处理、字幕制作、音频编辑等多种功能。同时，该软件灵活易学，深受广大视频专业制作人员的喜爱，是这一领域最流行的视频剪辑软件之一。Pr 软件还有一个优势，可以与 Adobe 公司推出的其他软件结合应用，例如与图像处理软件 Photoshop、后期特效制作软件 After Effects 完美配合，互相支持，工作于整个视频制作的各个环节，直至将视频完美地呈现出来。

　　学习视频制作，选对一个好软件，选对一本好教材至关重要。Pr 是一款非常适合进行视频制作的软件，本书是一本适合初学者学习 Pr 的教材。

　　本书分为 9 个项目，包括数字视频制作基础、分镜头脚本的撰写与拍摄、初识 Premiere、素材导入、基本剪辑、视频过渡效果、字幕、视频效果、音频等内容，可完全满足初学者学习 Pr 的需求。

　　本书与党的二十大精神紧密结合，强调课程思政，深度挖掘思政元素，将爱国爱家爱生活爱社会等融入教材项目，每个项目的教学内容都与思政元素紧密结合。例如：在讲解 Premiere 软件操作时，结合党的二十大报告中关于文化自信自强的内容；在制作字幕的同时传承和弘扬中华优秀传统文化，增强文化软实力；剪辑与祖国美景相关的素材时，制作宣传爱家爱校爱国等内容的视频作品，将爱国主义教育润物无声地融入其中。

　　本书理论简单够用，任务实训讲解仔细，由浅入深，循序渐进，条理清晰。在编写本书的每个项目和任务时编者都思虑再三，既考虑了知识点与技能点的有效融入，又注意了案例的趣味性，以提高本书的实用性。

　　从编者多年的教学经验来看，初学者在学习 Pr 的过程中除了会碰到 Pr 软件本身存在的问题外，还会碰到在使用 Pr 的过程中计算机经常发生的卡顿、死机等问题。本书在每个项目中增加了"技巧点亮"环节，可帮助读者解决在使用 Pr 的过程中所遇到的计算机方面的问题，更好地完成 Pr 的学习。

在编写本书的过程中我们得到了很多同事及合作企业的支持，如北京家嘉华洋科技有限公司杭州分公司、杭州柚妈柚子家政服务有限公司、浙江万胜智能科技股份有限公司、杭州奥克光电设备有限公司、浙江图维科技股份有限公司等都提供了大力支持，在此一并表示感谢。

由于编者水平有限，书中可能还有不足之处，恳请读者批评指正。

编　者

2025 年 4 月

目　录

项目1　数字视频制作基础

项目导入

随着互联网的普及和社交媒体的兴起，视频作为一种新的媒体形式，逐渐成为人们获取信息、分享生活和消遣娱乐的重要方式。数字视频制作也成为当今最具发展潜力的朝阳产业之一。

本项目主要介绍线性编辑与非线性编辑的特点、数字视频制作的基础知识及数字视频制作的基本流程和人员分工，目前常见的视频分类及数字视频制作常用的素材类型，为创建素材库做好准备。

知识储备

一、线性编辑

线性编辑是一种基于磁带或录像带的编辑方式，它利用电子手段，根据内容要求将素材连接成新的连续画面，是一种传统的电视节目编辑方式。

线性编辑按照时间顺序从头至尾进行编辑。通常先使用组合编辑的方式将素材按顺序编辑成新的连续画面，然后以插入编辑的方式对某一段画面进行同样长度的替换。在这种编辑方式中，素材按照时间顺序排列，编辑人员首先需要编辑素材的第一个镜头，然后依次进行后续的编辑，结尾的镜头最后编辑。由于线性编辑依托的是以一维时间轴为基础的线性记录载体，如磁带编辑系统，因此一旦编辑完成，就不能轻易改变这些镜头的组接顺序。

线性编辑具有以下特点：

(1) 素材的编辑需要按照时间顺序进行，无法跳跃或者随意调整素材的顺序。

(2) 使用物理磁带或录像带进行存储和编辑，操作过程烦琐。

(3) 模拟信号多次复制后会严重衰减，声音、画面质量会降低。

(4) 素材不能随机存取。

(5) 线性编辑系统所需设备较多，安装调试较为复杂。

二、非线性编辑

非线性编辑是一种基于计算机技术的数字化编辑方式，它克服了传统的基于磁带进行线性编辑的种种限制，在素材的选取和编辑过程中可以随时改变素材的出入点和顺序，可以实时观看编辑效果，并且可以随时修改编辑方案，使编辑工作更加灵活、高效。

非线性是和"数字化"的概念联系在一起的。在非线性编辑中，编辑过程中要使用的各种素材，包括视频、图形图像、文字、动画、声音等全部转化成数字信号存储在计算机硬盘中，并按照一定的数据格式进行组织和管理，然后在以计算机为工作平台的非线性编辑系统中完成剪辑编辑、特效处理、字幕制作和最终输出。

相比于传统的线性编辑，非线性编辑具有很多优越性：首先，它提高了编辑效率，因为编辑人员可以实时观看编辑效果，并且可以随时修改编辑方案，无须像传统编辑那样反复倒带、寻找素材；其次，非线性编辑具有更高的编辑精度，因为数字化存储的素材可以精确到帧，使得编辑更加细致；此外，非线性编辑具有丰富的编辑功能和效果，可以满足不同节目制作的需求。

在非线性编辑系统中，软件是核心部分，它提供用户与计算机硬件之间的交互界面，提供各种编辑功能和效果。市场上最受欢迎的非线性编辑软件包括 Adobe Premiere、Final Cut Pro、EDIUS、Avid Media Composer 等。这些软件通常都支持多种格式的视频和音频文件，并且提供丰富的特效和过渡效果，可以满足不同节目制作的需求。

自 1970 年美国出现第 1 套非线性编辑系统以来，经过半个世纪的发展，现在的非线性编辑系统已经实现完全数字化，广泛应用于影视、电视广告、MTV、节目包装、宣传片制作等领域。在不久的将来，非线性编辑技术将向进一步提高编辑效率，并与人工智能相结合的方向发展，实现智能化、自动化等更多的编辑功能，其应用领域将继续扩大。

任务实训

任务 1　了解数字视频制作基础知识

数字视频制作
基础知识讲解

任务目标

数字视频制作是对镜头画面进行组合编排及其他的加工。了解与视频制作相关的知识，可以帮助我们更明确地进行编辑操作实践。本任务要求大家了解数字视频的基础知识，掌握数字视频制作的主要流程和人员分工。

任务实施

近年来，随着数字媒体和互联网技术的快速发展，影视剪辑的需求量不断增加，对视频品质的要求也不断提升。高质量的视频内容创作、剪辑需要掌握专业的理论知识、积累丰富的实践经验、培养审美意识等。本任务首先学习数字视频的基础理论知识，在此基础上读者可以分工合作，组建自己的短视频制作团队。

❖   数字视频基础知识

1. 帧、帧速率与扫描方式

1) 帧与帧速率

(1) 帧：组成视频画面的一幅幅静态图像。数字视频是利用人眼的视觉暂留特性，使用连续的静态图像产生动态画面效果的。

(2) 帧速率：每秒刷新图像的帧数，也可以理解为图像处理器每秒的刷新次数，单位是帧/秒，即 f/s(frame per second)。例如，电影的帧速率为 24 f/s，PAL 制式电视系统的帧速率是 25 f/s，NTSC 制帧速率为 29.79 f/s，SECAM 制帧速率也是 25 f/s。帧速率越高，视频的播放效果越流畅，但其产生的数据量就越大，占用的带宽也越多。不管什么制式，大于 10 fps 的帧速率可以在视觉上产生平滑的动画，反之画面会产生跳动感。

2) 扫描方式

扫描方式是指电视机在播放视频画面时采用的播放方式，分为隔行扫描(Interlacing)和逐行扫描(Progressive)，如图 1-1 所示。在采用隔行扫描方式进行播放的显示设备中，每一帧画面都会被拆分开进行显示，而拆分后得到的残缺画面称为"场"。奇数场包含奇数行，又称上场；偶数场包含偶数行，又称下场。隔行扫描时，每帧图像都会分割为奇数场、偶数场交替显示来实现。逐行扫描同时显示每帧图像的所有像素，按照从上到下的顺序一行一行扫描来显示图像内容，又称"无场"扫描。

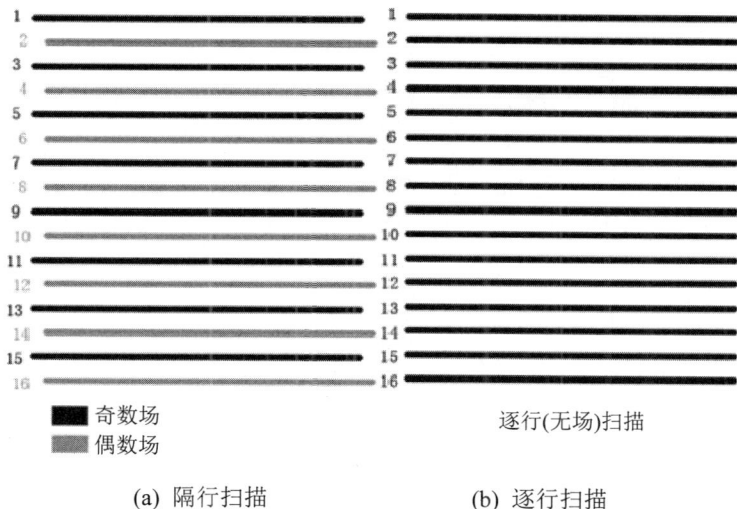

(a) 隔行扫描   (b) 逐行扫描

图 1-1   隔行扫描和逐行扫描

2. 像素、分辨率与画面质量

1) 像素

像素是组成图像的最小单位。

2) 分辨率

分辨率是指屏幕上像素的数量，通常用"水平方向像素数量×垂直方向像素数量"的方式来表示。分辨率表示时会出现后缀字母，如 1080p 和 1080i，实际上 1080p 和 1080i 都表示 1920 像素×1080 像素，只是显示方式不同。其中 p 表示逐行扫描方式，i 表示隔行扫描方式。

3) 像素与分辨率的关系

像素与分辨率成正比，像素越大，分辨率越高，分辨率决定了图像的清晰度和细节的精细程度。视频画面像素数越大，分辨率越大，视频的清晰度越高。同时，视频画面的分辨率还受录制设备和播放设备的限制。

标清：视频垂直分辨率 720 p 以下的视频格式；分辨率通常为 720 像素×576 像素或 720 像素×480 像素。

高清：视频垂直分辨率超过 720 p 或 1080 i/p；分辨率通常为 1280 像素×720 像素(720 p)或 1920 像素×1080 像素(1080 i/p)。

超高清：4K(3840 像素×2160 像素)及以上分辨率。

以上不同像素画面效果如图 1-2 所示。

图 1-2　不同分辨率的显示效果

3. 电视制式

电视信号的标准简称制式，可以简单地理解为用来实现电视图像或声音信号所采用的一种技术标准。全球主要的电视制式有 3 种，分别是 PAL 制、NTSC 制和 SECAM 制。中国和德国使用 PAL 制，韩国、日本、美国、东南亚地区及一些欧洲国家使用 NTSC 制，俄罗斯、法国及一些东欧国家使用 SECAM 制。每种制式都有其优点和特定的使用范围，它们之间的区别主要体现在帧频(场频)、分解率、信号带宽、色彩空间转换等方面，不同的制式之间互不兼容。

4. 时间代码

SMPTE 时间代码(SMPTE Time Code)是一种用于同步视频和音频设备的时间编码系统。它提供了一种精确的方式来表示时间，通常用于电视和电影制作中，以确保视频和音频信号在播放时能够正确对齐，简称"时码"。例如，一段长度为"00:04:07:15"的视频片段的播放时间为 4 分钟 7 秒 15 帧。

5. 信号格式

摄像机拍摄图像时，通过扫描形成 R、G、B 3 个信号，然后将 RGB 信号转换为亮度信号和色度信号。亮度信号 Y 是控制图像亮度的单色视频信号，色度信号 C 包含图像的彩色信息，并分为两个色差信号。对于 PAL 制来讲，压缩后的色差信号用 U、V 表示。U 代表蓝色色度分量，V 代表红色色度分量。

　　YUV 信号称为分量信号格式，是目前视频记录存储的主流方式。两个色差信号 U、V 可以进一步合成一个色度信号 C，进而形成 Y/C 分离信号格式。在 Y/C 分离信号格式中，亮度信号 Y 携带了图像的亮度信息，定义了黑色和白色的比例，而色度信号 C 携带了颜色的信息，定义了色调和饱和度。

　　亮度信号 Y 和色度信号 C 又可进一步形成一个信号——复合信号，也就是人们常说的彩色全电视信号。对同一信号源来讲，YUV 分量信号质量最好。Premiere 的内部运算支持 YUV 颜色模式，能够确保影片质量。

6. 脱机与联机

　　脱机编辑称为离线编辑，指采用较大压缩比将素材采集到计算机中，按照脚本要求进行编辑操作，完成编辑后输出 EDL(Edit Decision List，剪辑决策表)。联机编辑称为在线编辑，指先将 EDL 文件输入编辑控制器，控制广播级录像机以较小压缩比按照 EDL 自动进行广播级成品带的编辑，最终输出为高质量的成品带。在实际的制作中，常常将两者相互结合，利用脱机编辑得到 EDL，进而指导联机编辑，这样可以大大缩短工作时间，提高工作效率。

❖　数字视频的制作流程与人员分工

1. 数字视频的制作流程

　　视频制作的全过程可分为前期制作与后期制作。

　　1) 前期制作

　　(1) 选题创作：建立视频制作团队，明确分工和职责；确定拍摄主题，搜集相关资料。

　　(2) 脚本撰写：制定文稿大纲，撰写分镜头脚本。

　　(3) 拍摄录制：确定拍摄的时间、场地、演员等，根据脚本进行拍摄。

　　2) 后期制作

　　以 Premiere 为例，后期编辑的制作流程如下：

　　(1) 素材采集与输入：将模拟视频、音频信号转换成数字信号存储到计算机中，或者将外部的数字视频存储到计算机中，成为可以处理的素材。

　　(2) 素材编辑：根据镜头要求剪辑所有的素材。设置素材的入点与出点，按时间顺序组接不同的素材。

　　(3) 特技处理：添加转场、特效、合成叠加等，对音频进行特效处理。

　　(4) 字幕制作：为视频添加文字、图形等。

　　(5) 输出影片：渲染输出，生成视频文件。

2. 视频制作人员的分工和职责

　　视频制作需要团队共同努力完成，每一位成员都有不同的分工，承担着不同的职责。以现在流行的短视频拍摄为例创建一个小型制作团队，需要多个角色，包括编导、摄像、美工、后期制作等。

　　(1) 编导：整个团队的指挥员与核心，负责视频的整体策划和剧本编写，把握视频的整体分隔和节奏，对视频的呈现效果负责。

(2) 摄像：运用镜头语言将脚本文字转换为视频画面，主要负责具体的拍摄工作，包括场景布置、设备调整等。

(3) 美工：在编导的指导下，按分镜头脚本要求准备好道具，做好录制内景的设计与搭建。

(4) 后期制作：将拍摄好的视频素材进行剪辑和调色，使视频更加精练、有趣。

任务 2　创建自己的素材库

素材库创建

任务目标

各类图像、音频、视频素材是视频制作过程中必不可少的内容。丰富的素材库可以成为创作的灵感源泉和助力工具，提高视频创作的效率和质量。本任务要求读者建立自己的素材库，收集、制作各种类型的素材，按音频素材、图像素材、视频素材等分类存储，了解各种素材格式的优缺点。

任务实施

在作品创作时，不可避免地会用到外部的素材，这就涉及版权问题。为了维护创作者的合法权益，加强对影视作品版权的保护力度，《中华人民共和国著作权法》规定，任何未经授权擅自复制、传播他人作品的行为都将受到法律制裁。此外，国家还鼓励企业和个人通过正规渠道获取素材，支持正版软件的使用。这些措施有助于营造一个公平竞争的市场环境，激发创作活力。读者在创建素材库时一定确保素材具有合法的版权授权。

❖　视频的分类

视频制作是将图片、视频和音频进行重新剪辑、整合、编排，从而生成一个新的视频文件的过程，不仅是对原素材的合成，也是对原有素材的再加工。视频分类方法很多，可以根据视频的内容、格式、时长、受众等不同特征来划分。一般来说，视频可分为以下几大类：

(1) 电影：拍摄的长篇影片，主要分为故事片、爱情片、悬疑片、动作片、喜剧片等。

(2) 电视剧：每集时长在数十分钟到数小时之间的影片，一般分为连续剧、电视电影、纪录片等。

(3) 综艺节目：搞笑、游戏、技能展示等类型的节目，其特点是内容较活泼，在节目中，主持人、嘉宾和观众都会参与其中。

(4) 短片：拍摄时长在 20 min 以内的影片，主要用来表现主题或传达信息。

(5) 动画片：采用手绘、机械绘制、三维绘制或其他技术制作的影片，一般以动画形式表现，有些动画片也会混入真人演员。

(6) MV：Music Video 的缩写，为歌曲制作的影片，通常是歌手的音乐录影带，有利于歌曲的传播，也是音乐行业常见的影片类型。

(7) 教学视频：讲解技能、知识、文化等的视频。

(8) VR 视频：虚拟现实技术拍摄的视频，可以使观众感受身临其境的视觉体验，是一种全新的视频形式。

除了以上几大类，还有一些其他的视频类型，如广告片、网络视频、语音视频等。

❖　**数字视频常用的素材类型**

在非线性编辑系统中，所有素材都以文件的形式存储，并利用树状目录结构进行管理。常见的数字视频素材包括以下几类，如表 1-1 所示。

表 1-1　数字视频常用的素材类型

素材类型	文件格式	文件类型说明	文 件 特 点
图形、图像文件	GIF	图形交换格式文件	文件格式小，可以指定透明区域，但只能处理 256 色，不能用于存储真彩色图像
	BMP	Windows 标准图像文件格式	图像信息丰富，占用磁盘空间大
	JPG	工业、Web 标准文件格式	体积轻巧，兼容性好，是最常用的图形文件格式
	PSD	Photoshop 源文件格式	保留图层、通道、颜色模式等信息，方便修改，大部分排版软件不支持
	PNG	流行网络图形格式	体积小，支持透明效果
	WMF	Windows 图元文件格式	矢量文件格式，体积小，图案造型化
	TIF	标记图像文件格式	可处理黑白、灰度、彩色图像
	TGA	计算机上应用最广泛的图像格式	支持压缩，使用不失真的压缩算法，可以带通道图，另外还支持行程编码压缩
音频文件	WAV	Windows 系统标准声音文件	16 位量化位数，音质好，对存储空间需求大
	MP3	MPEG Layer-3 声音文件	文件尺寸小，音质好，应用范围广
	CD	音质较好的音频格式	近似无损，16 位量化位数
	WMA	流媒体音频文件格式	文件尺寸小，音质好，可保护性极强
	RA	Real Video 流媒体音频文件格式	可根据网络带宽不同改变声音质量
	MIDI	电子乐器数字接口的声音文件	主要用于计算机作曲领域
视频文件	AVI	Windows 视频文件格式	图形质量好，应用范围广
	MPEG	运动图像专家组格式	MP4 格式支持交互性和流媒体特征
	MOV	Quick Time 格式	清晰度高，需要用特定播放器
	RM	新型流式视频文件格式	文件尺寸小，适合网络发布
	WMV	流媒体格式	体积非常小，适合在网上播放和传输
	3GP	3G 流媒体视频格式	手机中最常用的视频格式
	ASF	高级流格式	文件体积小，可以在网上直接观看
	FLV	视频流媒体格式	当前视频文件的主流格式

(1) 图形、图像文件：照片、插画、图标、标志等。

(2) 音频文件：背景音乐、声效、配乐等。

(3) 视频文件：电影、电视剧、微电影、动画等。

在将素材存储到素材库中之前，需要进行有效的整理。建议为每个素材添加适当的分类和标签，以便后续的检索和使用。可以根据不同的主题、风格、用途等设置分类，并使用标签描述素材的关键属性。

技巧点亮

下面介绍 Premiere 软件打不开的处理技巧。

有时双击 Pr 的软件图标，发现只会出现一个蓝色圆圈，蓝色圆圈消失后软件也打不开，等待 1 min 后依然没有反应。这时就需要使用 Ctrl + Alt + Delete 组合键，打开如图 1-3 所示的任务管理器选择界面，单击"任务管理器"，进入如图 1-4 所示的任务管理器界面。

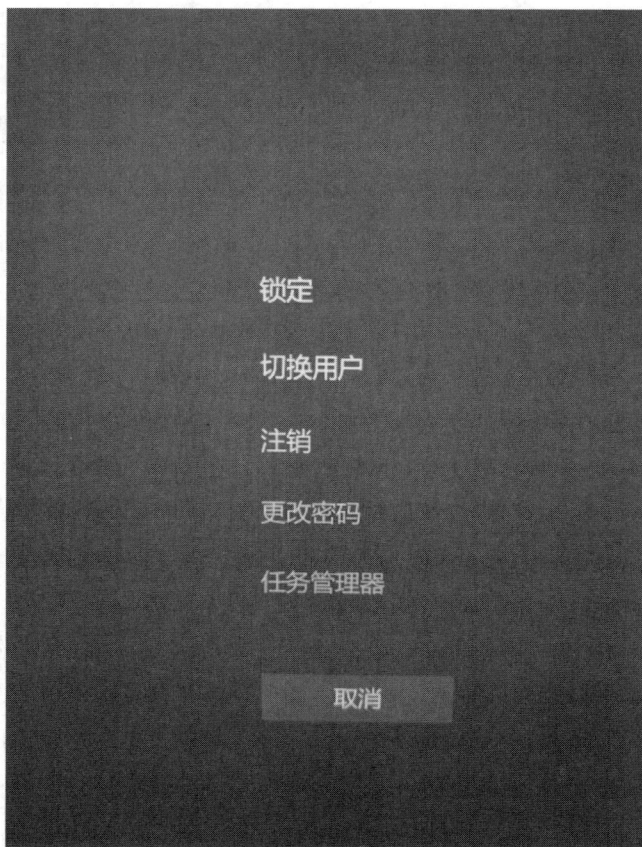

图 1-3　任务管理器选择界面

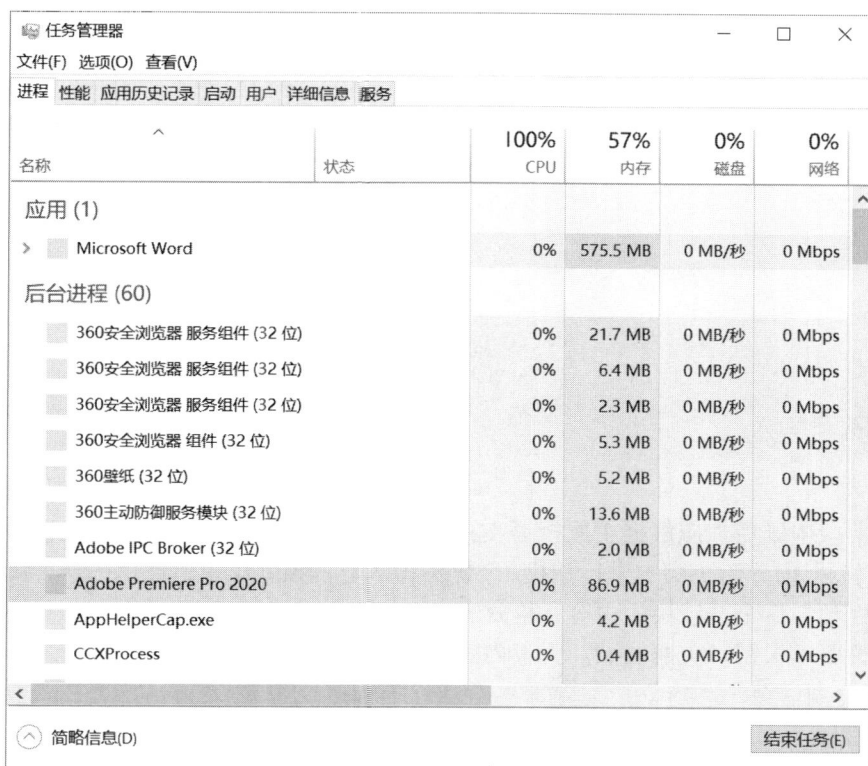

图 1-4　任务管理器界面

在后台进程中选择 Premiere 软件后单击"结束任务"，即可结束该软件的后台进程，然后单击该软件即可正常启动。

这种利用任务管理器来停止软件后台进程再重新启动软件的方法，经常用于解决软件打不开的情况。

课外拓展

(1) 组建短视频制作团队，明确分工和职责，确定本学期的拍摄主题。

(2) 持续不断地寻找各类素材，丰富自己的素材库，同时注意版权问题。

项目2 分镜头脚本的撰写与拍摄

项目导入

确定拍摄主题后，应根据主题撰写文稿，确定故事大纲；再进一步将文稿内容撰写为分镜头脚本，根据分镜头脚本进行拍摄。分镜头脚本是视频制作中所使用的一种脚本格式，用于指定视频中每个分镜头的内容和格式。

本项目要求根据《美丽校园》文稿内容撰写分镜头脚本，并进行拍摄。

知识储备

一、分镜头脚本

分镜头脚本是把文字脚本的画面内容加工成一个个具体形象的、可供拍摄的画面镜头，通常采用表格的样式进行撰写。常见的分镜头脚本包括以下内容：

(1) 镜号：即镜头顺序号，按组成电视画面的镜头先后顺序，用数字标出。它可作为某一镜头的代号。拍摄时不一定按次顺序号拍摄，但编辑时必须按顺序编辑。

(2) 机号：现场拍摄时，往往是2～3台摄像机同时进行工作，机号代表这一镜头是由哪号摄像机拍摄。单机拍摄无须标明。

(3) 景别：根据内容需要，反映对象的整体或突出局部。一般有远景、全景、中景、近景、特写等。有时会有一些特殊景别，如大全景、大远景和大特写。

(4) 技巧：镜头的运动方式，摄像机在推、拉、摇、移、升、降等形式的运动中进行拍摄。

(5) 时长：镜头画面持续的时间，表示该镜头的长短，一般以秒为单位。

(6) 画面内容：用精练具体的语言描述出要表现的画面内容，必要时借助图形、符号表达。

(7) 解说：相应镜头组的解说词。

(8) 音效：相应镜头组或段落的音乐与音响效果。

(9) 备注：为方便拍摄记录的其他注意事项，如光线要求、布景要求等。

二、拍摄基础知识

在焦距一定时，由于摄像机与被摄体的距离不同，被摄体在摄像机录像器中所呈现出的范围大小也不同，这就是景别。景别一般可分为 5 种，由近至远分别为特写(指人物肩部以上)、近景(指人物胸部以上)、中景(指人物膝部以上)、全景(人物的全部和周围部分环境)、远景(被摄体所处环境)。景别越大，环境因素越多；景别越小，强调因素越多。

1. 远景

远景一般用来表现远离摄像机的环境全貌，展示人物及其周围广阔的空间环境、自然景色和群众活动大场面等镜头画面。远景通常用于介绍环境，抒发情感。图 2-1 显示的是校园的远景画面。

图 2-1　校园远景画面

2. 全景

全景用来表现场景的全貌与人物的全身动作，用于表现人物之间、人与环境之间的关系。全景画面中包含整个人物形貌，既不像远景那样由于细节过小而不能很好地进行观察，又不会像中、近景画面那样不能展示人物全身的形态动作。在叙事、抒情和阐述人物与环境的关系时，起到独特的作用。校园全景画面如图 2-2 所示。

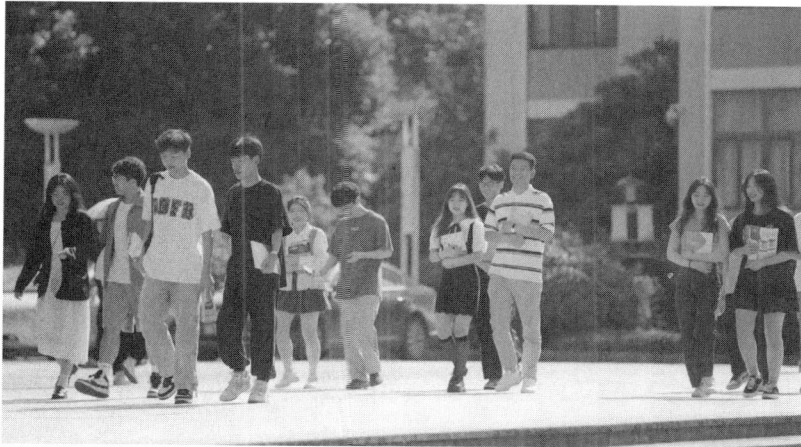

图 2-2　校园全景画面

3. 中景

中景是叙事功能最强的一种景别，一般表现为人物膝部以上的活动。在对话、动作和情绪交流的场景中，它可以更好地表现人物的身份、动作以及动作的目的。表现多人时，可以清晰地表现人物之间的相互关系。中景画面如图 2-3 所示。

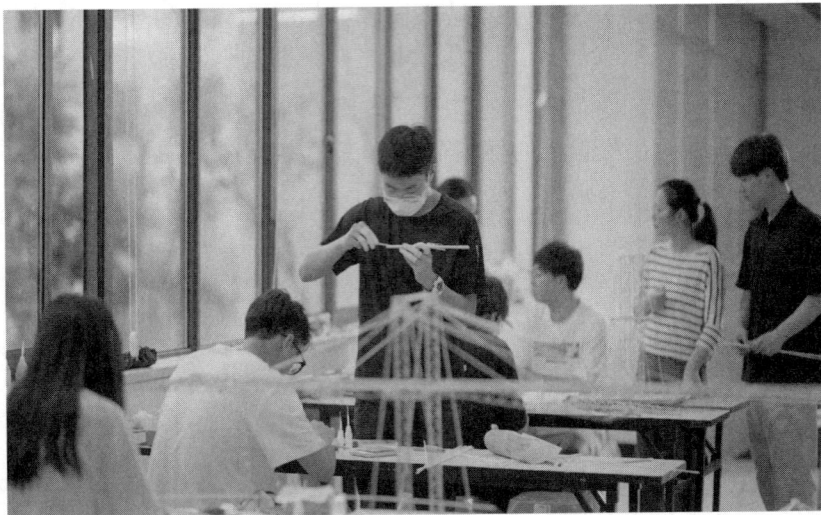

图 2-3　中景画面

4. 近景

人物胸部以上或物体的局部画面称为近景。近景着重表现人物的面部表情，传达人物的内心世界。近景是刻画人物性格最有力的景别。电视节目中节目主持人与观众进行交流互动也多用近景，近景画面如图 2-4 所示。

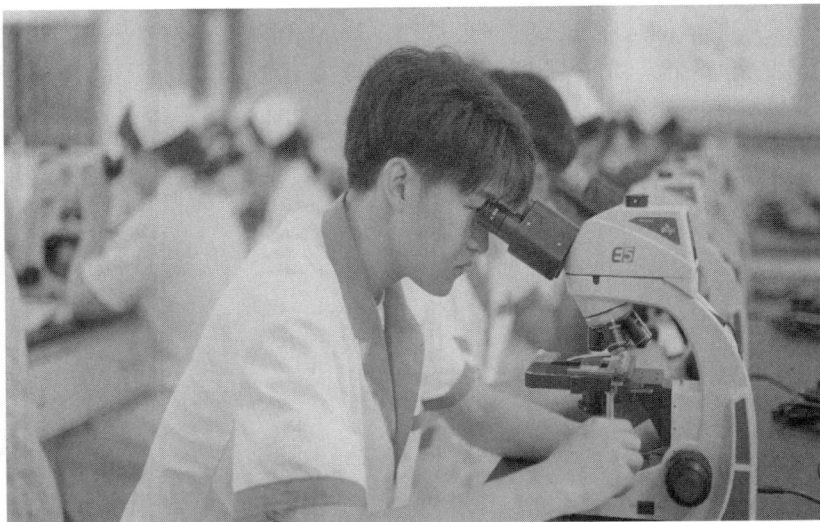

图 2-4　近景画面

5. 特写

特写是指被摄对象充满画面。特写镜头提示信息、营造悬念，能细微地表现人物面部表情，刻画人物细节，表现复杂的人物关系，主要用来描绘人物的内心活动。特写画面如图 2-5 所示。

图 2-5 　特写画面

三、运动镜头

通过移动摄像机机位、改变镜头光轴或变化镜头焦距进行拍摄。通过这种拍摄方式所拍到的画面，称为运动画面。例如，由推、拉、摇、移、跟、升降摄像和综合运动摄像形成的推镜头、拉镜头、摇镜头、移镜头、跟镜头、升降镜头和综合运动镜头等。

(1) 推镜头：摄像机向被摄主体方向推进，或改变镜头焦距，使画面产生由远而近的视觉效果。推镜头形成视觉前移效果，使被摄主体由小变大，周围环境由大变小。

(2) 拉镜头：摄像机逐渐远离被摄主体，或变动镜头焦距，使画面产生由近至远的视觉效果。拉镜头形成视觉后移效果，使被摄主体由大变小，周围环境由小变大。

(3) 摇镜头：摄像机机位不动，变动摄像机光学镜头轴线的拍摄方法。摇镜头犹如人们转动头部环顾四周或将视线由一点移向另一点的视觉效果，摇镜头可以更好地表现场景空间关系，吸引观众的注意。

(4) 移镜头：摄像机无轴心运动进行拍摄的方法，一边移动机位一边拍摄。移镜头表现的画面空间是完整而连贯的，可以表现移动范围，带动观众情绪变化。

(5) 跟镜头：摄像机始终跟随被摄主体一起运动而进行的拍摄。画面始终跟随一个运动的主体，被摄对象在画框中的位置相对稳定，可以很好地体现现场参与感。

(6) 升降镜头：摄像机借助升降装置等一边升降一边拍摄。升降镜头的升降运动带来了画面视域的扩展和收缩，视点的连续变化形成了多角度、多方位的多构图效果。

(7) 综合运动镜头：摄像机在一个镜头中把推、拉、摇、移、跟、升降等各种运动摄像方式不同程度地、有机地结合起来的拍摄。综合运动镜头产生了更为复杂多变的画面造型效果，其运动轨迹是多方向、多方式运动合一后的结果。

🎬 任务实训

任务1　撰写《美丽校园》分镜头脚本

任务目标

　　制作数字视频作品时，确定好作品的主题之后，需要撰写相应的文稿、分镜头脚本，对拍摄内容进行详细的描述。文稿是视频作品制作的纲领性文件，分镜头脚本是文稿的进一步细化。本任务将以视频短片《美丽校园》的文稿撰写和分镜头脚本撰写为例，对文稿的撰写要求和分镜头脚本的格式进行展示，要求掌握文稿设计、分镜头脚本撰写方法。

分镜头脚本的撰写

任务实施

　　你脑海中的校园是什么样的镜头？是晨光中的树叶，是图书馆的宁静，是球场上的汗珠，还是寝室外的黄昏？每位同学对校园的"美丽"理解是不一样的。请团队内的小伙伴们认真讨论，写出你们组的分镜头脚本吧！

（1）为视频短片《美丽校园》撰写拍摄大纲，并整理成文稿。

示例：

《美丽校园》文稿设计

作品名称：美丽校园

片长：30 s

大小：1920*1080

主要内容：

场景1：高空俯拍校园，展现校园全貌。

场景2：绿树成荫的校园道路。

场景3：现代化的教学楼。

场景4：宏伟的图书馆。

场景5：早晨，同学们在教室里自习。几位同学聚在一起，讨论题目。

场景6：上课时间，同学们在机房进行实训。

场景7：下午，几位同学在操场上跑步，几位同学在篮球场上打球。

场景8：图书馆内，很多同学在看书。

场景9：校园全景，总结收尾。

---

(2) 根据《美丽校园》文稿设计，将其细化为分镜头脚本。

示例：

《美丽校园》分镜头脚本

镜号	景别	技巧	时长	画面内容	音乐	解说	备注
1	全	推	3 s	俯拍校园全景，从校门口往校园递进			无人机拍摄
2	远	固	2 s	绿树成荫的校园道路			
3	全	摇、仰	3 s	现代化的教学楼			从教学楼到实训楼
4	全	拉	2 s	宏伟的图书馆			
5	中	固	3 s	同学们在教室里认真学习			
6	近	固	2 s	几位同学在讨论问题	一段轻音乐，轻快悠扬		
7	中	固	3 s	同学们在机房实训			
8	中	拉	2 s	同学们正在操场跑步，脸上洋溢着笑容			
9	中	跟	2 s	篮球场上，同学们正在打篮球			
10	特写	固	1 s	篮球进框			
11	全	固	3 s	图书馆内，同学们正在看书			
12	近	跟	2 s	展示图书、放满书的书架			
13	全	固定	2 s	黄昏的校园全景			

任务2 拍摄空镜头素材

空镜头素材
的拍摄

任务目标

空镜头又称"景物镜头"，是指影视作品中自然景物或场面描写且不出现人物的镜头。空镜头有写景与写物之分，前者称"风景镜头"，往往用全景或远景表现；后者称"细节描写"镜头，一般采用近景或特写。本任务要求结合拍摄技巧，设计运镜方式，拍摄 2 组风景镜头，2 组细节描写镜头，每组视频时长为 15 s。

任务实施

　　江河湖海，日夜奔腾，是祖国汩汩的血液；五岳山川，巍巍耸立，是祖国不屈的脊梁；万里长城，绵延不绝，是祖国伟大与强盛的见证……每一帧的祖国美景，都让人流连忘返。来，让我们用空镜头来记录祖国的美好与昌盛吧！

　　空镜头具有说明、暗示、象征、隐喻等功能，在影片中能够产生借物喻情、见景生情、情景交融、渲染意境、烘托气氛、引起联想等艺术效果，在银幕的时空转换和调节影片节奏方面也有其独特作用。

　　李子柒在短视频中常运用不出现人物的空镜头，来展示山川、云雾、星河等自然景象。这类镜头多用于视频的开头和转场，例如系列作品《古香古食》中，许多视频一开场便是云雾自山间蒸腾涌动、缭绕不绝，静谧祥和的乡野气息扑面而来，为视频奠定了"世外桃源"的基调。

　　风景镜头如图 2-6 所示。

图 2-6　风景镜头

细节描写镜头如图 2-7 所示。

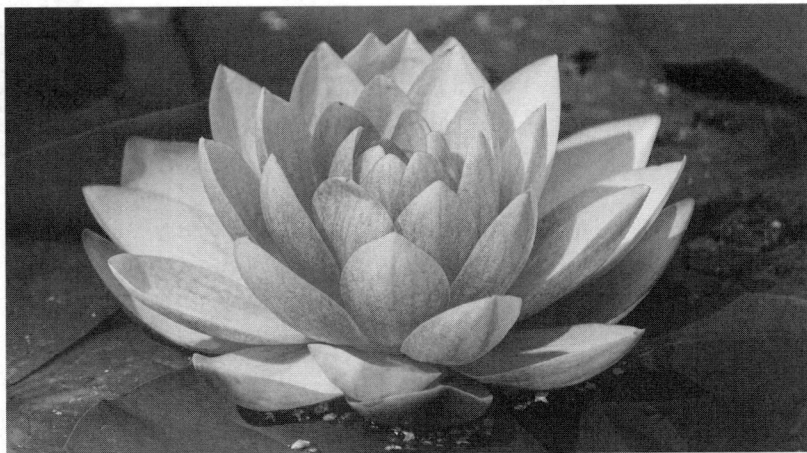

图 2-7　细节描写镜头

技巧点亮

　　下面介绍华为手机文档矫正功能。

　　使用华为手机拍摄时，如果要拍摄文档等图片，先打开华为手机中的拍照界面，然后选择界面，显示录像模式，如图 2-8 所示，单击"更多"。如图 2-9 所示，通过"文档矫正"功能，可以拍摄到不需要二次修改的文档照片。图 2-10 所示为用拍照功能拍摄的图片，图 2-11 所示为用同一华为手机的"文档矫正"拍摄的图片，明显后者适合文档拍照。

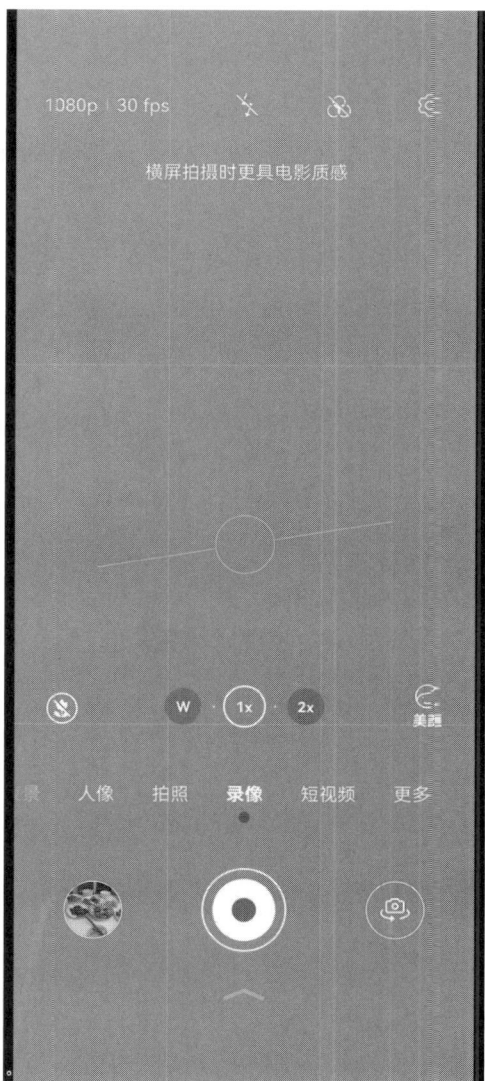

图 2-8　华为手机录像界面

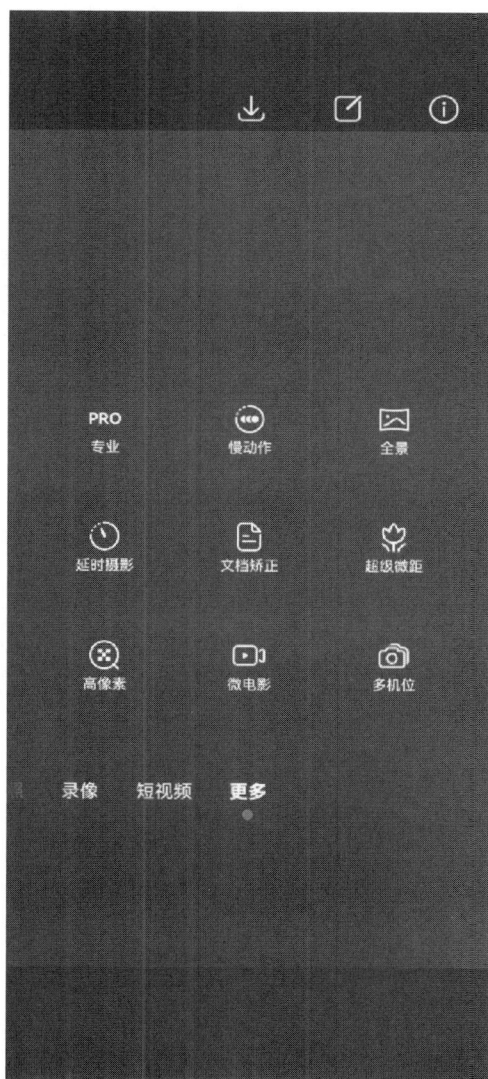

图 2-9　"更多"的具体界面

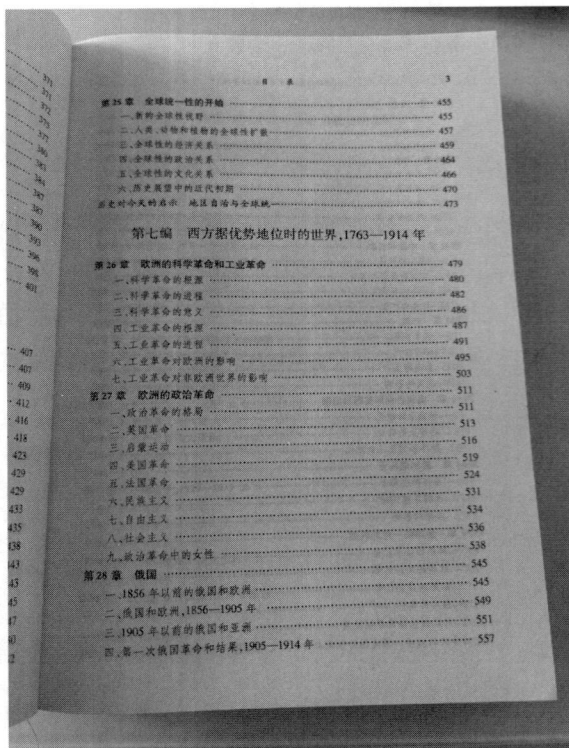

图 2-10　拍照功能下的文档图片

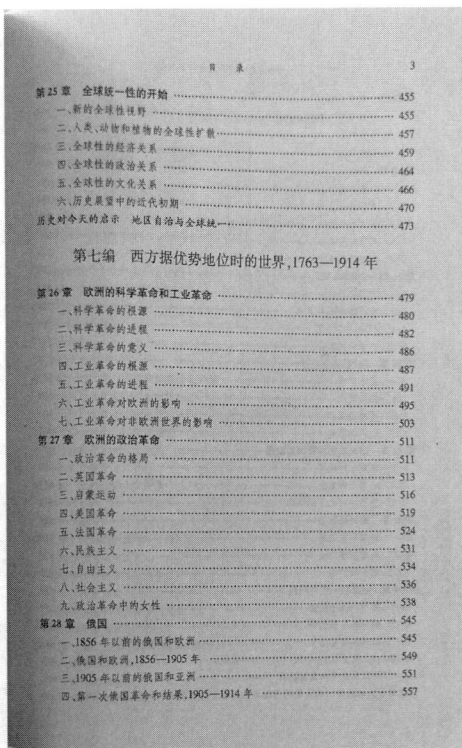

图 2-11　用"文档矫正"后的文档图片

课外拓展

(1) 按照《美丽校园》分镜头脚本设计，拍摄 2～3 个视频素材。

(2) 视频制作小组确定本学期的拍摄主题，撰写拍摄大纲，整理成作品文稿。

(3) 细化文稿，讨论细节，完成小组分镜头脚本的撰写。

项目 3　初识 Premiere

注：因软件版本不同，文中时间长度表述为 00:00:00:00 格式，图中为 00;00;00;00 格式，二者无区别。

项目导入

当今时代，得视频者得天下。

现在我们可以很方便地在手机 APP 或计算机软件上制作视频，但 Premiere 绝对是最独特的一个。

和手机上的各种视频剪辑 APP 相比，Premiere 不受限于手机操作界面的限制，功能明显更加强大，操作也更加方便；和其他计算机视频剪辑软件相比，Premiere 除了专业和功能齐全外，其所在 Adobe 家族的视频相关的前期、后期处理软件也十分成熟且软件之间相互支持，使得 Premiere 成为不可替代的那一个。

知识储备

一、Premiere 软件介绍

Premiere 的全称是 Adobe Premiere Pro，简称 Pr，是由 Adobe 公司开发的一款非线性视频编辑软件，是目前主流的视频剪辑软件之一。它提供了采集、剪辑、调色、美化音频、字幕添加、输出、DVD 刻录等一整套流程。这款软件广泛应用于广告制作和电视节目制作中。

Adobe Premiere Pro 易学、高效、精确，是视频编辑爱好者和专业人士必不可少的视频编辑工具。

Adobe Premiere Pro 有较好的兼容性，可以与 Adobe 公司推出的其他软件相互协作、高效集成，可帮助用户完成在编辑、制作、工作流上遇到的所有挑战，满足用户创建高质量作品的要求。Adobe 家族里面包含多款 Adobe 公司的相关软件，这些软件都非常专业，其中最为大家熟知的有图像处理软件 Adobe Photoshop——Ps、网页制作和网站管理编辑器 Adobe Dreamweaver——Dw 等，任何一款拿出去都是大杀器，而且它们之间互相关联，具有类似的操作界面、相似的布局和相似的操作，能够互相配合、相互协作。这也是 Premiere

强大的一个重要原因，因为 Adobe 家族足够强大。图 3-1 所示为 Adobe 公司部分软件。

图 3-1　Adobe 公司部分软件

二、视频剪辑常见概念

1. 视频形成的原理

连续播放的静态图片，造成人眼的视觉残留，形成连续的动态视频。动态视频就像我们将一张张纸质图画连续快速翻动形成的动画，其中每一张静态图像就是一帧，1 s 播放的静态图像的张数就是帧速率，单位是 f/s(帧/秒)。

2. 时长

时长即视频的时间长度，基本单位是 s。对于 Pr 来说，更为精确的时间单位是帧，把 1 s 分成若干等份，一份就是一帧，所以 Pr 里视频显示的时间长度表述为时:分:秒:帧。若视频为 25 帧/s，则 25 帧时向前递进 1 s。

3. 序列

序列是指由编辑过的视频、音频和图形素材组成的片段。

4. 渲染

渲染是指将项目中的源文件生成最终影片的过程。

5. 编码解码器

编码解码器是压缩和解压缩的程序。在计算机中，所有视频都使用专门的算法或程序来处理视频，此程序称为编码解码器。

6. 蒙太奇

蒙太奇(Montage)是"剪接"的意思，即把不同镜头拼接在一起时，赋予镜头单独存在时不具有的特定含义。它是把从不同距离和角度，采用不同方法拍摄的镜头排列组合起来，去掉叙述情节，从而刻画人物。

三、常用面板介绍

Pr 界面示意图如图 3-2 所示。

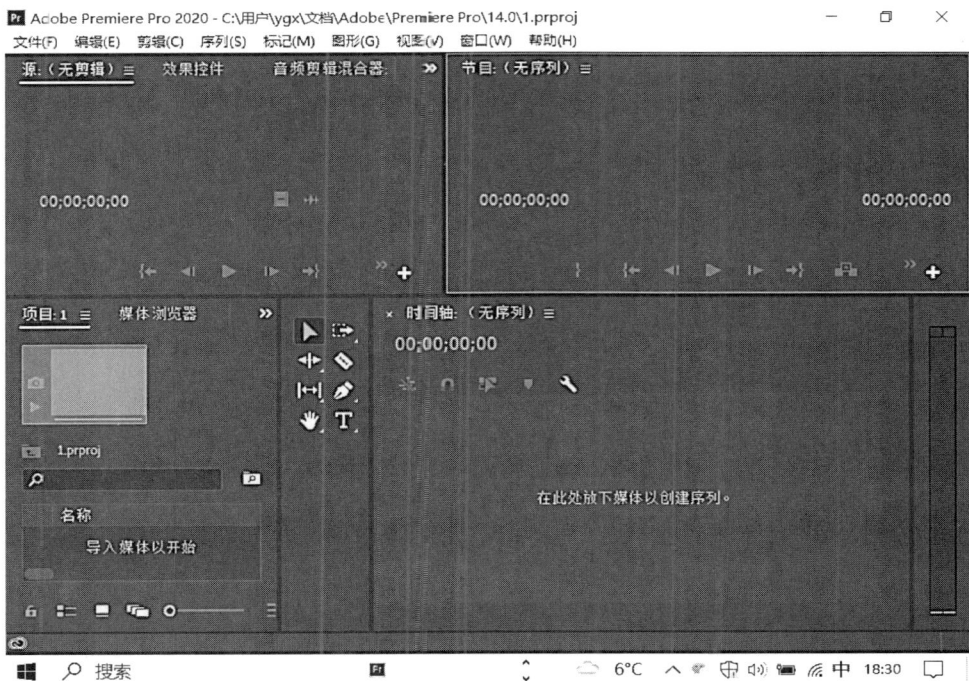

图 3-2 Pr 界面示意图

各面板主要功能如下：

(1) "项目"面板：主要用来管理当前项目中用到的各种素材。

(2) "时间轴"面板：即序列面板，由视频和音频轨道组成，是完成编辑素材、组合素材的工作区域。

(3) "源"面板：主要用来播放、预览源素材。

(4) "节目"面板：用于显示音/视频编辑合成后的效果，并对"时间轴"面板正在编辑的序列进行实时的预览。

任务实训

任务 1 视频兴趣入门——第一剪

第一剪

任务目标

本视频的剪辑由 4 个视频片段和一段音频片段组成，4 个视频片段分别是一只手抓起剪刀、丢出剪刀、刺中目标、目标受伤。通过本视频的剪辑，让读者了解视频拍摄方法、蒙太奇的表达手法、剪辑的基本界面和基本流程以及存盘导入生成视频等内容，同时激发读者对 Pr 剪辑的兴趣。

任务实施

兴趣是最好的老师，所以我们精选了本项目的第一个任务——第一剪，以激发读者的兴趣，从而调动读者的积极性和主动性，用读者的逻辑思维来得到正确的结果。同时我们也觉得做事情好的习惯非常重要，所以我们在项目中一开始就严格要求，从素材命名、存盘规划到编辑导出等各个方面都要做到心中有数，并且在实施步骤中详细说明。

(1) 单击桌面上的 Pr 快捷方式图标，或直接单击"开始"菜单中的 Pr，均可直接启动 Premiere 软件，然后等待软件启动完成。

(2) 选择"文件"→"新建"→"项目"，如图 3-3 所示。

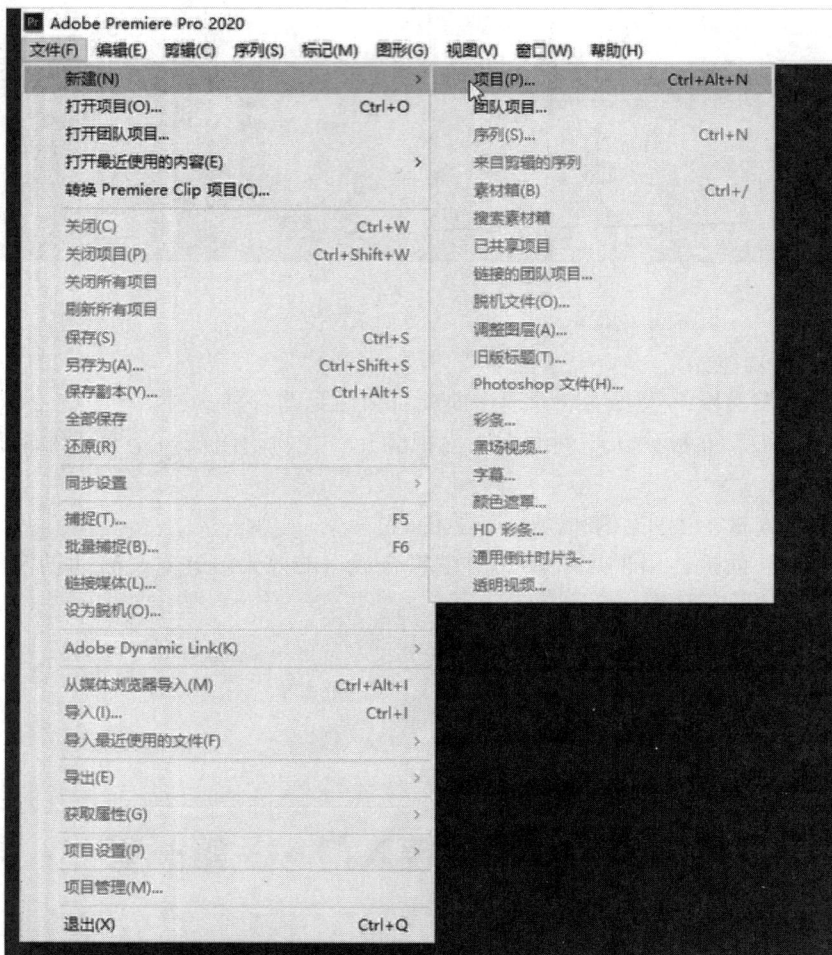

图 3-3　新建项目图

(3) 弹出"新建项目"对话框，设置项目名称和位置，如图 3-4 所示，设置完成后单击"确定"。

(4) 尽量养成素材跟着项目走的习惯，提前将项目需要的素材文件夹和项目放到同一个文件夹下，如图 3-5 所示。

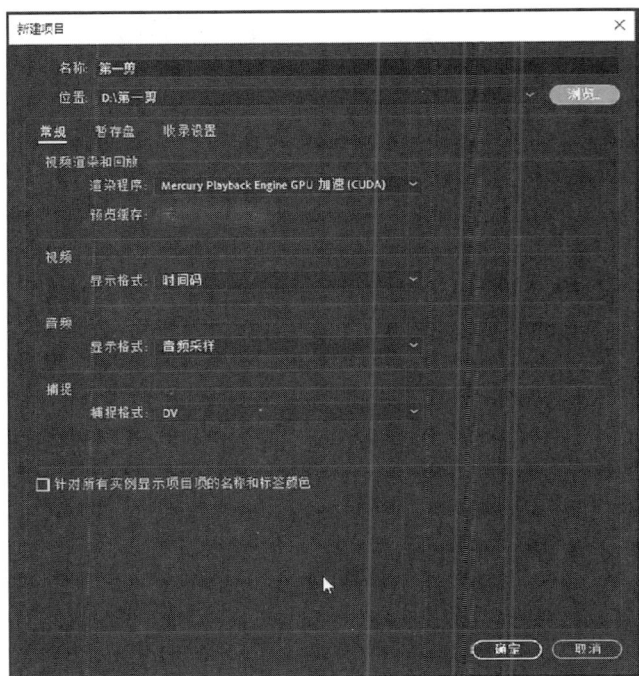

图 3-4　"新建项目"对话框

图 3-5　素材和项目位置图

（5）确认项目素材准备好后，可以在图 3-6 左下角的项目窗口空白处右击，选择"导入…"，用于导入素材。

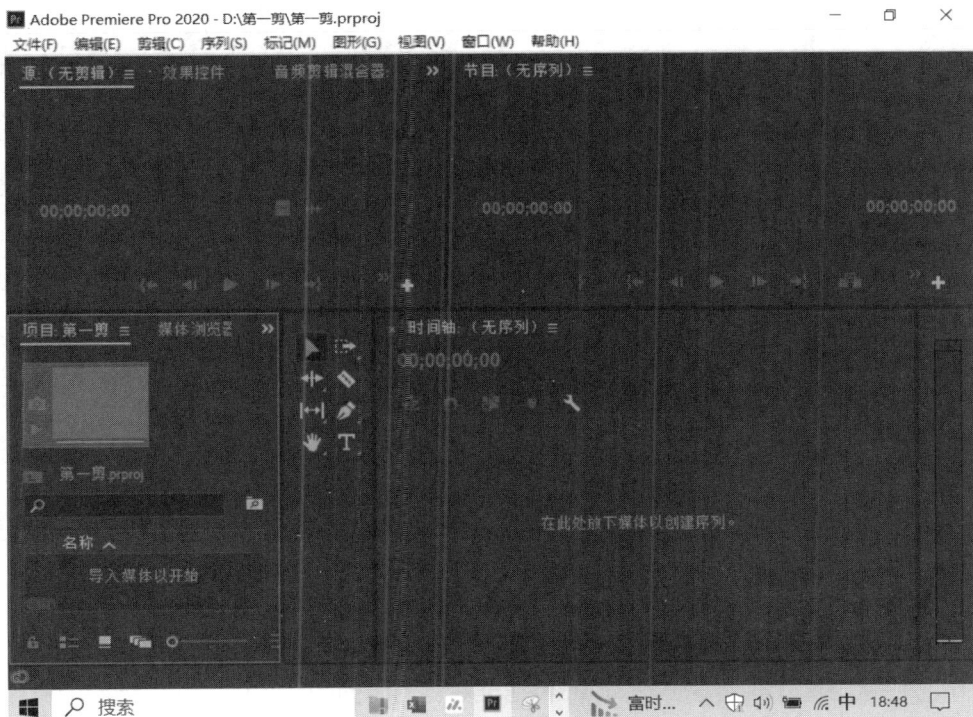

图 3-6　窗口示意图

(6) 在弹出的"导入"对话框中,将所需要的素材全部选中后单击"打开"以导入素材,如图 3-7 所示。

图 3-7　"导入"对话框

(7) 所有的素材将会被放置在项目面板中,如图 3-8 所示。

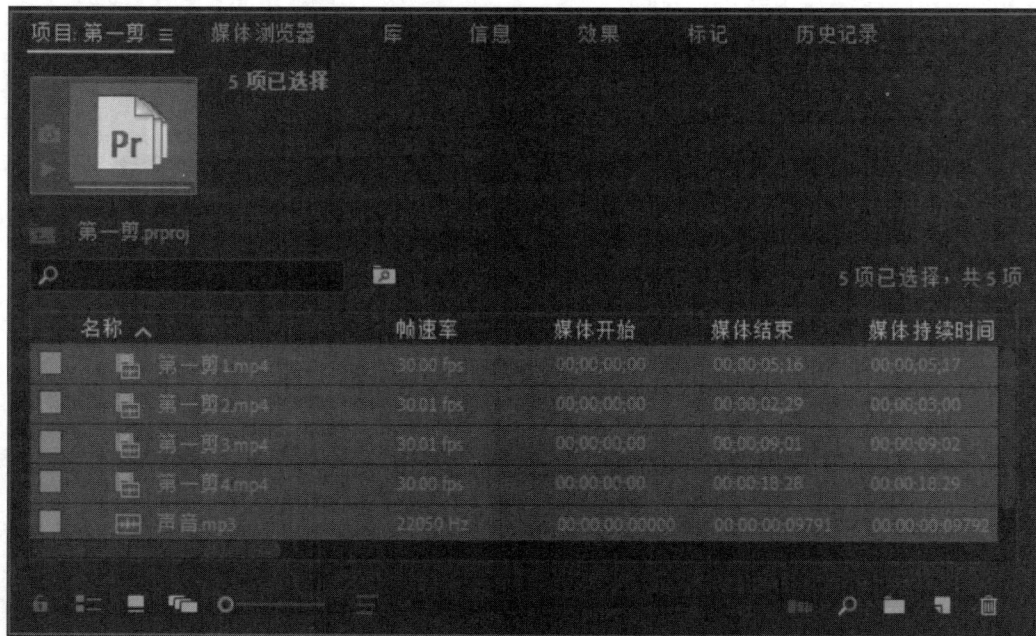

图 3-8　素材导入后

(8) 在整个操作过程中可以多次按 Ctrl+S 组合快捷键存盘,如果忘记快捷键可以单击"文件",选择"保存",如图 3-9 所示。

(9) 按照素材顺序,将第一剪 1.mp4 拖至右侧的时间轴面板中,在右下侧的时间轴窗口中会自动生成一个默认为"剪刀 1"的序列,如图 3-10 所示。

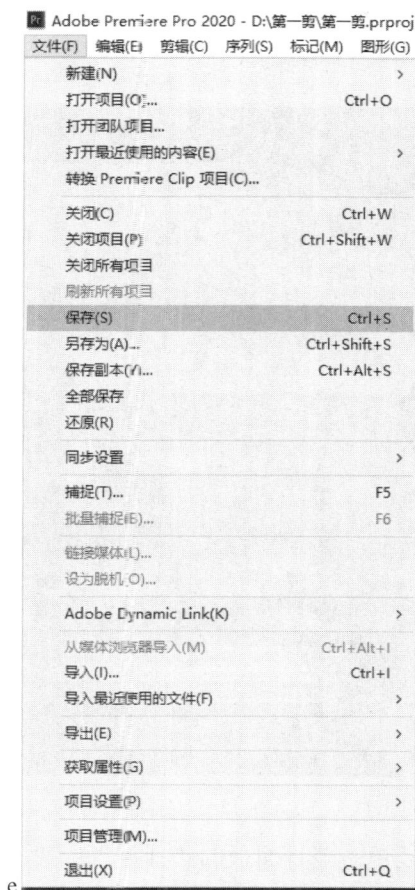

图 3-9　保存菜单

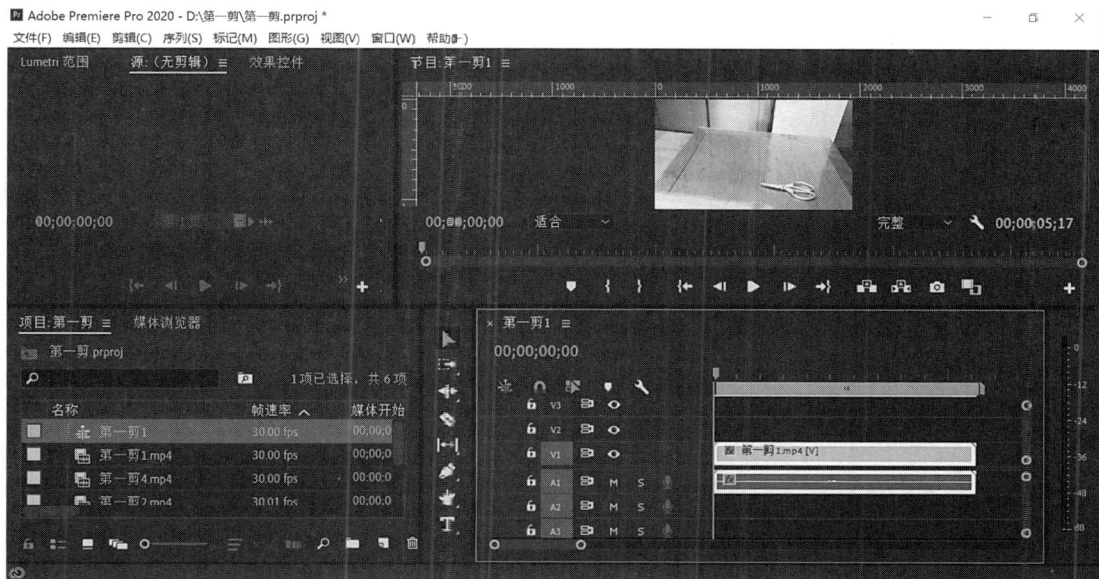

图 3-10　"剪刀 1"序列默认生成

(10) 在时间轴面板中，通过拖动时间线滑块左右移动来浏览具体的视频内容及定位剪切位置，如图 3-11 所示。

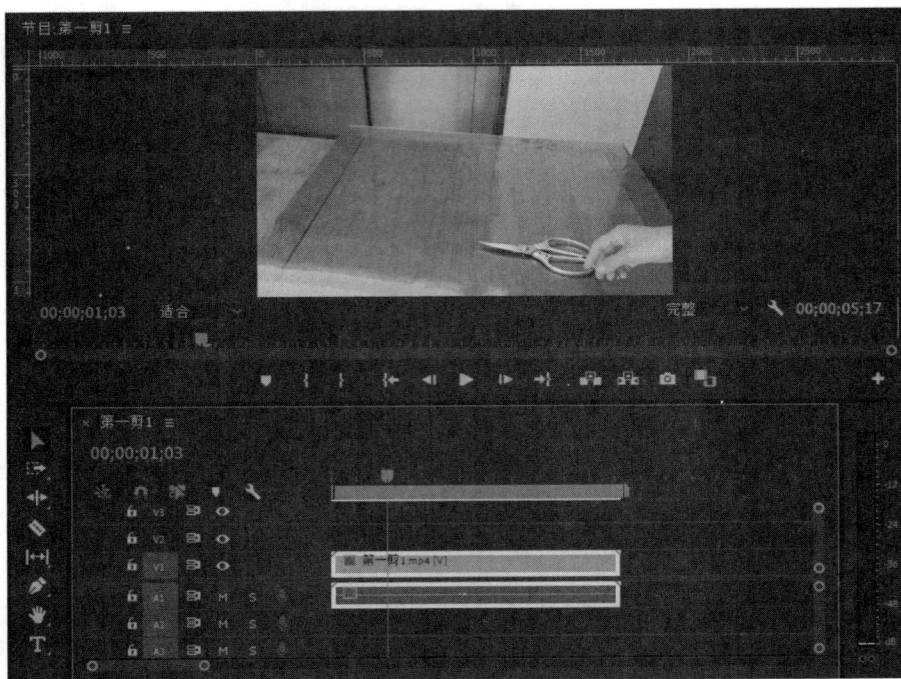

图 3-11　时间轴和节目面板对应显示图

(11) 该动作同样可以通过单击节目面板的"播放"或"暂停"按钮来浏览视频内容和定位剪辑位置。

(12) 浏览时，还可以通过拖动时间轴面板下面的两个圆球来调整视频片段的显示长度(注意实际时长没有改变)，如图 3-12 所示。

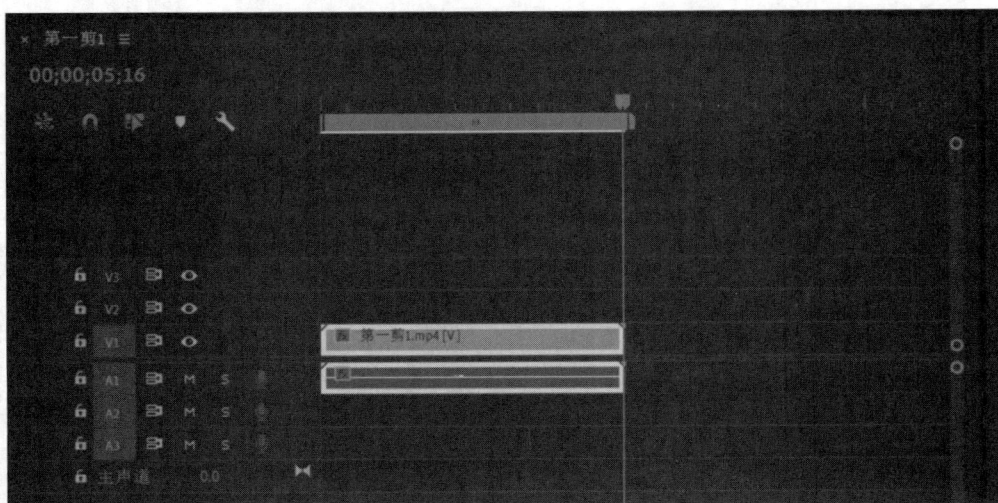

图 3-12　改变视频显示长度

(13) 也可以通过双击项目里的某项素材，如第一剪 2.mp4 素材，将该项目素材在源面板中通过播放或暂停浏览，如图 3-13 所示。

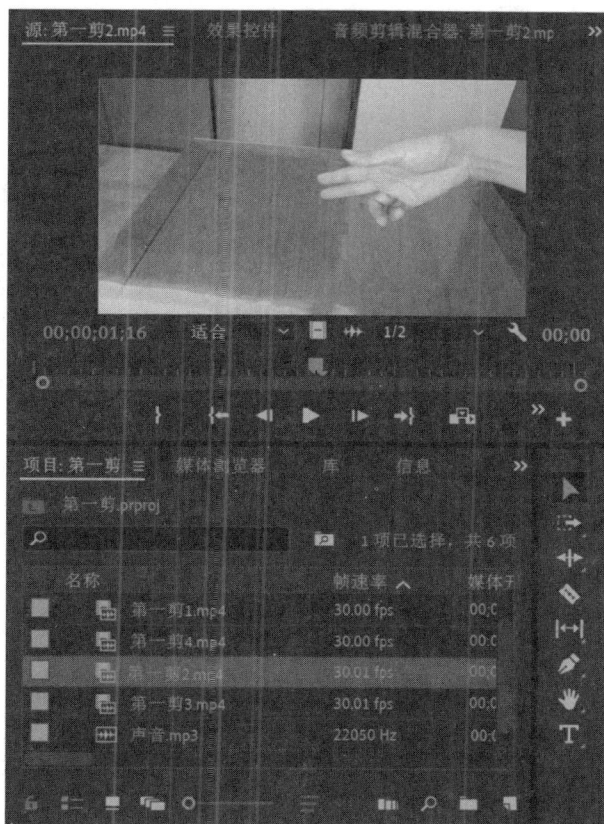

图 3-13   原面板浏览素材

(14) 依次浏览第一剪 3.mp4 素材、第一剪 4.mp4 素材和声音.mp3 素材，熟悉素材后确定基本的逻辑关系，然后按顺序依次将它们拖动到右侧的时间轴面板中，如图 3-14 所示。

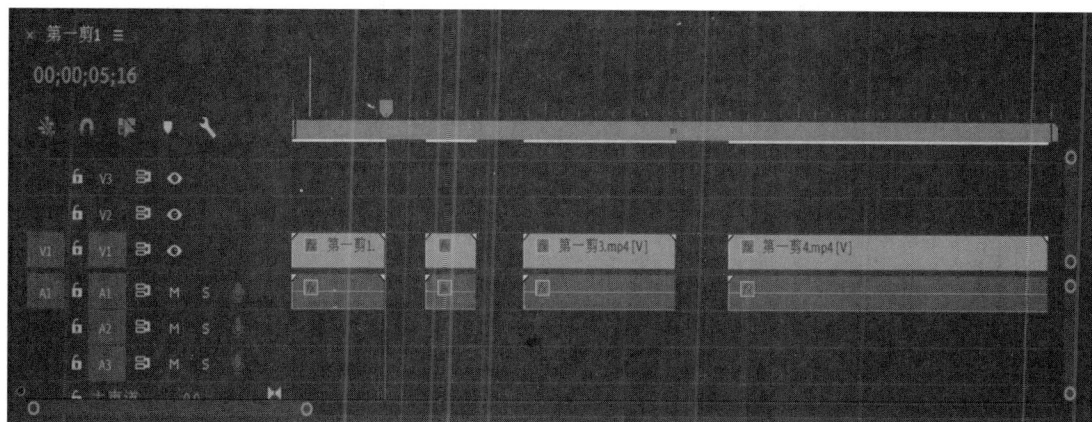

图 3-14   将素材依次拖动到时间轴中

(15) 通过浏览，要将第一剪 1.mp4 片段的 00:00:04:10 后的部分删除。将时间滑块定位到 00:00:04:10 处，如图 3-15 所示。单击 W 键，将该片段的后半截删除。

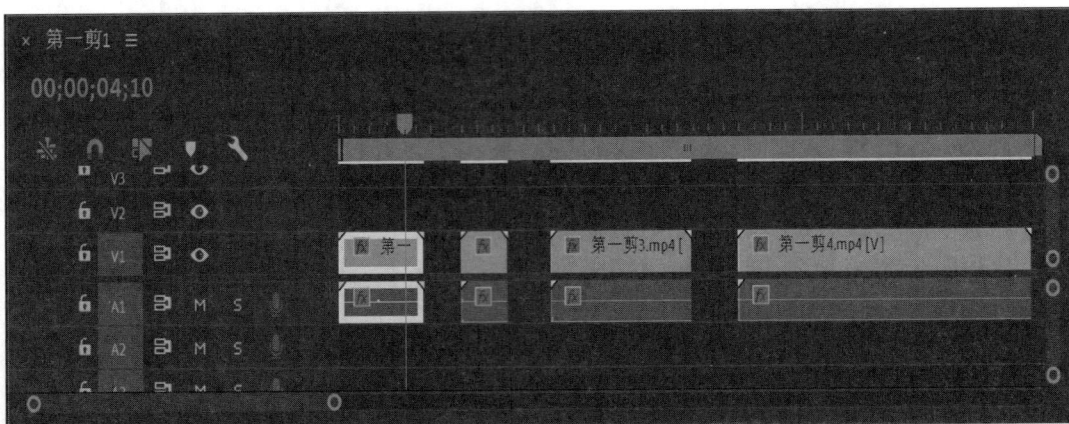

图 3-15　定位到 4 秒 10 帧处

(16) 删除第一剪 1.mp4 片段后半截后的效果如图 3-16 所示。

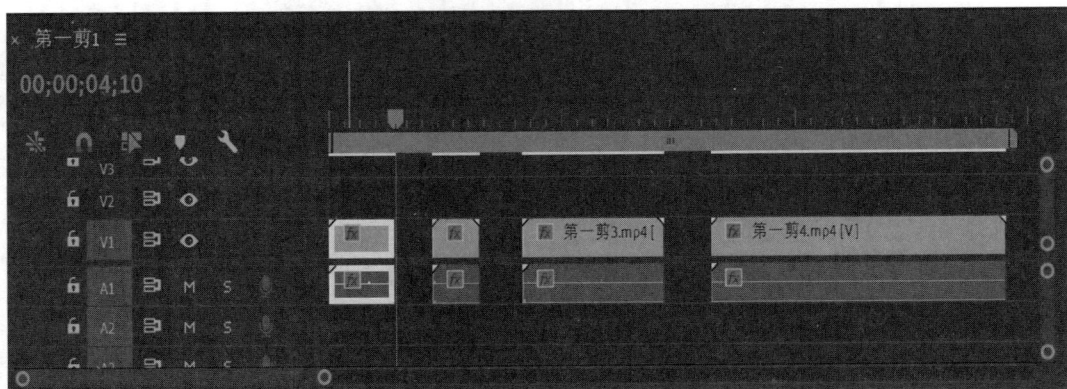

图 3-16　删除片段 1 后半截后的效果

(17) 将第一剪 2.mp4 片段拖动到第一剪 1.mp4 片段之后，紧挨着第一剪 1.mp4 片段，如图 3-17 所示。注意，在第一剪 2.mp4 片段向第一剪 1.mp4 片段靠近的操作过程中，要找到它们靠近时的那种磁吸感，如果做错了或者没找到磁吸感，就用快捷组合键 Ctrl+Z 撤销后再次尝试，直到找到吸附的感觉。

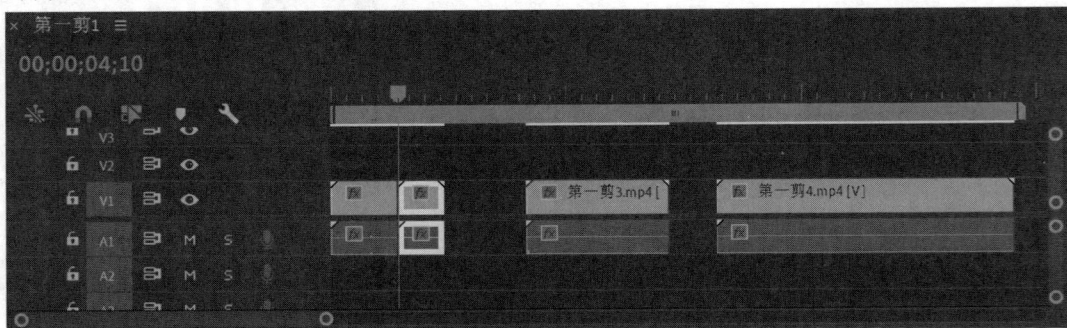

图 3-17　将前两个视频片段吸附在一起

(18) 将时间滑块定位到 00:00:05:15，单击 Q 键，将第一剪 2.mp4 片段的前半部分删除掉，效果如图 3-18 所示。

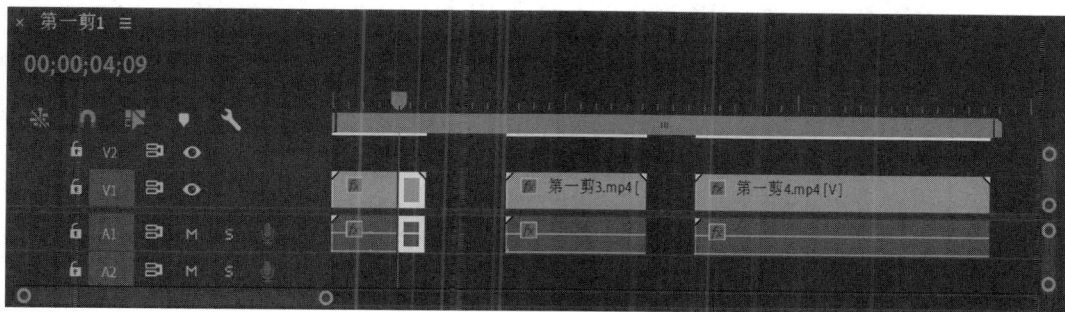

图 3-18　删除第一剪 2.mp4 片段的前半部分后的效果

(19) 在第一剪 3.mp4 片段滑动时间线，定位到沙发边缘刚露出来的时候，然后用 W 键删除该片段的后半截，如图 3-19 所示。

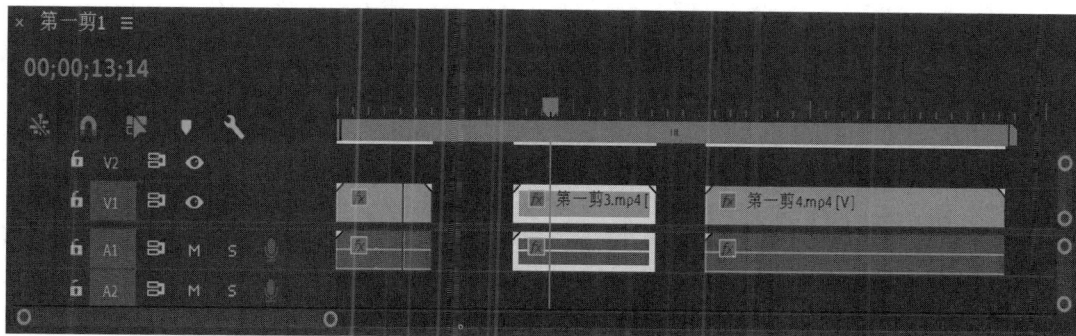

图 3-19　片段三第一剪 3.mp4 剪辑定位

(20) 删除片段三第一剪 3.mp4 的后半截后，效果如图 3-20 所示。

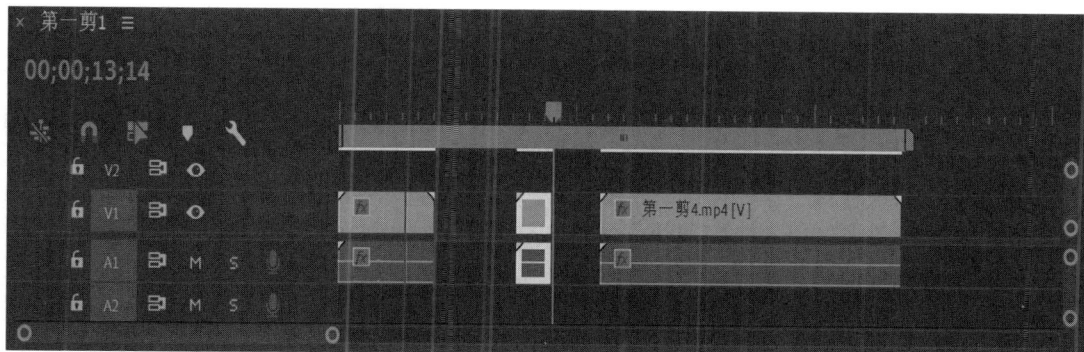

图 3-20　删除片段三第一剪 3.mp4 后半截后的效果

(21) 将片段三第一剪 3.mp4 紧挨到片段二第一剪 2.mp4 的尾部，然后观看前三个裁剪后片段的连续播放效果，会发现片段二第一剪 2.mp4 中手飞出剪刀之后显示时间过长，所以定位至 00:00:04:19 处，如图 3-21 所示。

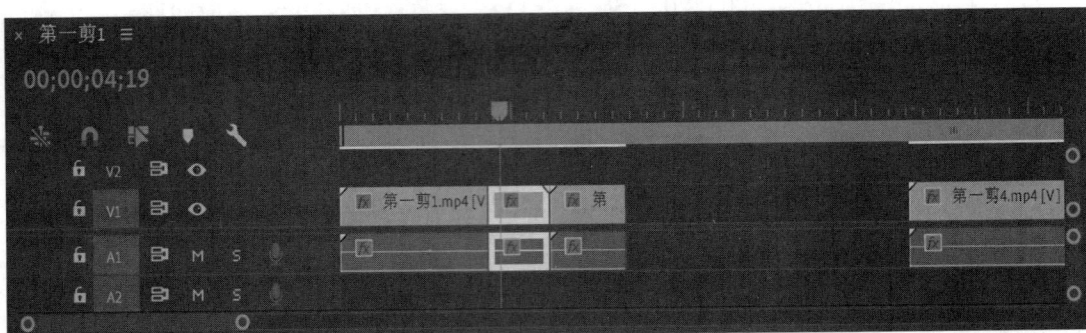

图 3-21　定位到片段二第一剪 2.mp4 00:00:04:19 处

(22) 将第一剪 2.mp4 片段 00:00:04:19 处的后半截用 W 键删除，效果如图 3-22 所示。

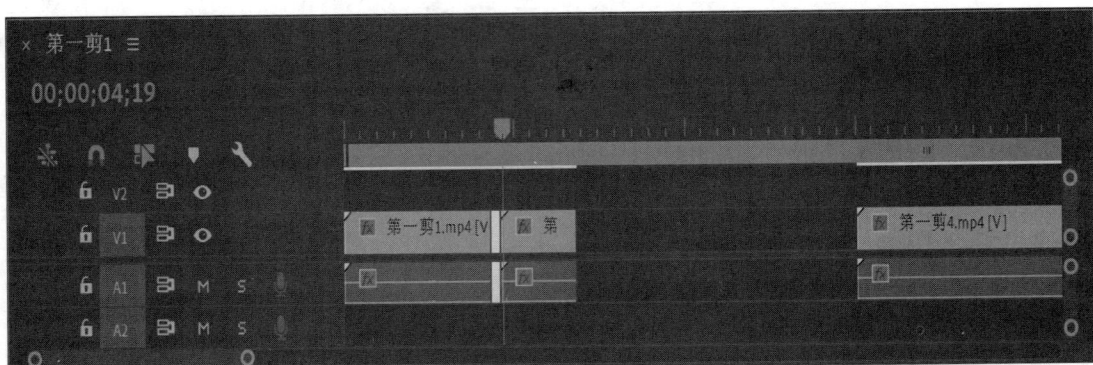

图 3-22　删除第一剪 2.mp4 片段 00:00:04:19 处的后半截效果

(23) 播放第一剪 4.mp4 片段，仔细观察，将第一剪 4.mp4 片段的前面拍摄穿帮的部分(可参考定位到倒数 00:00:02:20 处)和后面人物起身的部分(可参考定位到倒数 00:00:01:19 处)都删掉。然后再将该片段吸附到片段三之后，如图 3-23 所示。

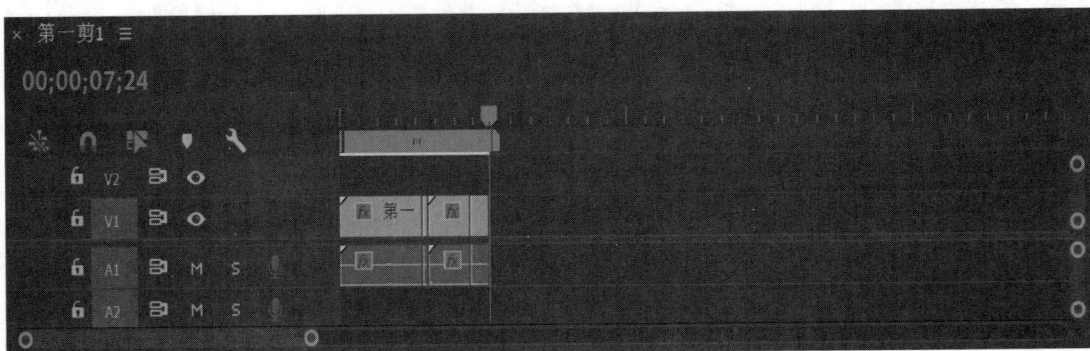

图 3-23　第一剪 4.mp4 片段前后裁剪后拖动到片段三第一剪 3.mp4 片段后

(24) 再次播放，会发现第一剪 1.mp4 片段和第一剪 3.mp4 片段播放速度偏慢，故选中这两个片段，右击选择"速度/持续时间…"，如图 3-24 所示。

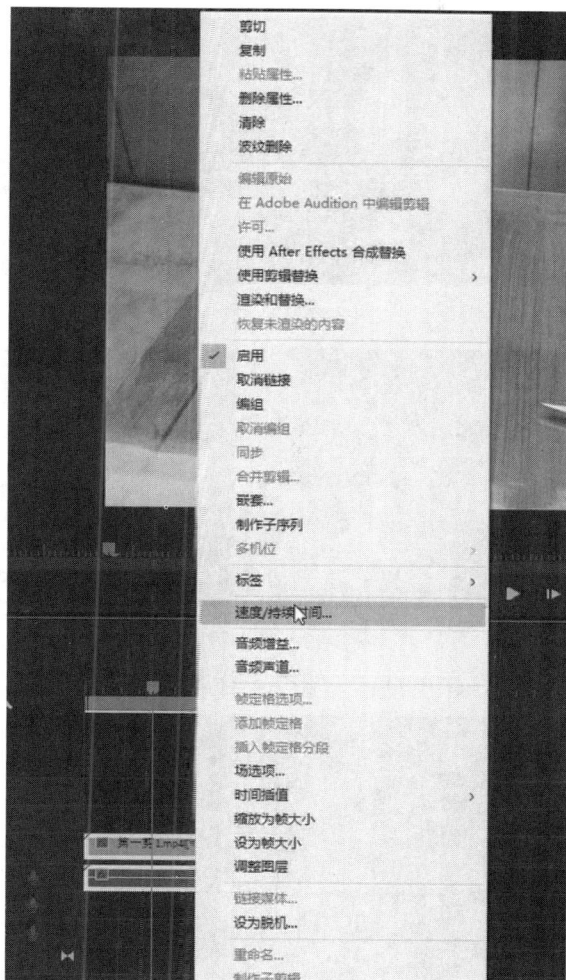

图 3-24　选择"速度/持续时间..."

(25) 在弹出的"剪辑速度/持续时间"对话框中将"速度"调为 200%，其余不变，如图 3-25 所示。

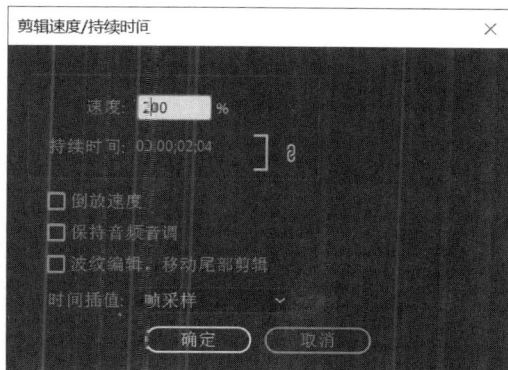

图 3-25　将"速度"调为 200%

(26) 将图 3-26 分开的 4 个片段小心拖动，使它们连在一起，拖动前如图 3-26 所示，拖动后如图 3-27 所示。

图 3-26　拖动前

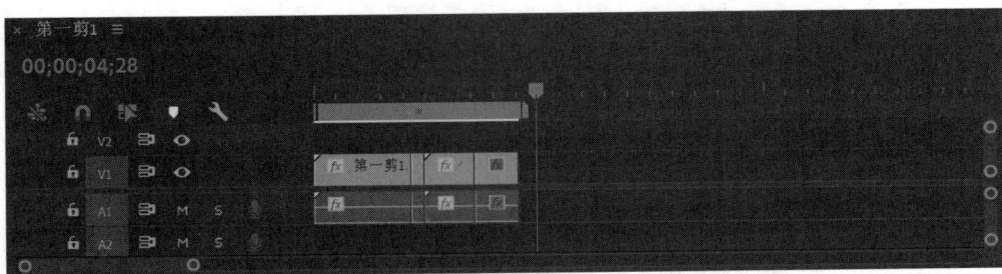

图 3-27　拖动后

(27) 选中项目面板的"声音.mp3",如图 3-28 所示。

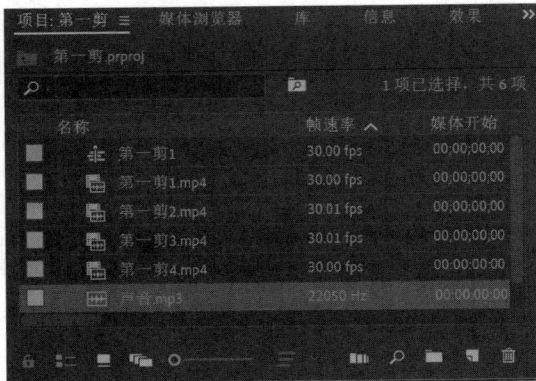

图 3-28　选中"声音.mp3"

(28) 将"声音.mp3"拖至右边时间轴面板 A1 轨道上的合适位置,如图 3-29 所示。

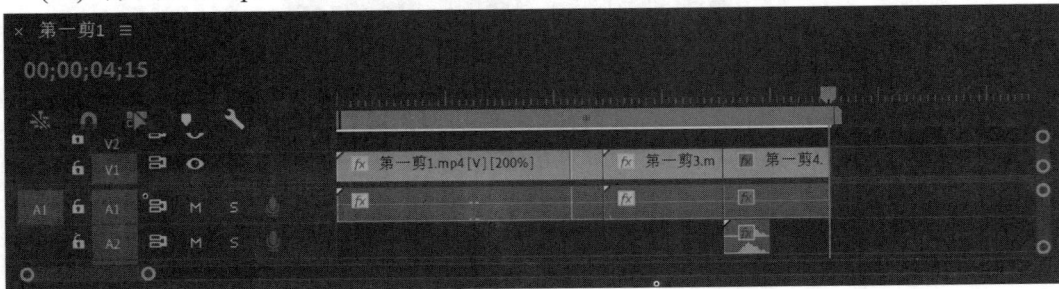

图 3-29　"声音.mp3"拖动后效果

(29) 播放浏览,没有问题就可以导出,在整个操作过程中可以多次按 Ctrl+S 组合快捷键存盘。

(30) 单击"文件"→"导出"→"媒体…"，如图 3-30 所示。

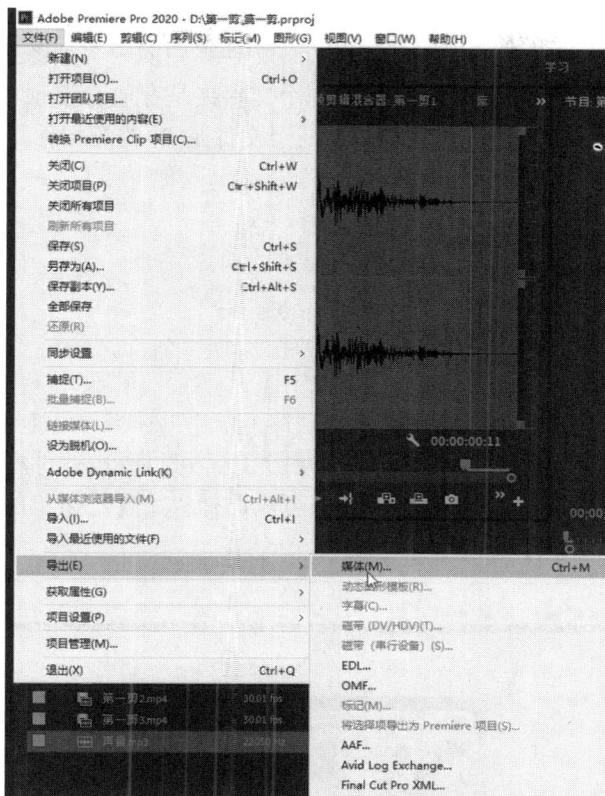

图 3-30　导出媒体

(31) 在弹出的对话框中，设置"格式"为 H.264，存为 D:\第一剪\第一剪效果.mp4，确认无误后单击"导出"，如图 3-31 所示。

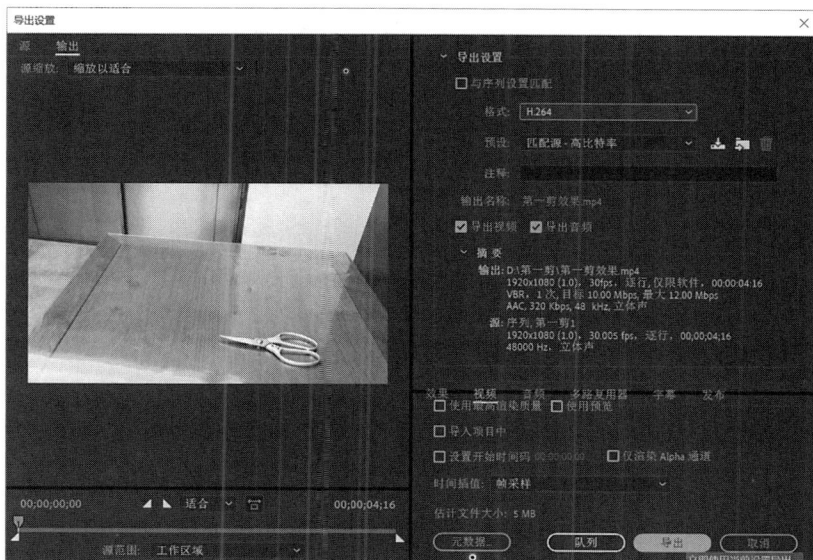

图 3-31　导出设置图

(32) 弹出编码进度框，如图 3-32 所示。

(33) 在 D:\第一剪文件夹中打开"第一剪效果.mp4"文件，播放浏览效果。若发现有问题，则要看是导出的问题还是编辑的问题。该文件夹中的内容如图 3-33 所示，其中第一个文件夹存放的是音频文件的以前版本，第二个文件夹是存放音视频文件的以前版本(一般用于丢失恢复用)，第三个文件夹是素材，第四个文件是 Pr 的源文件(也叫项目文件)，第五个文件是生成导出的视频文件。

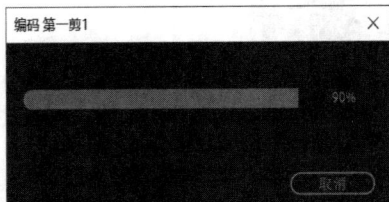

图 3-32　编码进度框

图 3-33　存放最终导出视频位置图

(34) 确认视频导出成功后，如果不需要使用 Pr，可以单击软件标题栏右上角的"×"按钮来关闭软件，标题栏如图 3-34 所示。也可以选择"文件"菜单的"文件"→"关闭"来关闭软件，如图 3-35 所示。

图 3-34　Pr 标题栏

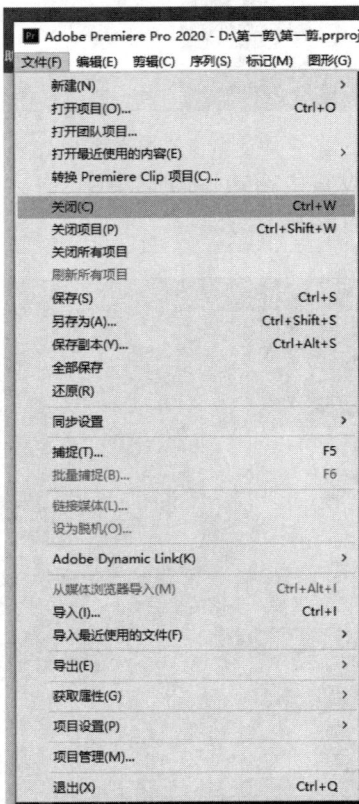

图 3-35　关闭软件

（35）如果后续还要编辑 Pr 别的项目，只是退出该项目，则选择"文件"→"关闭项目"，如图 3-36 所示。关闭本项目后可开始下一个项目的编辑。

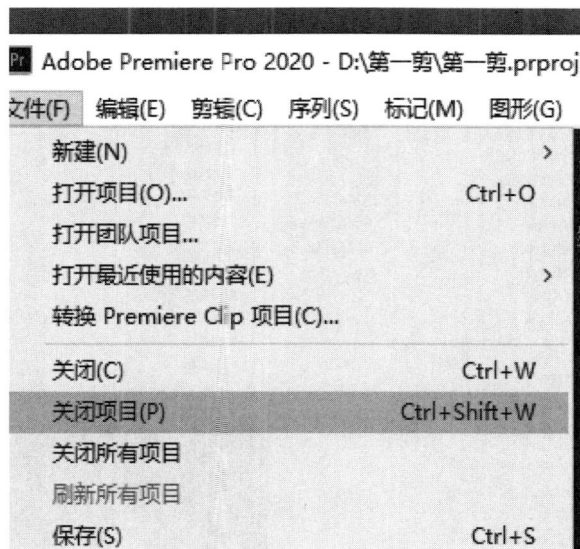

图 3-36　关闭项目图

（36）如果在 Pr 软件中有多个项目被打开，则可以选择"文件"→"关闭所有项目"来关闭所有打开的项目。至此，第一个剪辑任务全部完成。

任务 2　第一个标准剪辑视频——美丽校园

任务目标

通过将几张校园的照片生成一个"美丽校园"的视频剪辑，让读者掌握 Pr 的标准使用流程和对素材的整理，例如如何新建素材箱、导入素材等素材的基本使用方式，同时掌握视频过渡的简单设置方法。

美丽校园

任务实施

我们何其有幸，生在华夏，长在盛世，我们以祖国繁荣昌盛为荣，也以自己的学校为荣。生活到处都是美，就看我们有没有发现美感受美的眼睛，"美丽校园"就在我们身边。本任务将以身边的"美丽校园"来讲解标准视频的剪辑。

（1）选择"文件"→"新建"→"项目"，如图 3-37 所示。

（2）新建项目，命名为学号姓名美丽校园，如 99 张三为 99zs 美丽校园，然后存到 D 盘的学号姓名文件夹中(如 99 张三)，单击"确定"，如图 3-38 所示。

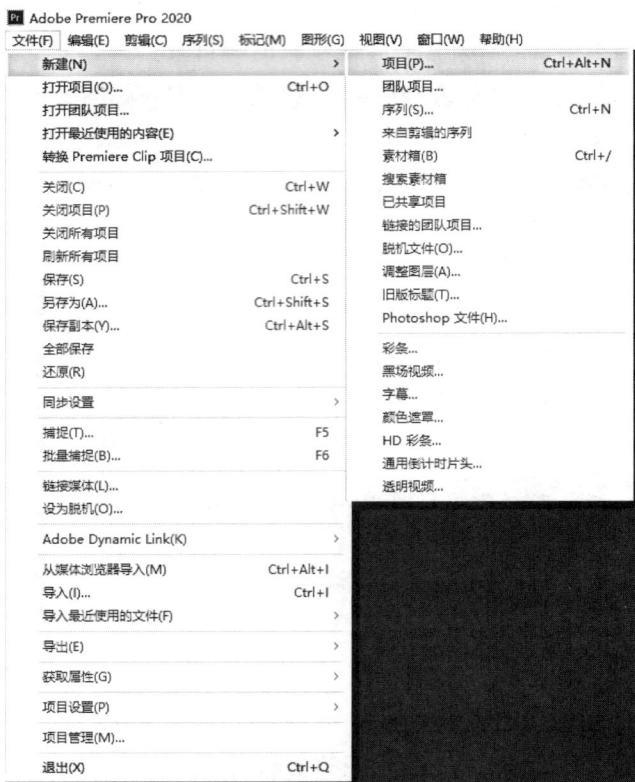

图 3-37　新建项目

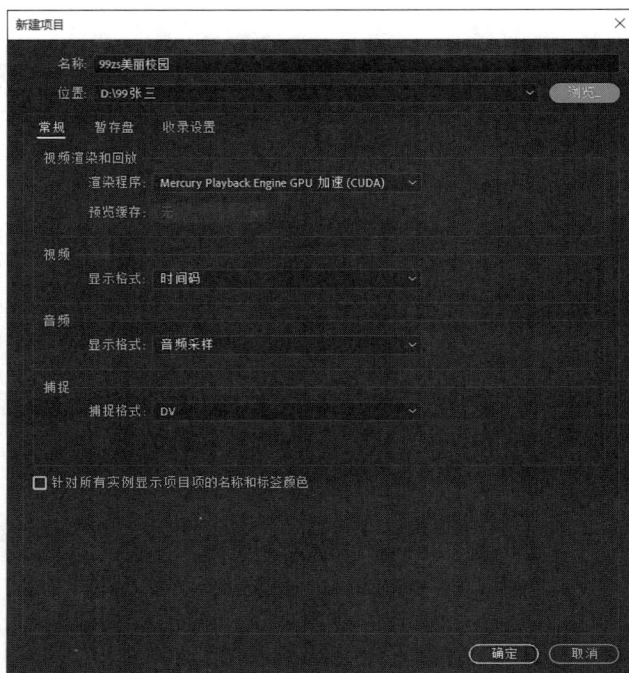

图 3-38　新建"99zs 美丽校园"项目

（3）建好后的文件夹中的内容如图 3-39 所示。

注意：一定要将素材"美丽校园素材"也放入该文件夹中，在整个操作过程中可多次使用 Ctrl + S 组合键存盘。

（4）在项目面板空白处右击，弹出的菜单如图 3-40 所示。

图 3-39　对应文件夹中的内容　　　　图 3-40　新建项目菜单

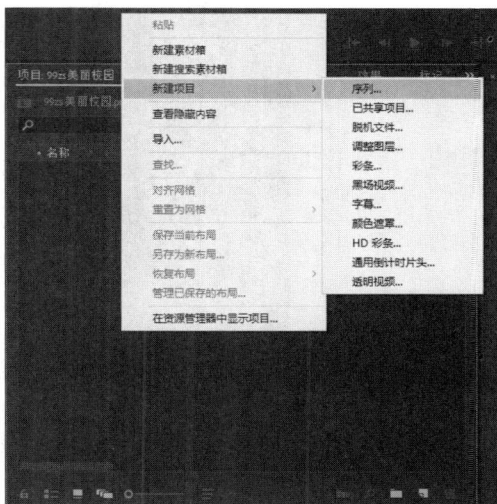

（5）在弹出的"新建序列"对话框中设置"可用预设"为 DV-PAL 宽屏 48kHz，"序列名称"为"美丽校园"，单击"确定"，如图 3-41 所示。

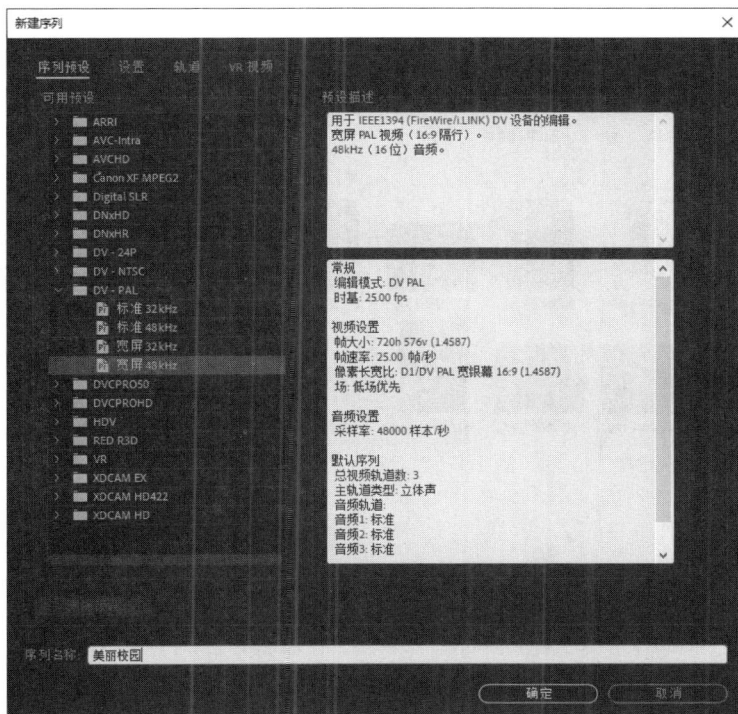

图 3-41　"新建序列"对话框

(6) 在项目面板空白处右击，选择"导入…"，如图 3-42 所示。

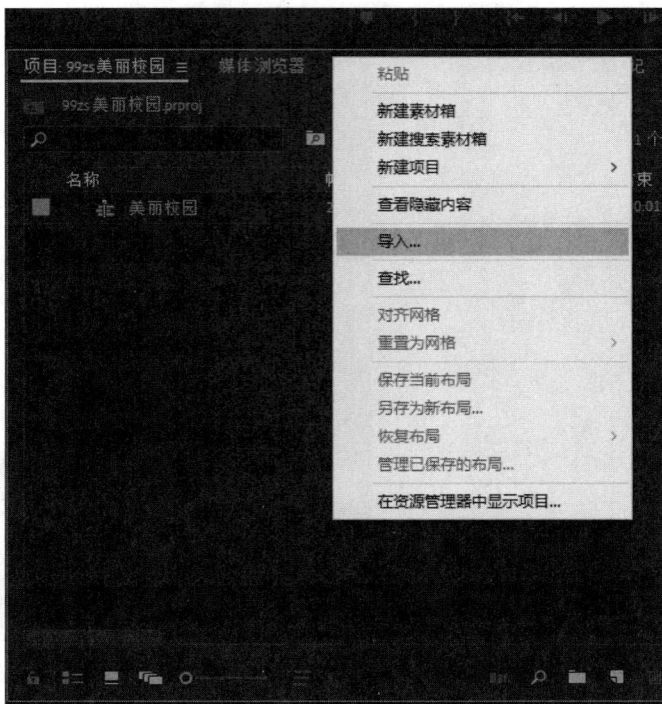

图 3-42　导入素材

(7) 在弹出的"导入"对话框中，找到美丽校园素材文件夹，选中所有内容，单击"打开"，如图 3-43 所示。

图 3-43　"导入"对话框

(8) 此时项目面板如图 3-44 所示。单击项目面板右下角的"新建素材箱"按钮，此时项目面板在列表视图中。

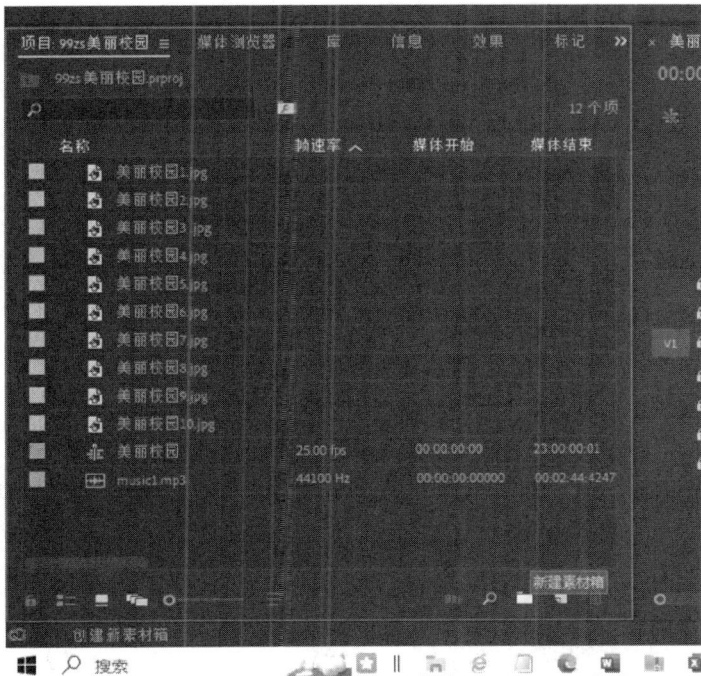

图 3-44　项目面板

(9) 将新建的素材箱命名为"图像素材"，将美丽校园 1.jpg～美丽校园 10.jpg 拖入该素材箱中，如图 3-45 所示。

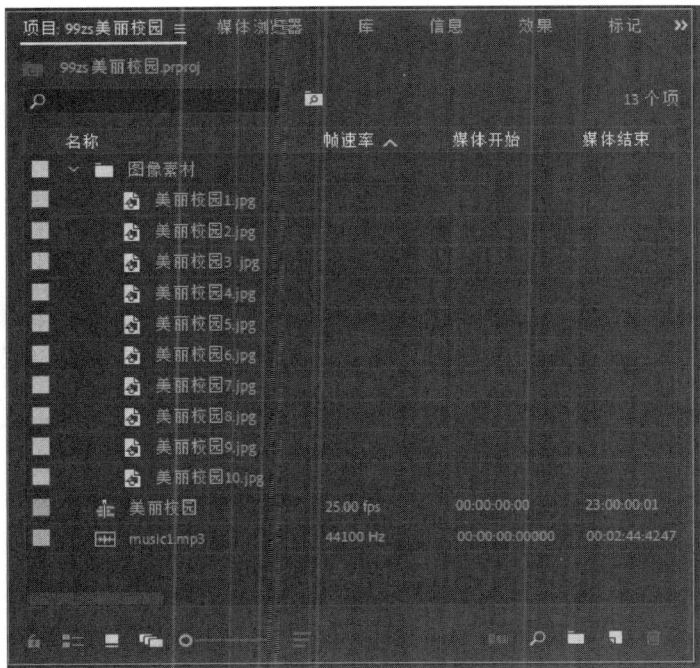

图 3-45　图像素材

(10) 单击图像素材前的箭头将其折叠起来，折叠后的效果如图 3-46 所示。

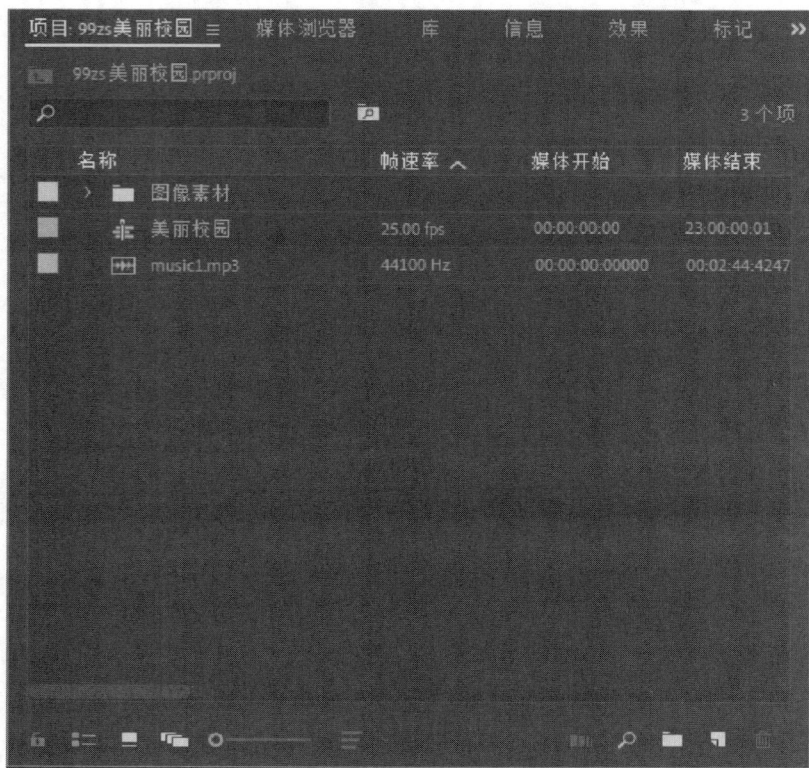

图 3-46　折叠后的视图

(11) 单击图像视图前的箭头展开素材，将美丽校园 1.jpg 拖入右侧的时间轴面板的 V1 轨道，从 00:00:00:00 开始，如图 3-47 所示。

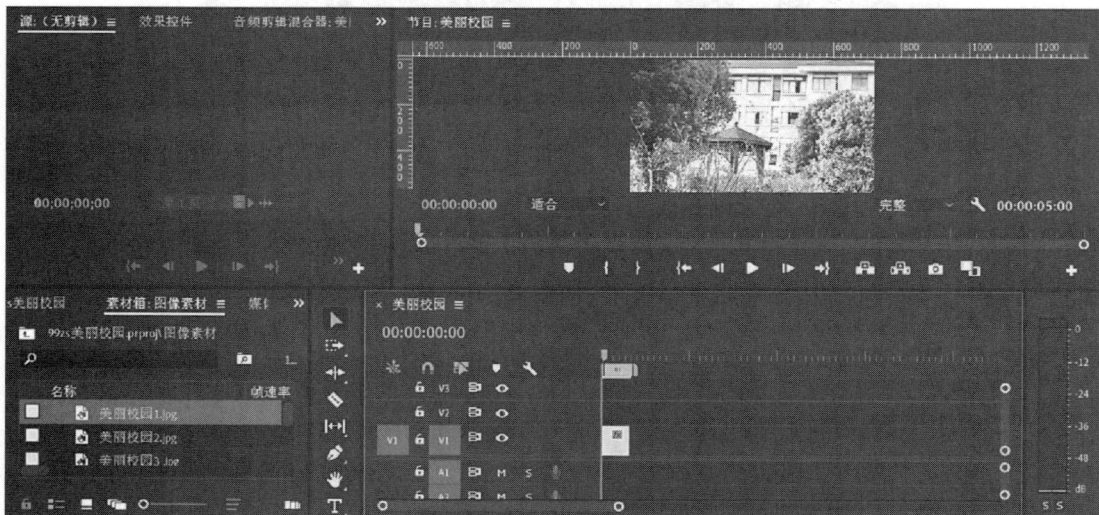

图 3-47　将美丽校园 1.jpg 拖入 V1 轨道

(12) 调节时间轴面板下面的圆圈放大或缩小视频片段在时间轴上的显示比例，使美丽校园 1.jpg 能显示得方便编辑且清晰，如图 3-48 所示。

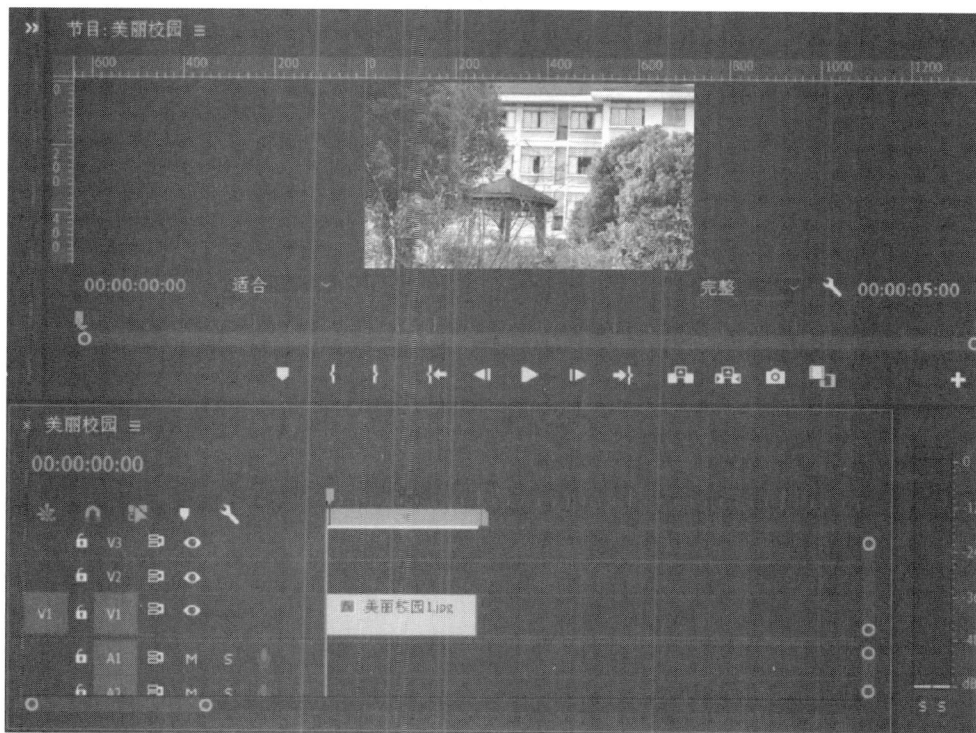

图 3-48　调节显示比例

　　(13) 在美丽校园 1.jpg 图片上右击，在弹击的菜单中选择"缩放为帧大小"，如图 3-49 所示。

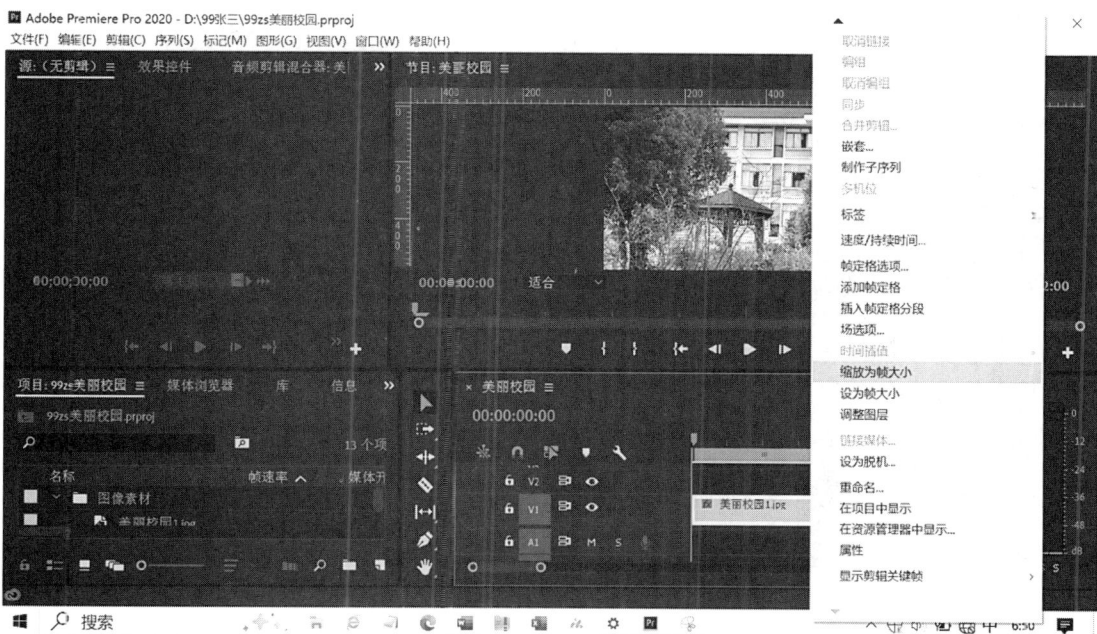

图 3-49　缩放为帧大小

(14) 缩放为帧大小后，美丽校园 1.jpg 图片的大小与帧尽量靠拢后的效果如图 3-50 所示。

图 3-50 缩放为帧大小后的效果

(15) 依次拖动美丽校园 2.jpg～美丽校园 10.jpg 到 V1 轨道，前后衔接，如图 3-51 所示。整体时长默认为 50 s。

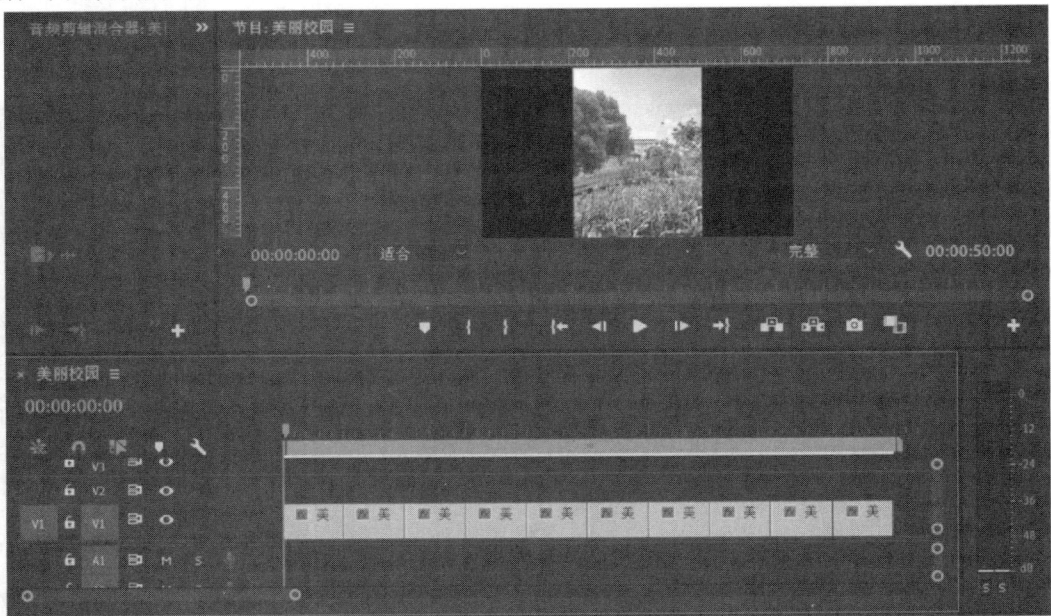

图 3-51 拖动所有图片素材到 V1 轨道

(16) 播放浏览美丽校园序列，会发现很多图片没有完整呈现。在时间轴 V1 选中所有图片右击，在弹出的菜单中选择"缩放为帧大小"，如图 3-52 所示。

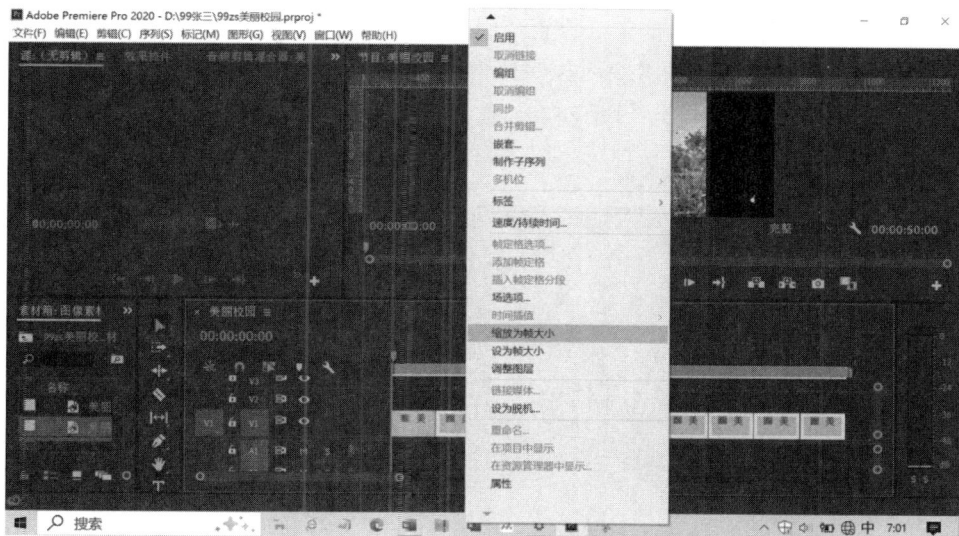

图 3-52　设置所选图片为"缩放为帧大小"

(17) 播放浏览后，如果所有图片的呈现都不合适，则可以更改序列设置，在项目面板中右击，选择"序列设置…"，如图 3-53 所示。

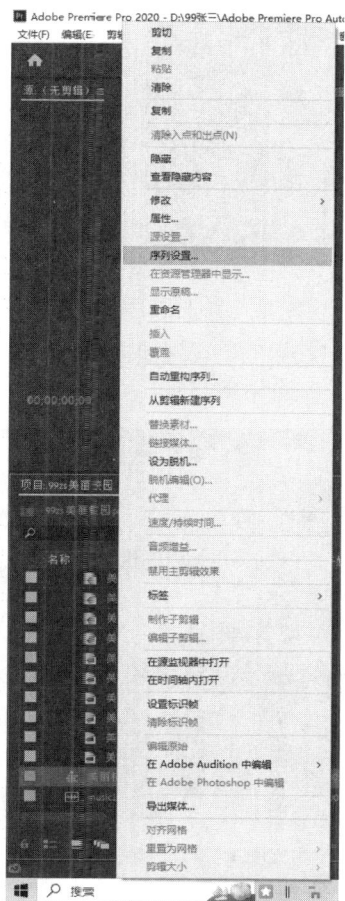

图 3-53　修改序列设置

(18) 在"序列设置"对话框中，设置"编辑模式"为自定义，"帧大小"为 4096 水平和 3072 垂直，勾选"更改帧大小时按照比例缩放运动效果"，"像素长宽比"为方形像素(1.0)，单击"确定"，如图 3-54 所示。

(19) 在"删除此序列的所有预览"对话框中单击"确定"，如图 3-55 所示。

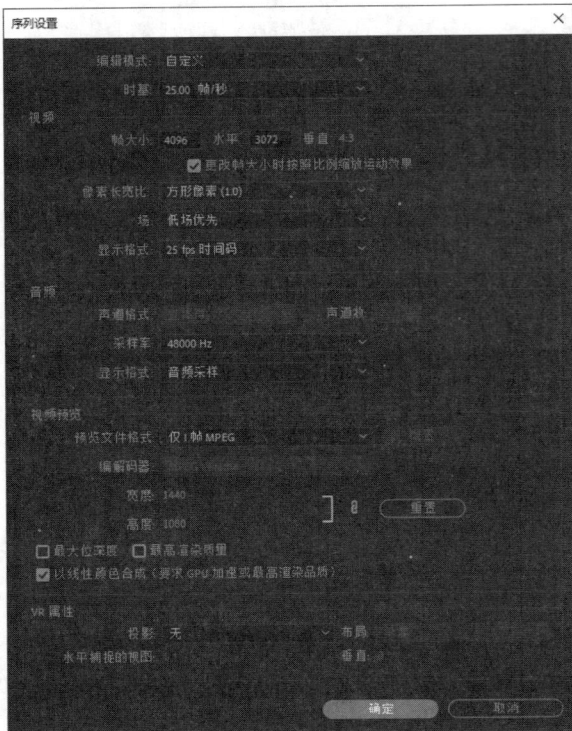

图 3-54　序列设置修改

图 3-55　删除预览

(20) 观察美丽校园 2.jpg 是否满屏，若未满屏则选中 V1 轨道中的所有片段，取消设置"缩放为帧大小"后，再次确认设置"缩放为帧大小"，来强制刷新。

(21) 此时所有横屏拍摄的图片均完整呈现，如图 3-56 所示。

图 3-56　浏览横屏图片

(22) 浏览无误后做好存盘的准备工作，使用 Ctrl+S 组合键存盘，将蓝色竖线拖动至时间轴 0 位置，在轨道空白处单击以取消选中状态，如图 3-57 所示。

图 3-57   存盘准备工作

(23) 单击"文件"→"导出"→"媒体"，如图 3-58 所示。

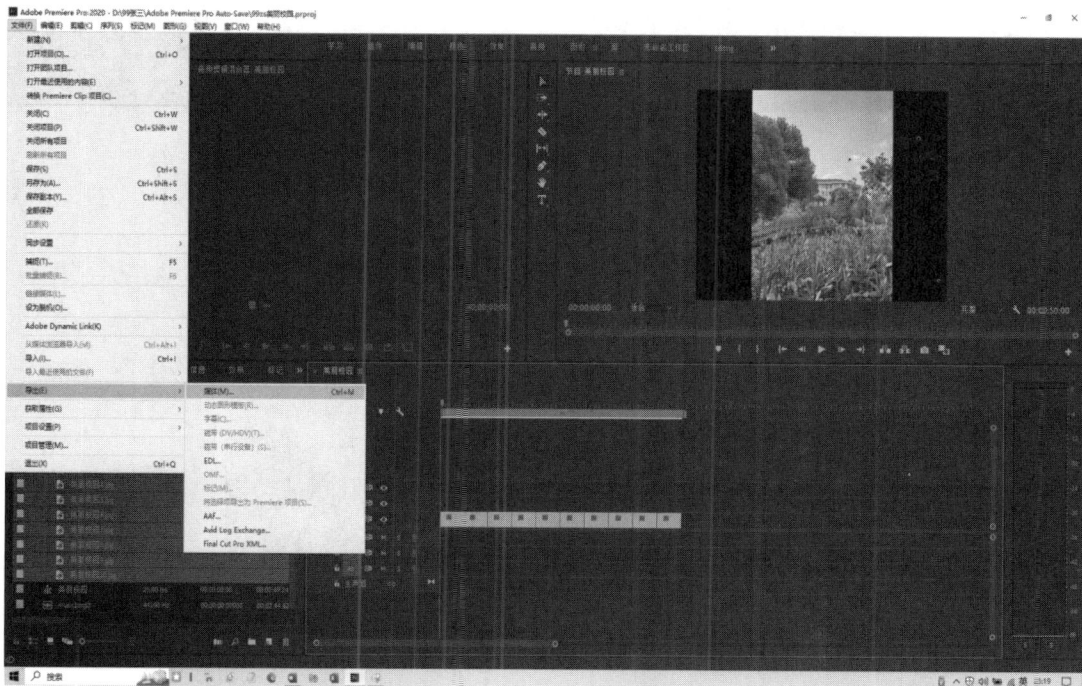

图 3-58   导出媒体

(24) 在弹出的"导出设置"对话框中，设置"格式"为 H.264，"输出名称"为"99张三美丽校园.mp4"，存于 D:\99 张三文件夹中，单击"导出"，如图 3-59 所示。

图 3-59　"导出设置"对话框

(25) 在"编码 美丽校园"对话框中观察"预计剩余时间"，如有异常则单击"取消"，无异常则等待编码完成即可，如图 3-60 所示。

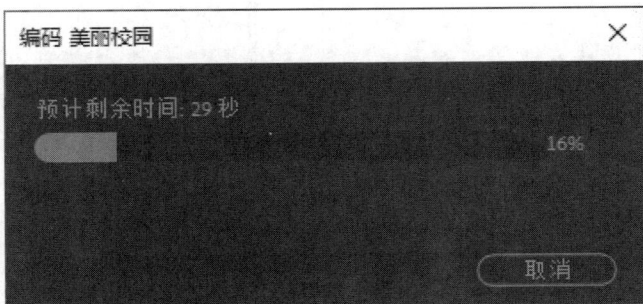

图 3-60　"编码"对话框

(26) 关闭项目，导出结果如图 3-61 所示。在提交作品前一定要先播放预览。

图 3-61　最终文件夹中的内容

技巧点亮

一、项目参数设置

选择"文件"→"项目设置"→"常规",进入"项目设置"的各个界面,如图 3-62 所示。

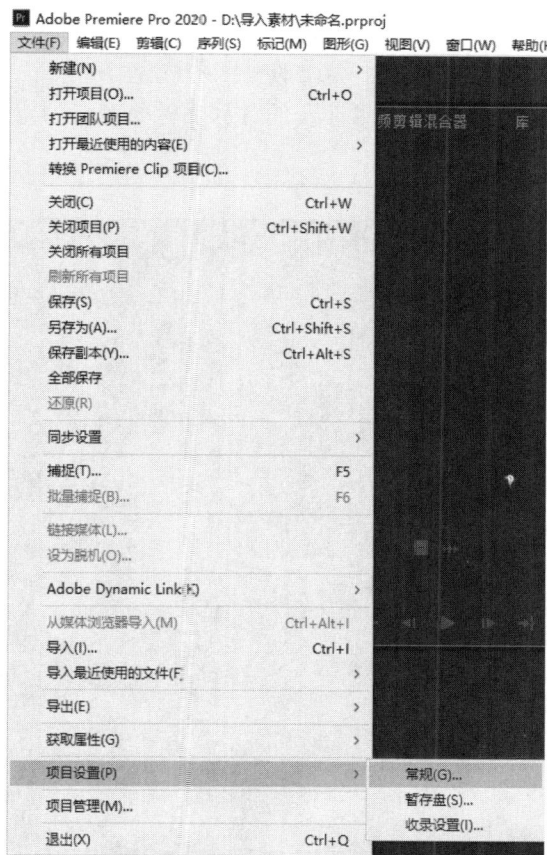

图 3-62　项目设置界面

(1) 在"项目设置"对话框中可进行"常规"设置,如渲染程序、显示格式、捕捉格式等,如图 3-63 所示。

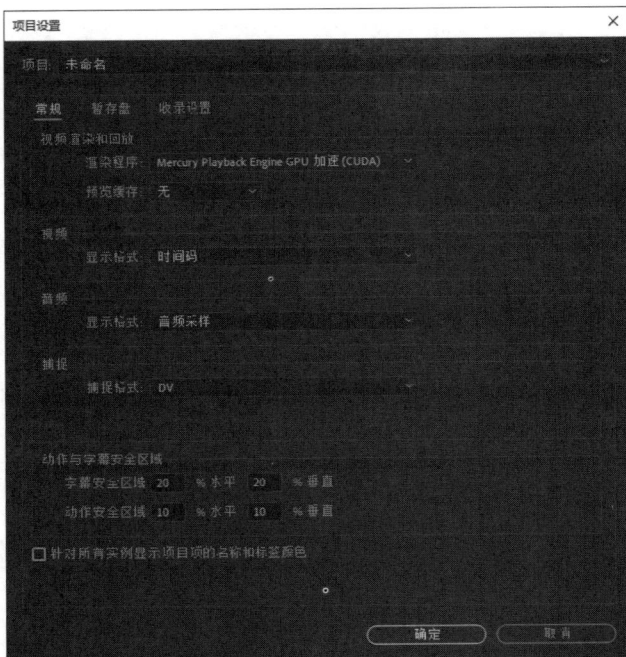

图 3-63　项目设置的常规设置

(2) 如图 3-64 所示，可以设置项目涉及的各种文件暂存盘的位置，默认情况下都与项目文件位置相同。

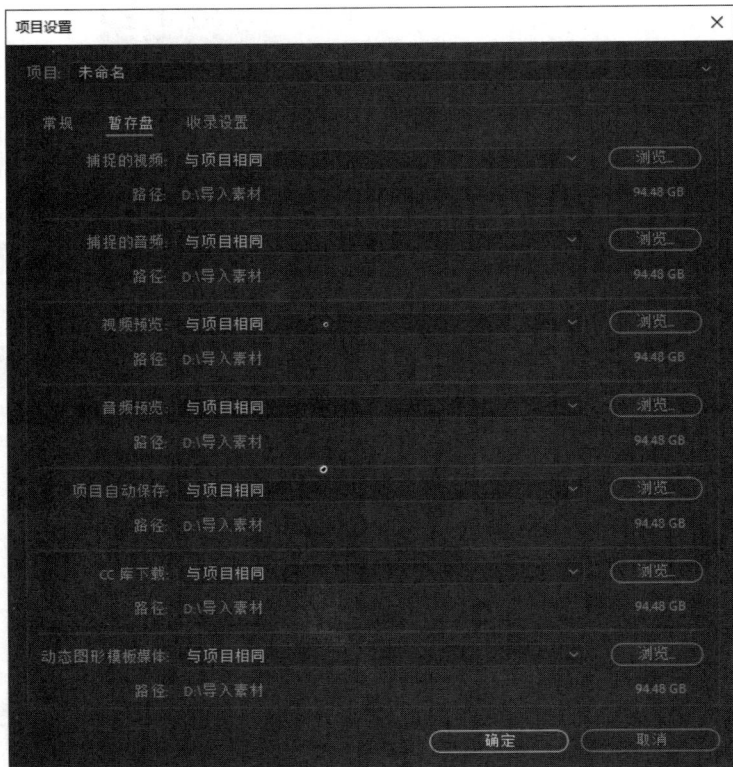

图 3-64　项目设置中的暂存盘

二、桌面图标消失处理

在使用计算机的过程中，如果桌面图标消失，只能看到任务栏一栏(如图 3-65 所示)，那么该怎么办呢？

图 3-65　桌面图标消失

出现上述情况不必惊慌，因为桌面图标消失是一种比较常见的现象，这是计算机资源紧张导致。解决办法是忽略这个问题，因为没有桌面图标并不会影响计算机的正常使用，仍然可以正常打开所需要的桌面文件，也能正常进入各个菜单。

那么，桌面图标消失后如何看到吴面内容呢？其解决方法如下：

(1) 单击计算机的"开始"→"文档"，如图 3-66 所示。

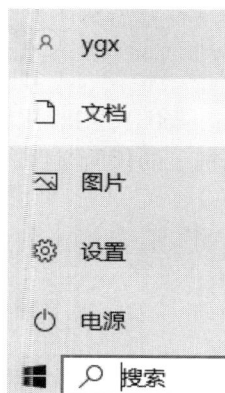

图 3-66　打开"开始"菜单中的文档

(2) 在弹出的"文档"窗口中单击左边的"桌面"，如图 3-67 所示。

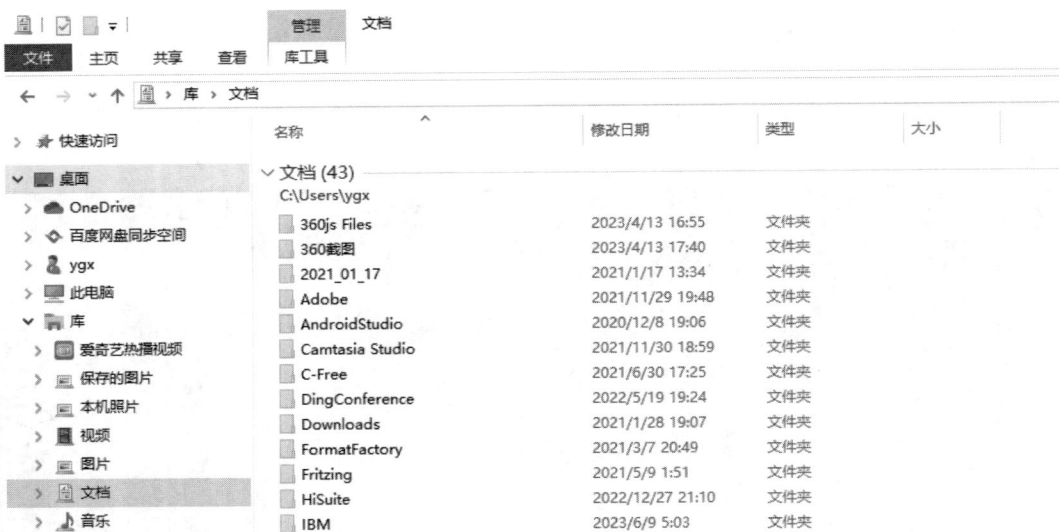

图 3-67　"文档"窗口

(3) 在右侧会显示桌面上的所有文件，如图 3-68 所示。

图 3-68　通过文档找到了桌面

采用同样的方法，可以找到计算机上的任何文件。

课外拓展

(1) 观看 mooc 上的对应视频，并完成讨论和习题。

(2) 如何将竖屏视频改为横屏视频？用一个竖屏视频试试，将任务完成。

项目4　素材导入

项目导入

剪辑视频时需要用到各种各样的素材，但并不是所有素材都能被 Premiere 导入使月，所以认识各类素材就非常重要。这样才能根据素材的种类直接使用素材，还要具备将不可用素材转换为可用素材的技能。

除了外界提供的各种素材，Premiere 还有很多种自带项目，在使用中还涉及颜色的相关知识。

知识储备

一、常用素材扩展名及类型

常用的素材类型有以下几种：

(1) .gif 序列：动画文件，单个的 gif 文件是网络上经常使用的图像格式。

(2) .psd：PhotoShop 的项目源文件。

(3) .prproj：Premiere 的项目源文件。

(4) .avi：微软推出的视频格式。

(5) .bmp：微软推出的图像格式，图像质量高但文件较大。

(6) .jpg：一种压缩率很高的图像格式，所以图像质量略低。

(7) .tiff：无损压缩存储的高质量图像文件。

(8) .ai：Illustrator 的专用文件格式，用来存储矢量文件。

二、颜色模式及构成

1. RGB 色彩模式

RGB 色彩模式是工业界的一种颜色标准，通过对红(R)、绿(G)、蓝(B)3 个颜色通道的变化以及它们之间相互叠加来得到各种颜色。RGB 即红、绿、蓝 3 个通道的颜色，这个标准包括了人类视觉所能感知的所有颜色，是运用最广泛的颜色系统之一。

如果 RGB 色彩模式用十六进制来表示，那就是 #RRGGBB，# 后面跟的是 6 位十六进制数，每位十六进制的基数是 0～9 及 A～F，这 6 位数从左到右分别为 RRGGBB，每两位分别代表红色绿色蓝色各自的分量，如RR表示红色的分量，可以从最小的00到最大的FF。如 #00FF00 代表饱满的纯绿色，因为蓝色和红色分量为 0，绿色分量给到最大。

RGB 色彩模式如果每种颜色分量用 3 组十进制数表示就是 RGB(x，x，x)，注意每个 x 的取值范围是 0～255，最小是 0，表示不含该颜色，最大为 255，表明该颜色给足。如 RGB(255，0，0)代表饱满的纯红，因为红色给到最大 255，而绿色和蓝色分量均为最小值 0，它对应的十六进制就是 #FF0000。

2. YUV 颜色模型

YUV 颜色模型定义了一个 Y(亮度分量)，表示物理线性空间亮度，以及两个色度分量 U(蓝色投影)和 V(红色投影)。它可用于 RGB 模式和不同颜色空间之间的转换。通常用作彩色图像管道的一部分。

3. HSB 色彩模式

HSB 色彩模式是为将自然颜色转换为计算机创建的色彩提供的一种直接方法。它非常直观，即色度(H)、饱和度(S)和亮度(B)，如图 4-1 所示。

色度　　　　　饱和度　　　　　亮度

图 4-1　HSB 区别图

其中 H 代表色相(色度)，表示颜色的面貌特质是纯色，如红色、绿色、蓝色等，即组成可见光谱的单色，取值为 0°～360°，红色在 0°，绿色在 120°，蓝色在 240°。

S 代表饱和度,表示色彩纯度的高低,一种颜色中含有白色或黑色成分的多少,用 0%～100%表示。数值越高色彩越纯,为零时即为灰色。白色、黑色和其他灰度色彩都没有饱和度。最大饱和度时是每一色相最纯的色光。在色彩领域,纯色相具有完全的饱和度,换句话说,它们的色彩强度是最大的,但我们在生活中所见的大部分的色彩都比这种色彩的饱和度低,一直低到完全没有色彩饱和度的灰。我们看到原色色相和大部分不加任何限定词的色彩(例如说"蓝色",而不说"钴蓝")是完全饱和的,对于这些色彩来说,任何变化都只有一个方向——向灰变化。在自然界里,尤其是在规模更大的景观或风景全貌中,大部分的色彩都是不饱和的。

B 代表亮度,是指色彩的明亮度,即明暗强度关系。用 0%～100%表示,为零时即为黑色。最大亮度是色彩最鲜明的状态。亮度的单位是坎德拉除以平方米。亮度的强度也跟光源的强度有关,光源越强,亮度越高,反之则越低。亮度还与被摄物的反光率有关,在同样的光照条件下,物体反光率越高,亮度越高,反之则越低。

4. HSL 色彩模式

与 HSB 构成很类似,HSL 色彩模式也是基于圆柱坐标系的表示方式。

HSL 即色相、饱和度和亮度。色彩模式中的色相(H)表示色轮上的位置,范围为 0°～360°,对应红、黄、绿、青、蓝、洋红等颜色。饱和度(S)表示颜色的纯度或灰度,范围为 0%～100%。亮度(L)表示颜色的明暗程度,范围为 0%～100%,其中 50%为正常亮度。

任务实训

任务 1 综合素材导入——五花八门

五花八门

任务目标

本任务通过导入 Photoshop 源文件、Premiere 源文件、gif 序列文件等五花八门的素材,让读者认识、掌握和使用各种素材,从而拓展素材的来源,掌握各类素材的导入步骤,以便后续的剪辑。

任务实施

生命是如此多姿,我们时刻都要打开自己的心扉去拥抱生命的精彩和改变,素材也是如此。五花八门的素材需要我们用各种方法去使用它。

(1) 新建项目,名称为学号姓名导入素材(如 99 号张三为 99zs 导入素材.prproj),存至 D 盘的学号姓名文件夹中(如 99 号张三为 99 张三),单击"确定",如图 4-2 所示。

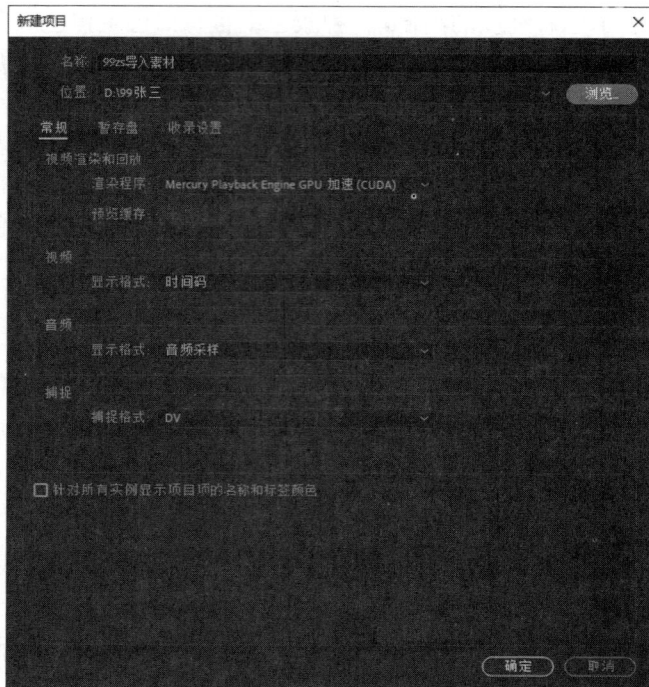

图 4-2　新建 99zs 导入素材项目

(2) 新建序列，设置为"DV-PAL　标准 48 kHz"，序列名称修改为"注意身体"，单击"确定"，如图 4-3 所示。

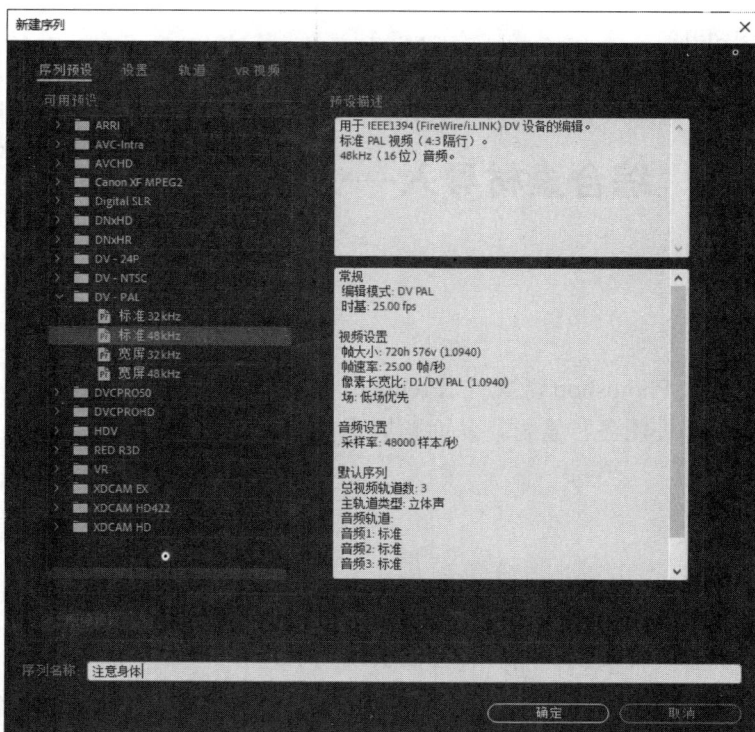

图 4-3　新建序列

(3) 在项目面板空白处右击，选择"导入…"，如图 4-4 所示。

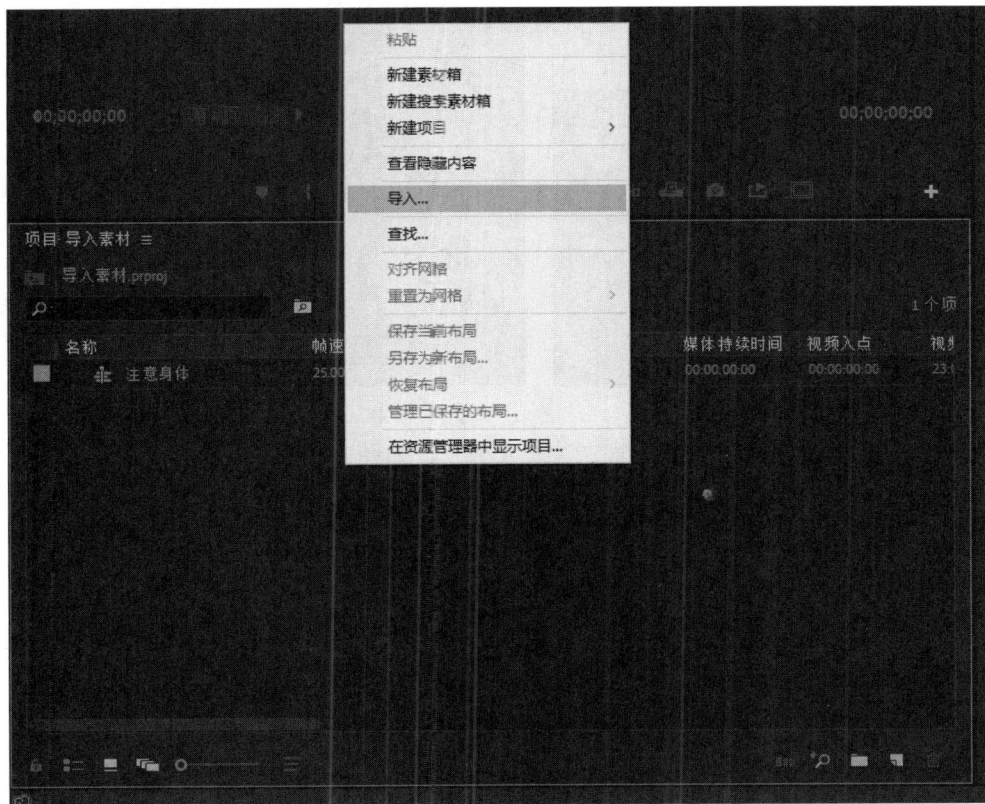

图 4-4　导入

(4) 在弹出的"导入"对话框中，选中需要的素材，单击"打开"，如图 4-5 所示。

图 4-5　选中需要的素材

(5) 在弹出的"导入分层文件：中秋节海报"中选择"导入为：合并所有图层"，单击"确定"，如图 4-6 所示。

(6) 将素材拖入 V1 轨道，如图 4-7 所示，可以看到因为和序列不符只能显示该图片局部。

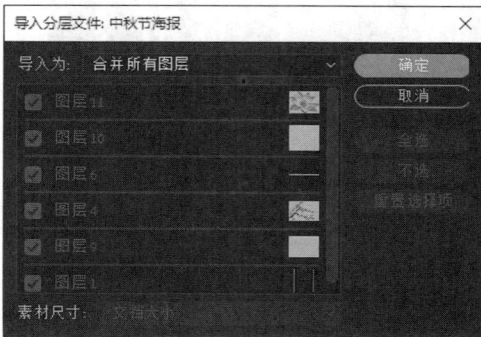

图 4-6　导入为合并所有图层

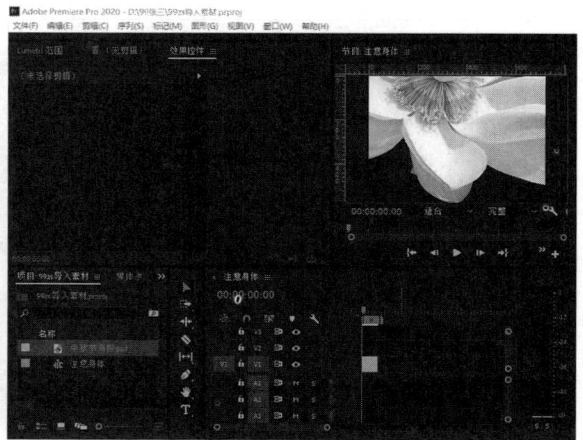

图 4-7　设置"缩放为帧大小"前

(7) 在该片段上右击，选择"缩放为帧大小"，如图 4-8 所示。

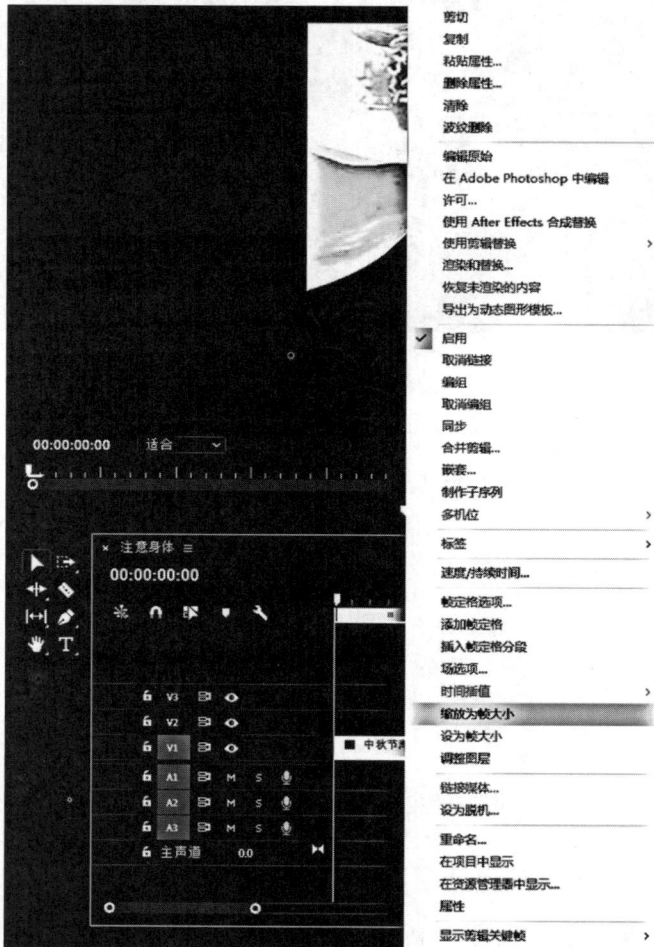

图 4-8　选择"缩放为帧大小"

(8) 设置后如图 4-9 所示，可以显示素材全貌。

图 4-9　设置为"缩放为帧大小"后

(9) 此时如果在 V1 轨道上再右击该图片，可以发现"缩放为帧大小"前面已经打上了
√，表示该项设置已发挥作用，如图 4-10 所示。

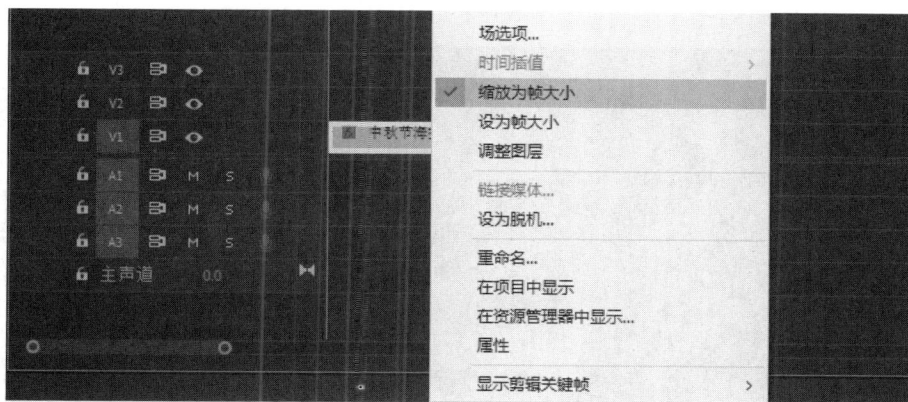

图 4-10　"缩放为帧大小"被选中状态

(10) 第二次导入素材"中秋节海报.psd"，设置"导入为：各个图层"后单击"确定"，

如图 4-11 所示。

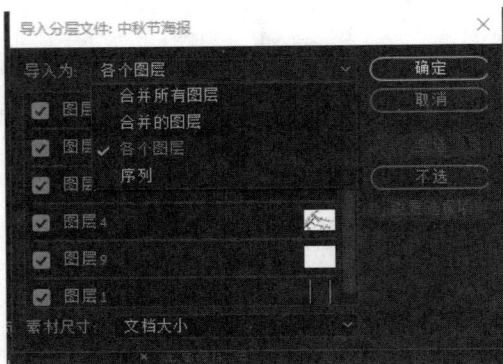

图 4-11　导入为各个图层

(11) 弹出的"项目：导入素材"对话框如图 4-12 所示。

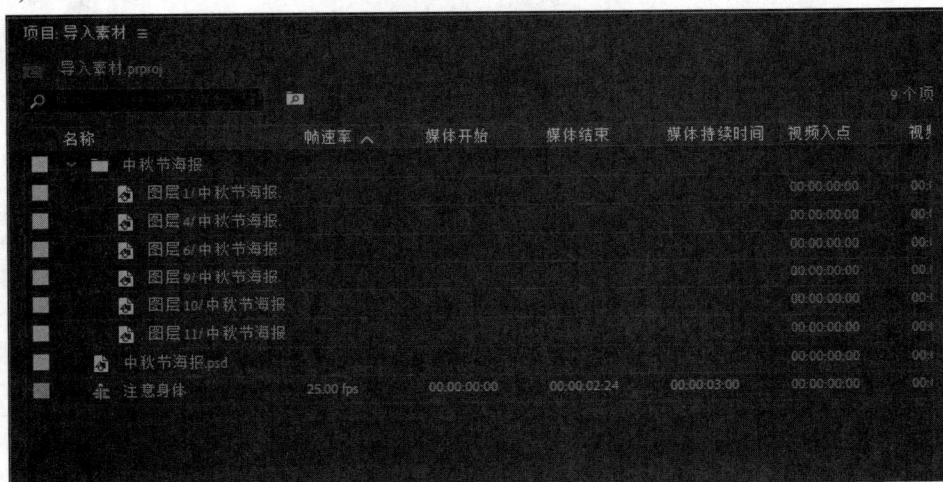

图 4-12　导入后的项目对话框

(12) 通过双击可以浏览各图层，选取图层 11/中秋海报、图层 10/中秋海报、图层 9/中秋海报、图层 4/中秋海报 4 个图层，分别拖入 V1、V2、V3、V4 轨道，如图 4-13 所示。

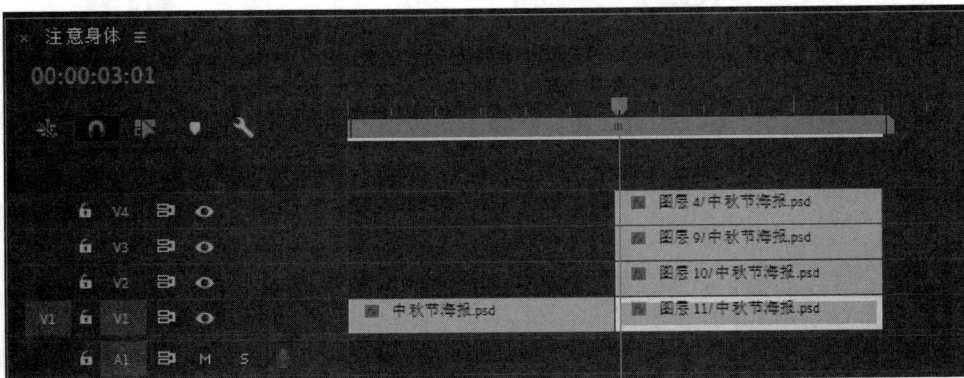

图 4-13　拖动 4 个图层到 V1～V4 轨道

(13) 同时选中 4 个图层单击右键，选择"缩放为帧大小"，如图 4-14 所示。

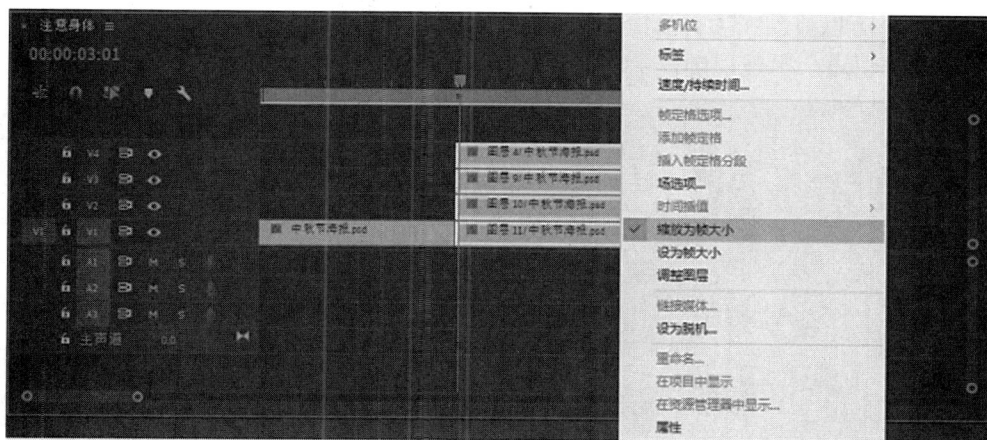

图 4-14　同时缩放为帧大小

(14) 这样，就将 PhotoShop 的源文件分层导入来使用了。

(15) 导入"GIF 序列"，选中该"GIF 序列"文件夹，单击"打开"，如图 4-15 所示。

图 4-15　导入 GIF 序列

(16) 在打开的"导入"对话框中选中第一张"落英缤纷 000.gif"文件，并勾选"图像序列"复选框，然后单击"打开"，如图 4-16 所示。

图 4-16　GIF 序列

(17) 这时可以看到在项目面板中会出现"落英缤绘 000.gif"文字和图标,将鼠标光标移上去稍微停留还会出现视频提示,如图 4-17 所示。

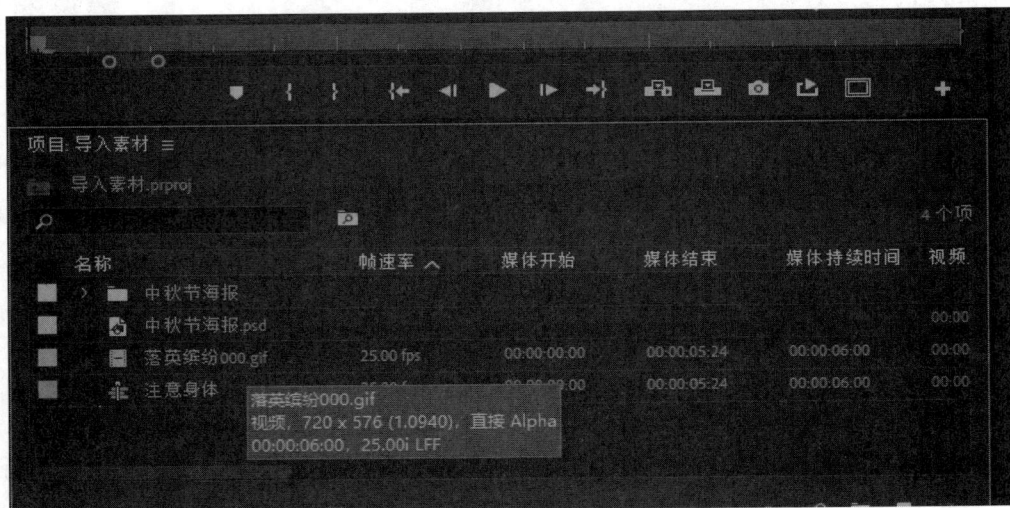

图 4-17 落英缤纷 000.gif 视频被导入

(18) 将该 GIF 文件拖入 V1 轨道,并浏览该片段,发现该视频是一段落叶飘落的动态视频,如图 4-18 所示。注意随时保存项目文件。

图 4-18 导入后的 GIF 序列生成一段动图

(19) 在项目面板空白处单击右键，选择"导入…"，导入"第一剪.prproj"，如图 4-19 所示。

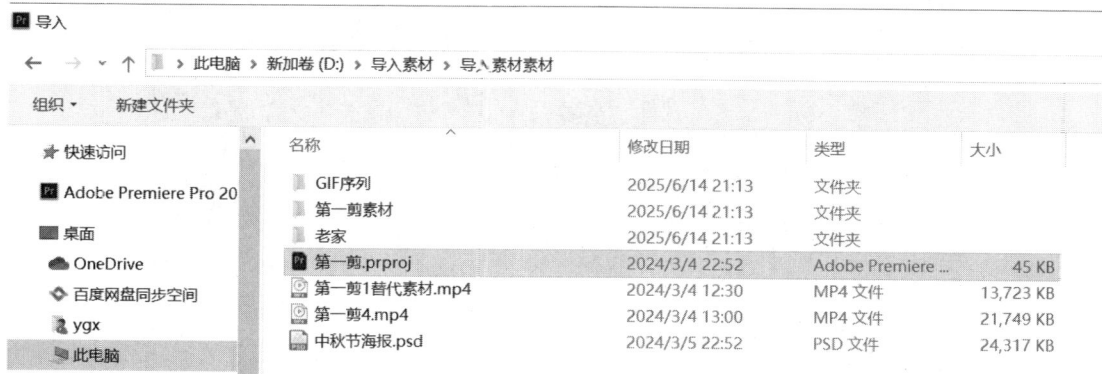

图 4-19 导入第一剪.prproj 项目源文件

(20) 在弹出的"导入项目"对话框中选择"导入整个项目"，并勾选"创建用于导入项的文件。"复选框，单击"确定"，如图 4-20 所示。

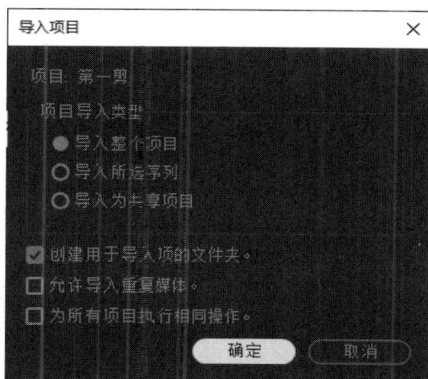

图 4-20 "导入项目"对话框

(21) 这时因为素材丢失，会弹出"链接媒体"对话框，如图 4-21 所示。如果素材还在，单击"查找"即可；如果素材丢失，则单击"脱机"即可。

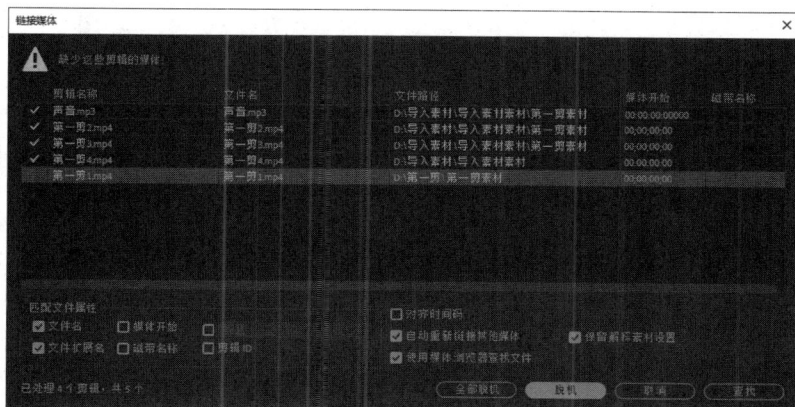

图 4-21 链接媒体对话框

(22) 在"项目：导入素材"面板中展开"第一剪"，选中"第一剪1"序列，如图4-22所示。

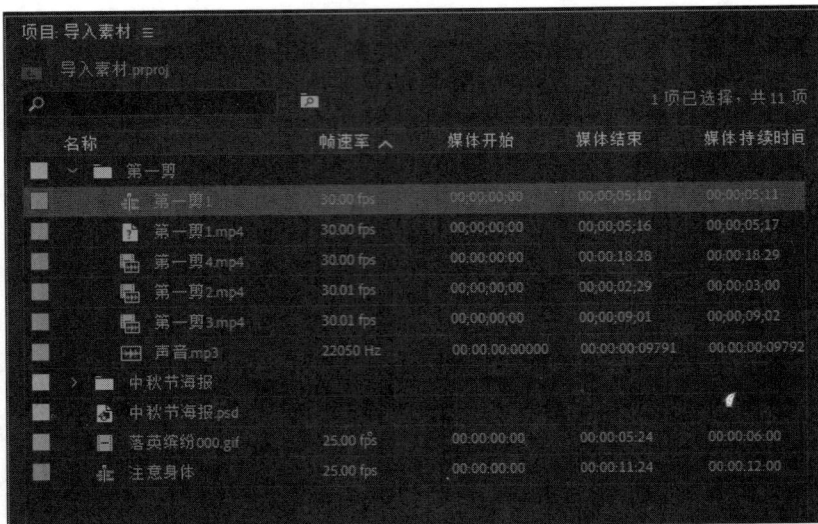

图 4-22　丢失了部分素材的第一剪1序列

(23) 将"第一剪1"序列拖入 V1 和 A1 轨道，然后缩放为帧大小。

(24) 因为缺少第一剪 1.mp4 素材(即丢失素材)，所以该部分内容显示为脱机文件，如图 4-23 所示。

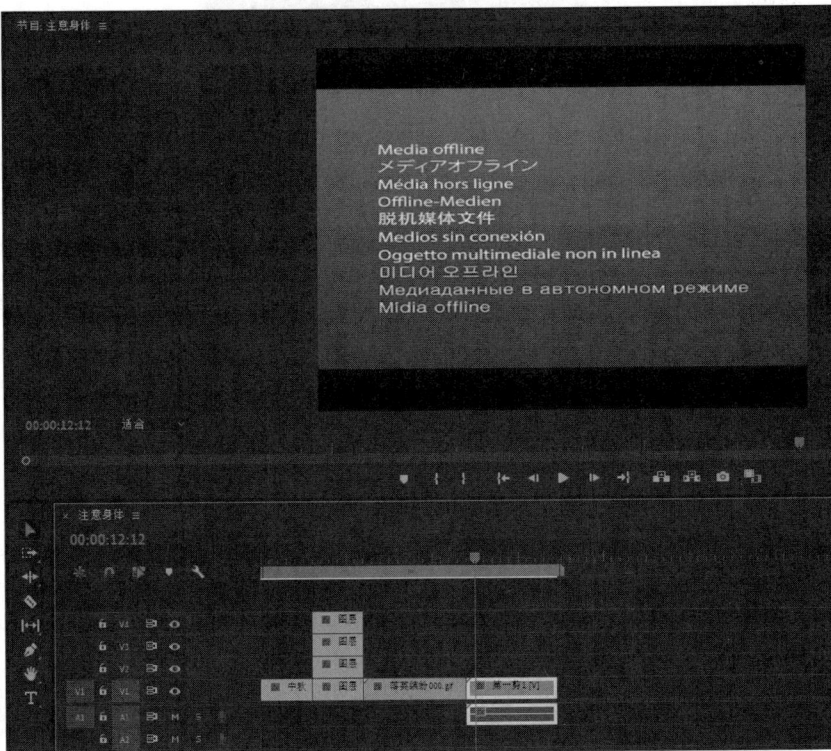

图 4-23　脱机文件显示为红色

(25) 准备好第一剪 1 替代素材.mp4 的替代素材,如图 4-24 所示。

图 4-24 第一剪 1 替代素材

(26) 在项目面板中右键单击丢失素材,选择"替换素材…",如图 4-25 所示。

图 4-25 右键单击丢失素材选择替换素材

(27) 在弹出的"替换'第一剪 1.mp4'素材"对话框中,选中"第一剪 1 替代素材.mp4",单击"选择"即可完成替换,如图 4-26 所示。

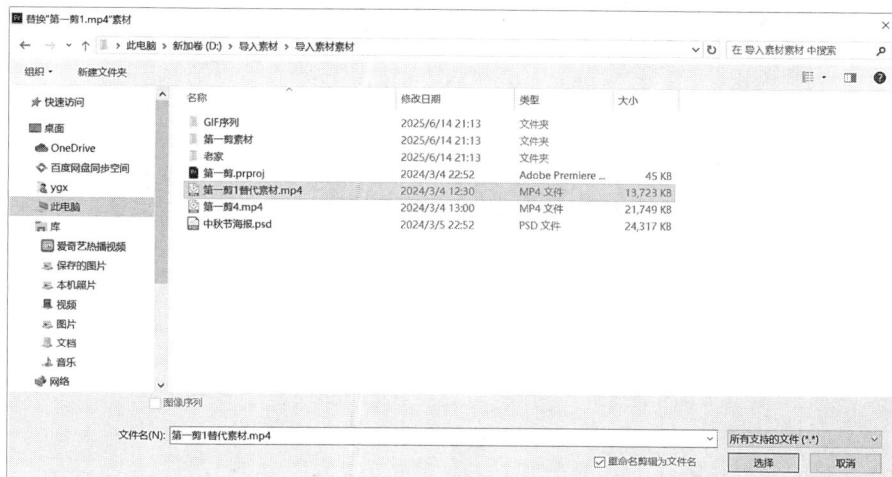

图 4-26 替换素材对话框

(28) 替换后可以看到该位置的内容就被替换了，如图 4-27 所示。

注意： 如果找不到原素材就用尽可能找相似的素材去替换。

图 4-27　替换素材后

(29) 这样，就完成了 Prproj 项目源文件的导入，以及素材丢失后的替换工作。

(30) 将"老家"文件夹中的第一张老家 1.jpg 导入，然后添加到时间轴上，缩放为帧大小。将鼠标在该图片上停留，可以发现该静态图片默认时长为 3 s(即 75 帧)，如图 4-28 所示。

图 4-28　默认静态图片的时长

(31) 单击"编辑"菜单，选择"首选项"→"时间轴…"，如图 4-29 所示。

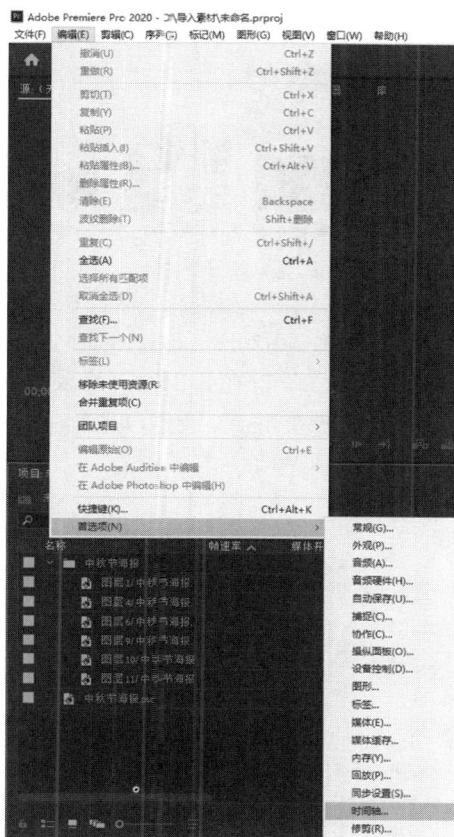

图 4-29　进入时间轴设置

(32) 将"静止图像默认持续时间"修改为 5 s，单击"确定"，如图 4-30 所示。

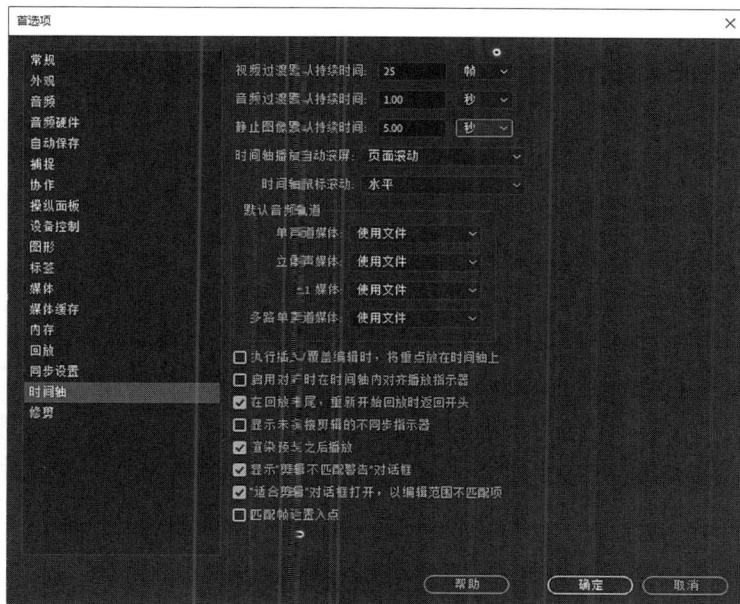

图 4-30　修改静止图像持续时间

(33) 在"老家"文件夹中将图像 1 复制一份，用系统默认的名字即可，如图 4-31 所示。

图 4-31　复制一份老家 1.jpg

(34) 右击项目面板，单击"导入…"，在弹出的"导入"对话框中选择"老家"文件夹，单击"导入文件夹"，将整个文件夹导入，如图 4-32 所示。

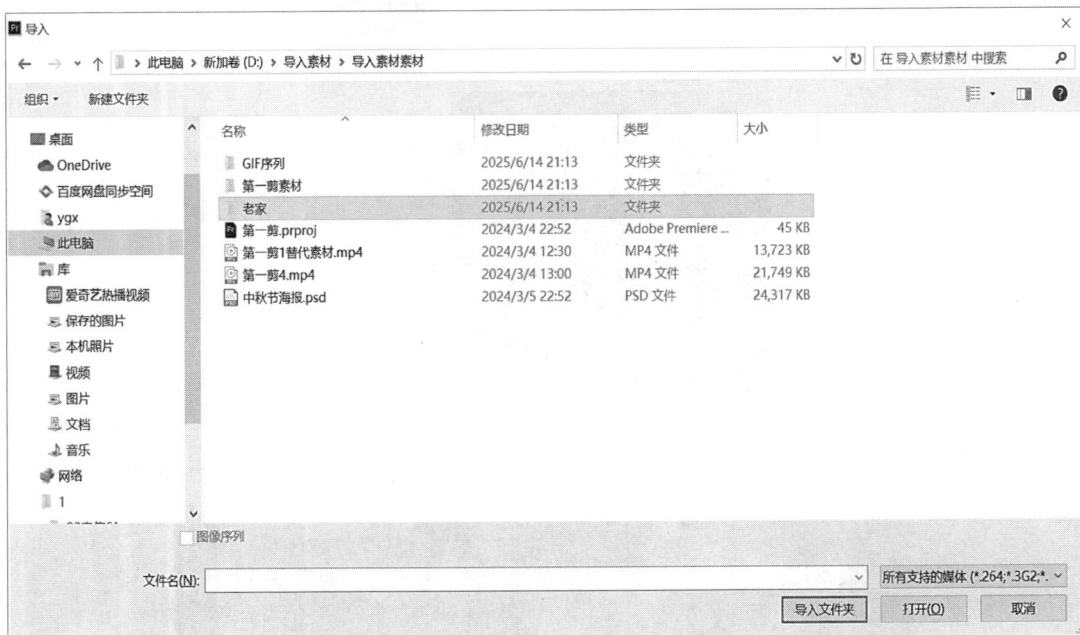

图 4-32　导入整个文件夹

(35) 导入后，将老家文件夹中的老家 1-副本.jpg、老家 2.jpg 和老家 3.jpg 同时选中并拖入右边时间轴面板内的 V1 轨道，并缩放为帧大小，如图 4-33 所示。

图 4-33　三张图一起拖入时间轴上

(36) 这时将鼠标停留到老家 1-副本.jpg 上会发现，它的时长是 5 s，如图 4-34 所示。

图 4-34　时长变为 5 s

(37) 保存项目文件，单击转到出点按钮，将整个项目操作界面截图命名为学号姓名导入素材.jpg 或.png，如图 4-35 所示。

图 4-35　操作界面截图为学号姓名导入素材

(38) 在项目面板中选中落英缤纷 000.gif 素材，右击选择"属性…"，如图 4-36 所示。

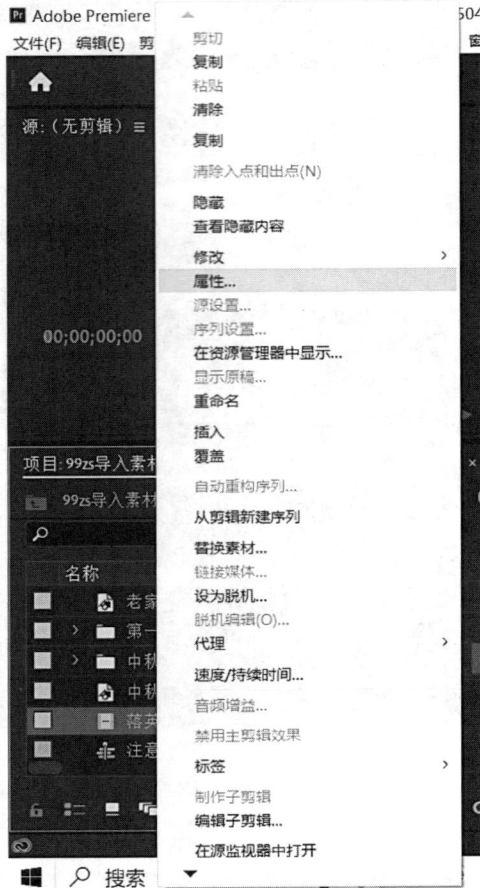

图 4-36　设置属性

(39) 将"属性：落英缤纷 000.gif"的截图命名为"学号姓名属性.jpg 或.png"，如图 4-37 所示。

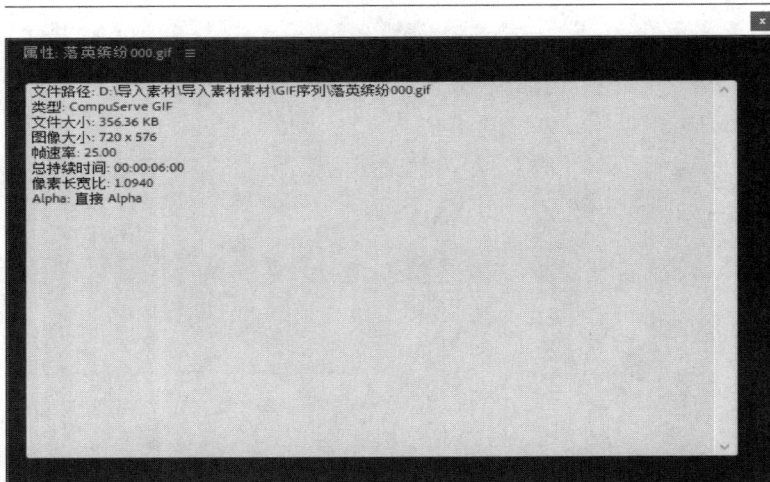

图 4-37　属性：落英缤纷 000.gif

(40) 将整个项目导出为"学号姓名导入素材.mp4"。

任务 2　常用自带项目使用——原来如此

任务目标

通过本视频的操作认识系统自带的各类序列，并且熟练使用。

任务实施

生命对于我们有很多的恩惠，就像自然界的馈赠一样，我们要用感恩的心去取用。Pr 中自带的项目也是如此，我们可以自由地使用设置好的一些项目，节约大量时间和精力。

(1) 新建一个名称为"自带序列"的项目。存到 D 盘对应的文件夹中，单击"确定"，如图 4-38 所示。

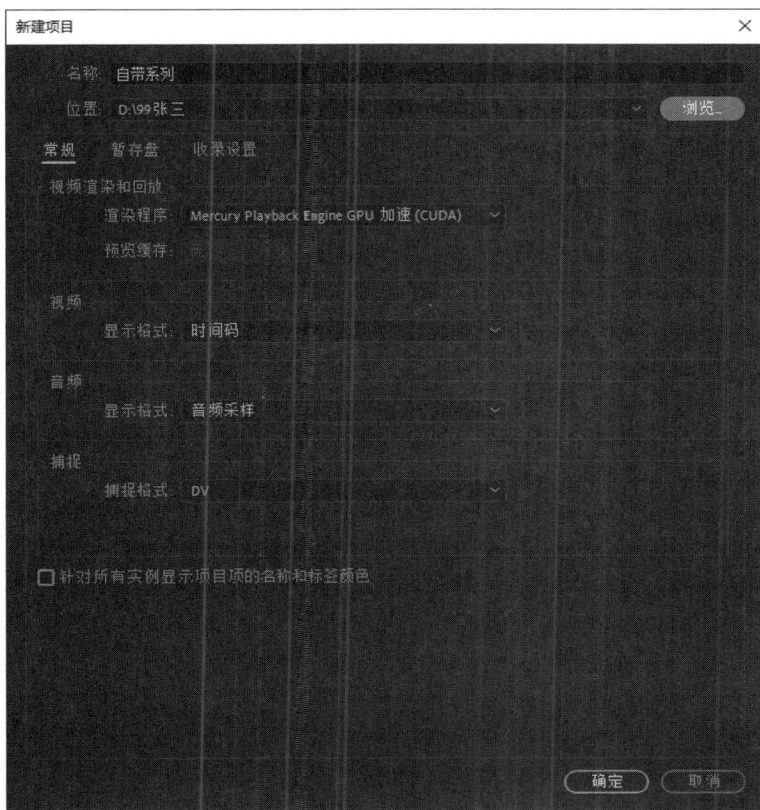

图 4-38　新建项目

(2) 在项目面板空白处右击，选择"新建项目"→"彩条"，可以生成彩条，如图 4-39 所示。

(3) 弹出如图 4-40 所示"新建彩条"对话框。

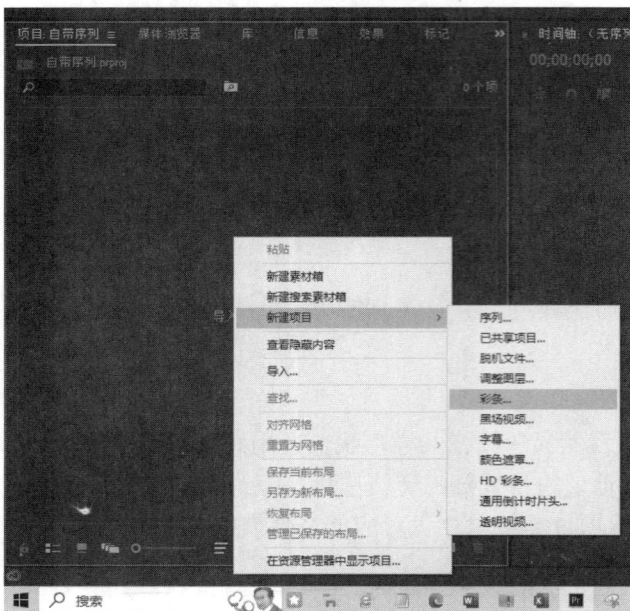

图 4-39　新建彩条

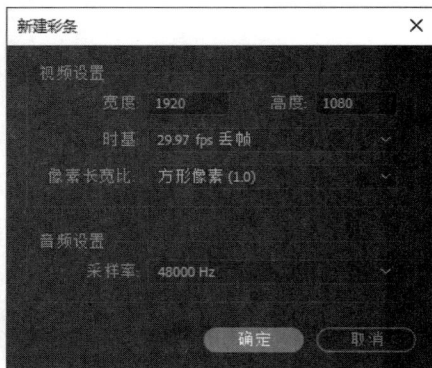

图 4-40　"新建彩条"对话框

(4) 单击"确定"后，生成的彩条视频片段，可直接拖入右侧时间轴中使用，如图 4-41 所示。

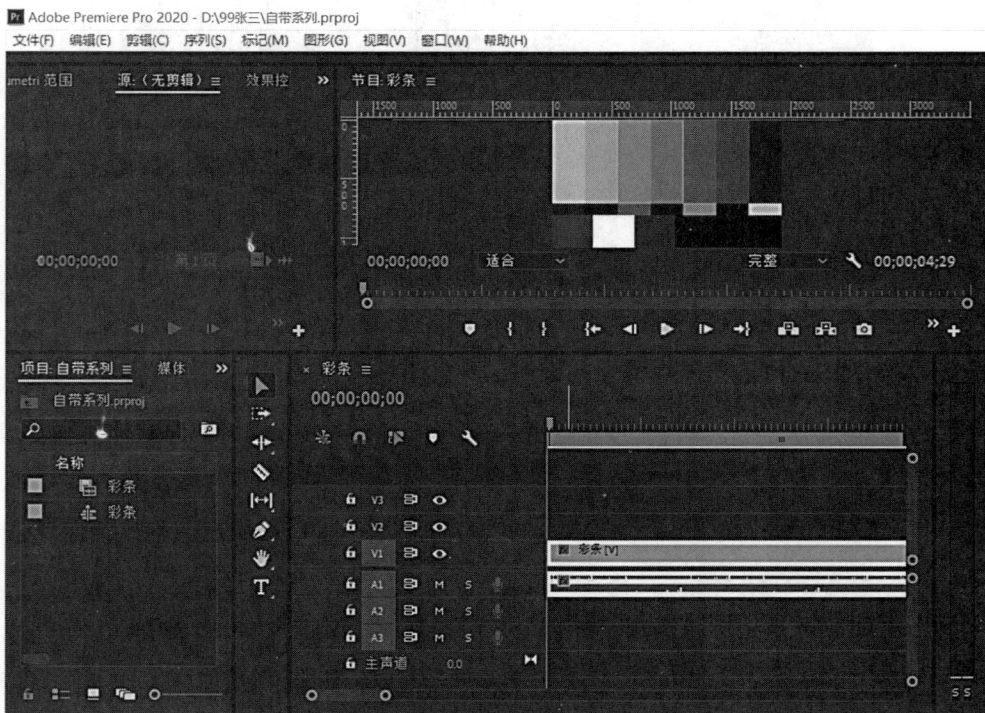

图 4-41　生成彩条视频片段

（5）播放试听，如果觉得彩条声音太大，双击"项目"面板中"彩条"前图标，在弹出的"音调设置"对话框中将"振幅"调整到-24分贝，单击"确定"，如图4-42所示。

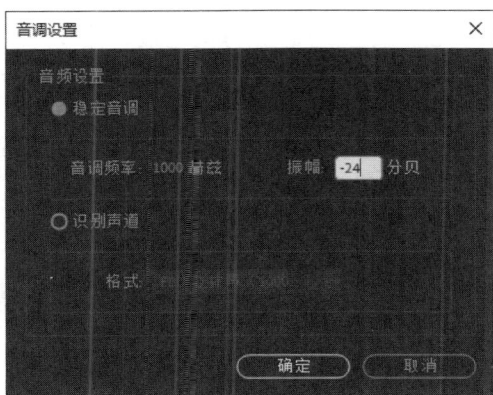

图 4-42　音调设置

（6）右击项目面板，选择"新建项目"→"黑场视频…"，如图4-43所示。

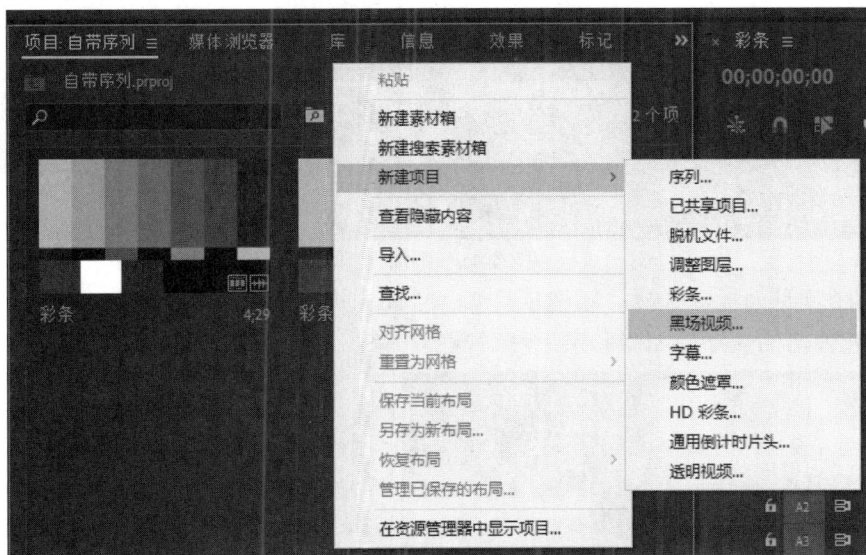

图 4-43　选择新建黑场视频

（7）在弹出的"新建黑场视频"对话框中，单击"确定"，如图4-44所示。

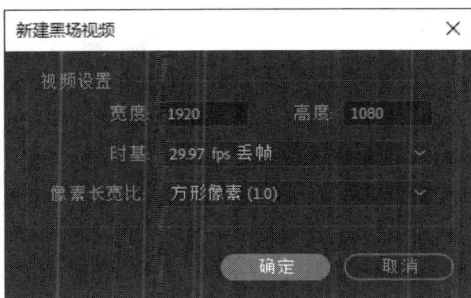

图 4-44　"新建黑场视频"对话框

(8) 将项目面板中的"黑场视频"拖入右侧时间轴面板中，如图 4-45 所示。

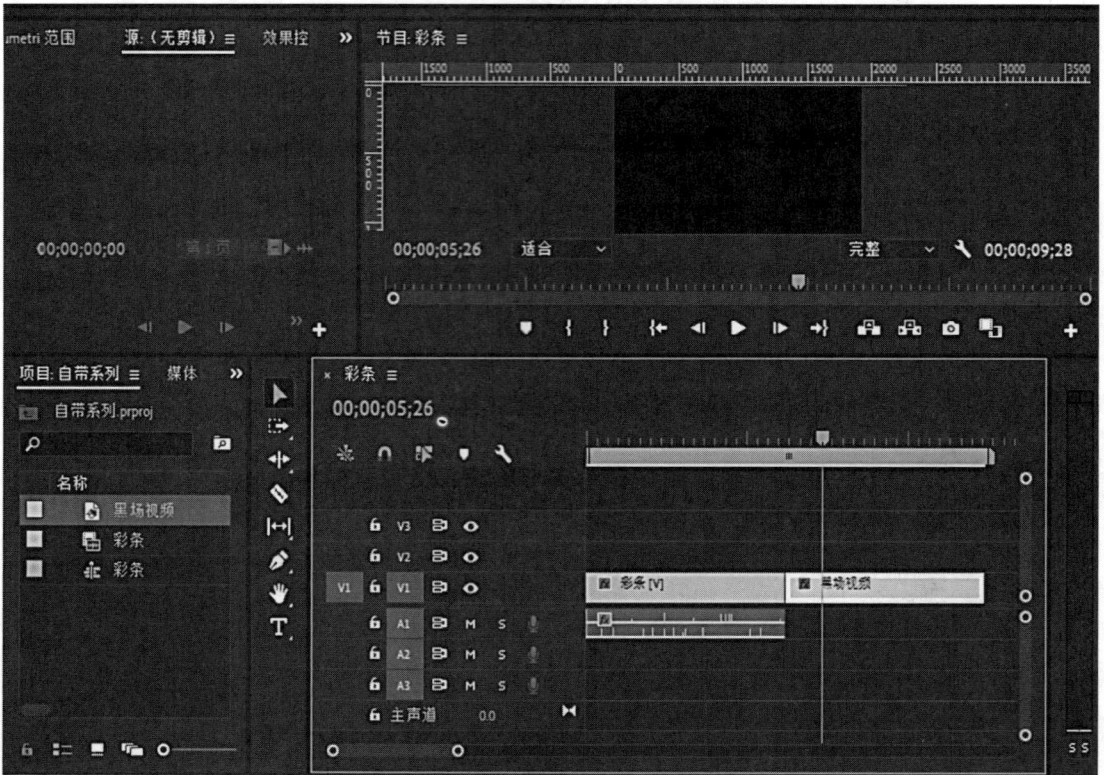

图 4-45　黑场视频

(9) 右击项目面板，选择"新建项目"→"HD 彩条…"，如图 4-46 所示。

(10) 在弹出的"新建 HD 彩条"对话框中，单击"确定"，如图 4-47 所示。

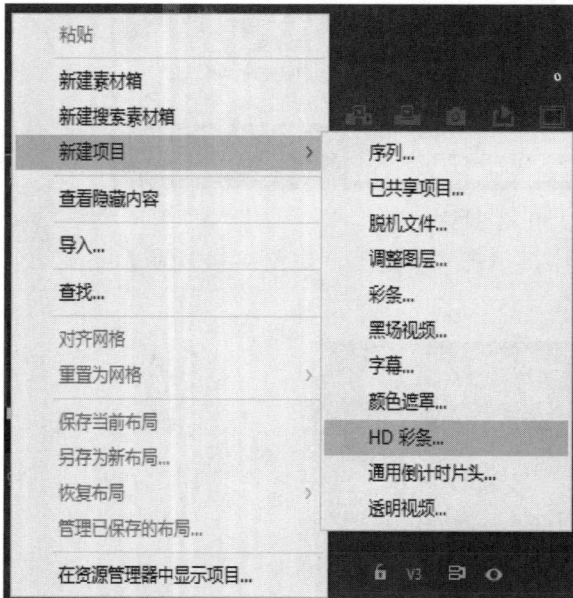

图 4-46　新建 HD 彩条

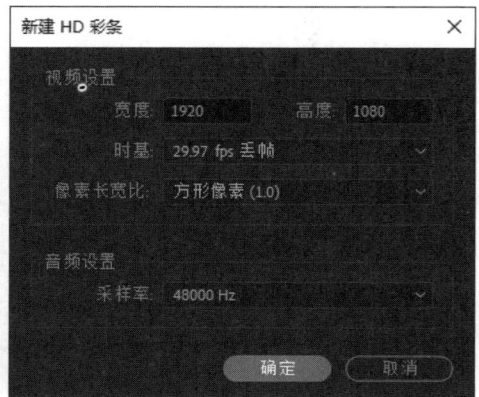

图 4-47　"新建 HD 彩条"对话框

(11) 将其拖入右边时间轴轨道中，如图 4-48 所示。

图 4-48　HD 彩条

(12) 播放浏览后如果觉得声音太尖锐，可以在时间轴面板中的 HD 彩条上双击，在弹出的"音调设置"对话框中将"音调频率"改为 500 赫兹，单击"确定"，如图 4-49 所示，就不会那么刺耳了。

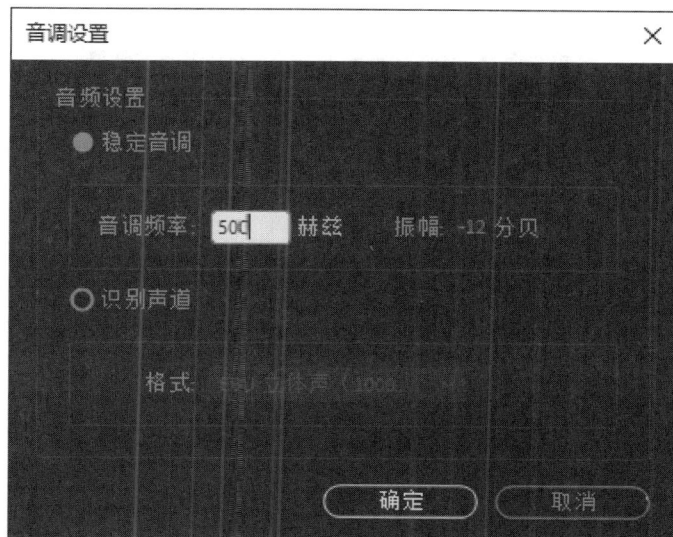

图 4-49　"音调设置"对话框

(13) 右击项目面板，选择"新建项目"→"通用倒计时片头…"，如图 4-50 所示。

(14) 在弹出的"新建通用倒计时片头"对话框中单击"确定"，如图 4-51 所示。

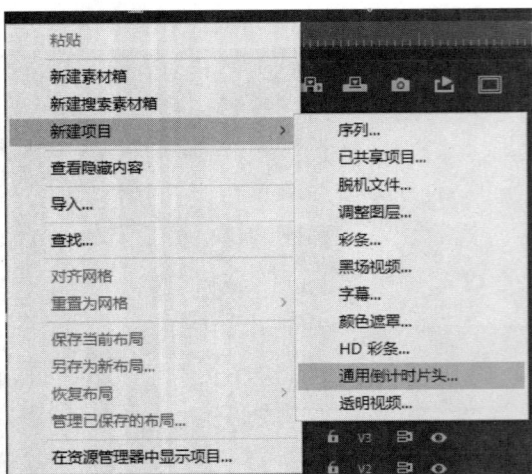

图 4-50　新建通用倒计时片头　　　　　　图 4-51　"新建通用倒计时片头"对话框

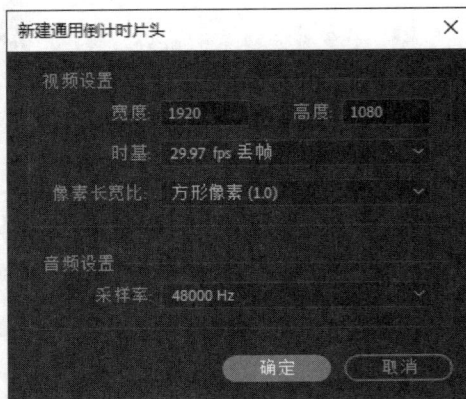

(15) 弹出如图 4-52 所示的"通用倒计时设置"对话框。

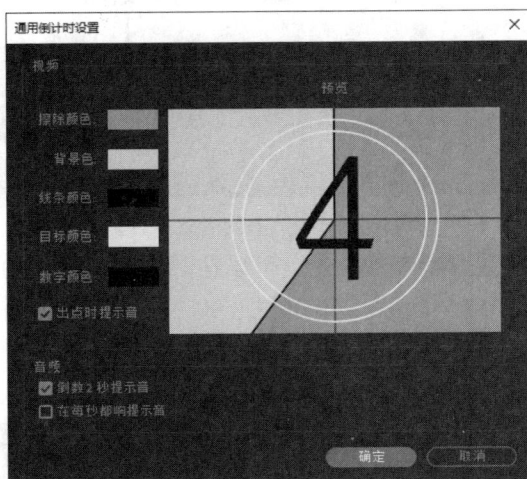

图 4-52　"通用倒计时设置"对话框

(16) 单击"擦除颜色"后的颜色方框,弹出"拾色器"对话框,如图 4-53 所示。

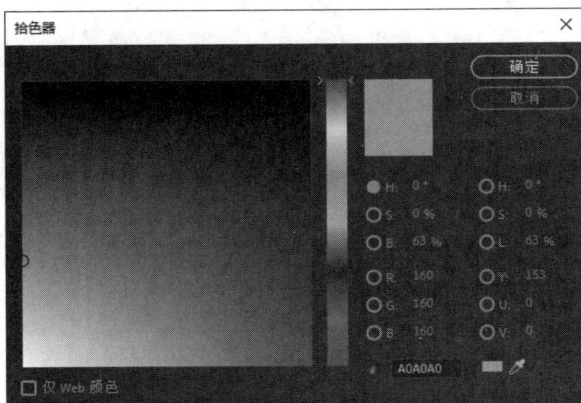

图 4-53　"拾色器"对话框

(17) 将对应的 RGB 分别调为(255，0，0)，颜色为纯红饱和色，如图 4-54 所示。

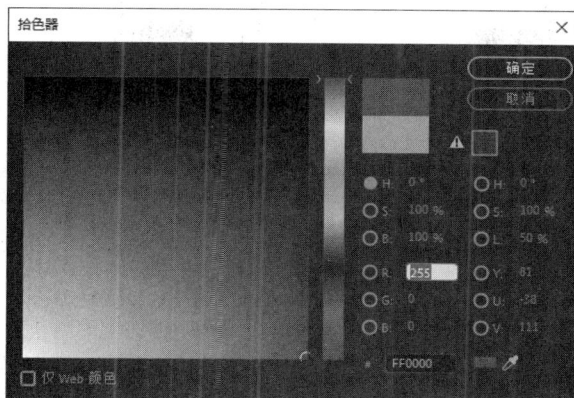

图 4-54 纯红色设置

(18) 单击"确定"，可以看到"擦除颜色"已经设置为纯红色，如图 4-55 所示。

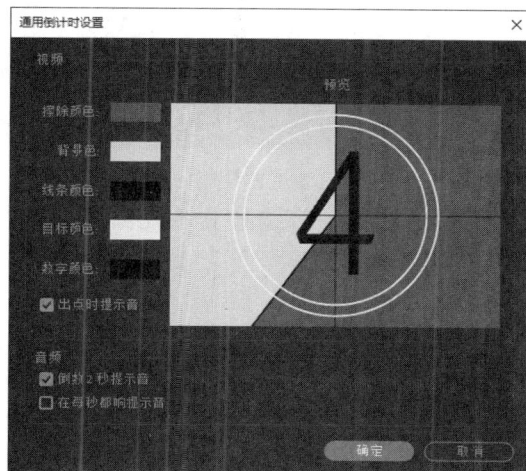

图 4-55 擦除颜色设置为纯红色

(19) 单击"背景色"后的方格，进入"拾色器"对话框，将颜色设置为 #00ff00，如图 4-56 所示。

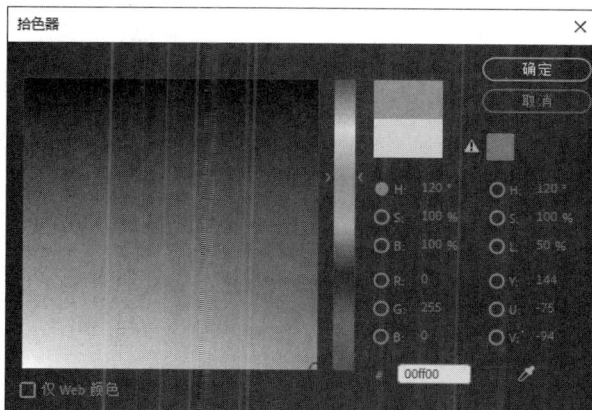

图 4-56 将颜色设置为 #00ff00

(20) 单击"确定",将背景色设置为纯绿色,如图 4-57 所示。

图 4-57 设置背景色为绿色

(21) 单击"线条颜色"后的方框,将线条颜色设置为自己喜欢的黄色,如图 4-58 所示。

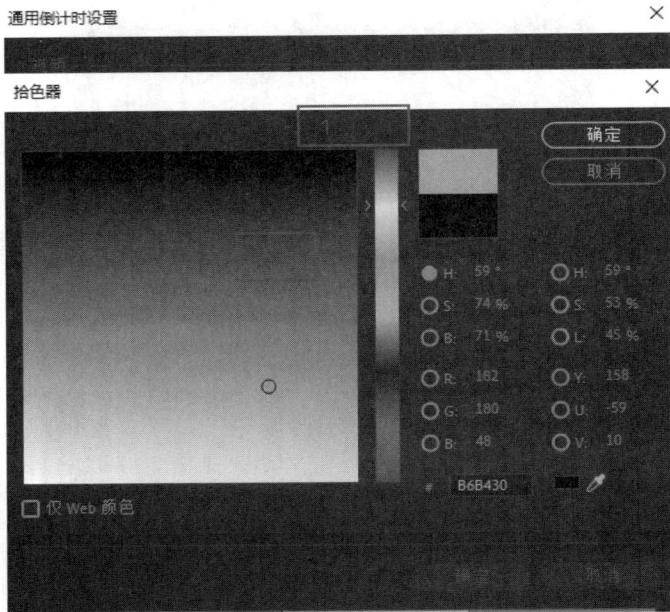

图 4-58 设置黄色

(22) 在图 4-58 中"1"处单击选中某种黄色,然后在"2 处"单击选中某种具体的黄色,此处参考值为 RGB(182,180,48),然后单击"确定"即可,如图 4-59 所示。

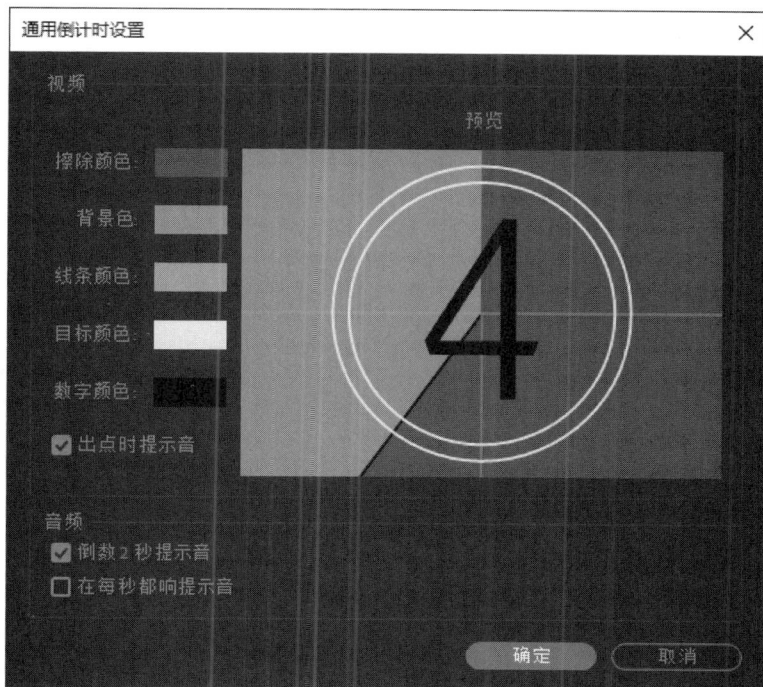

图 4-59　设置线条颜色为某种黄色

　　(23) 单击"目标颜色"后的方框，弹出"拾色器"对话框，通过单击胶头滴管，待鼠标变为胶头滴管形状后在任意想要的颜色上单击，即可选中该颜色，如图 4-60 所示。

图 4-60　胶头滴管选色

　　(24) 单击"确定"，将目标颜色改为选中的紫色，如图 4-61 所示。
　　(25) 单击"数字颜色"后面的方框进入数字颜色的设置，设置 H 为 239，S 为 100%，B 为 100%，即为最亮最饱和的蓝色，如图 4-62 所示。

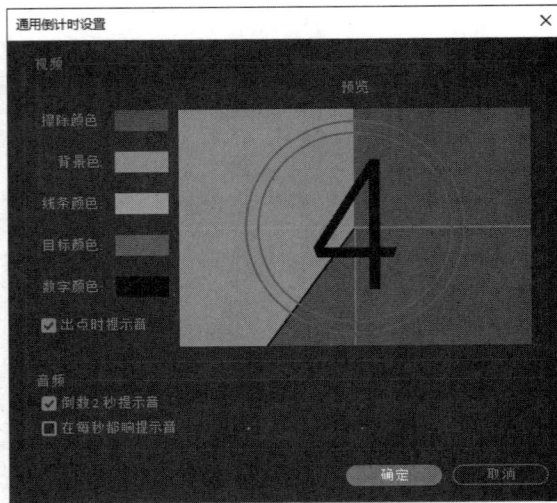

图 4-61　目标颜色设置

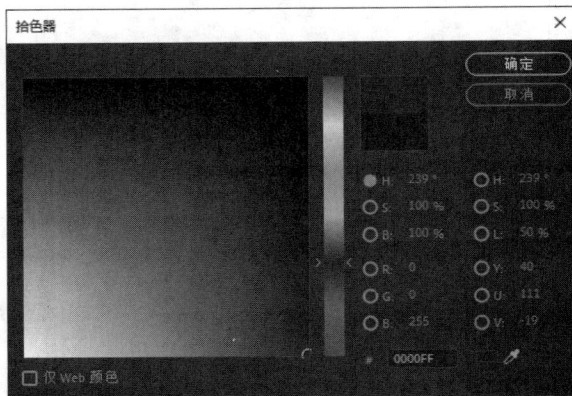

图 4-62　用 HSB 来设置蓝色

(26) 单击"确定"后返回，如图 4-63 所示。

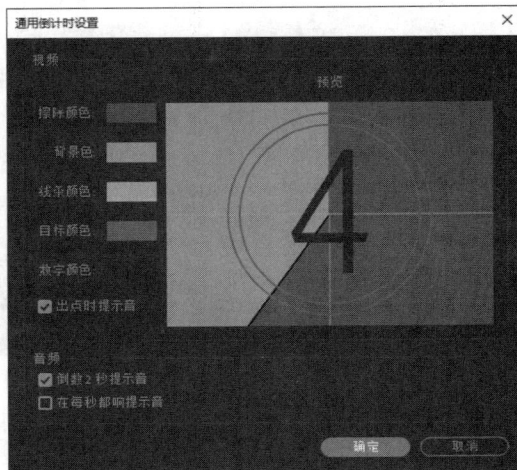

图 4-63　设置成功后的显示效果

(27) 单击"确定"，将通用倒计时片头拖入时间轴右侧，如图 4-64 所示，可播放浏览。

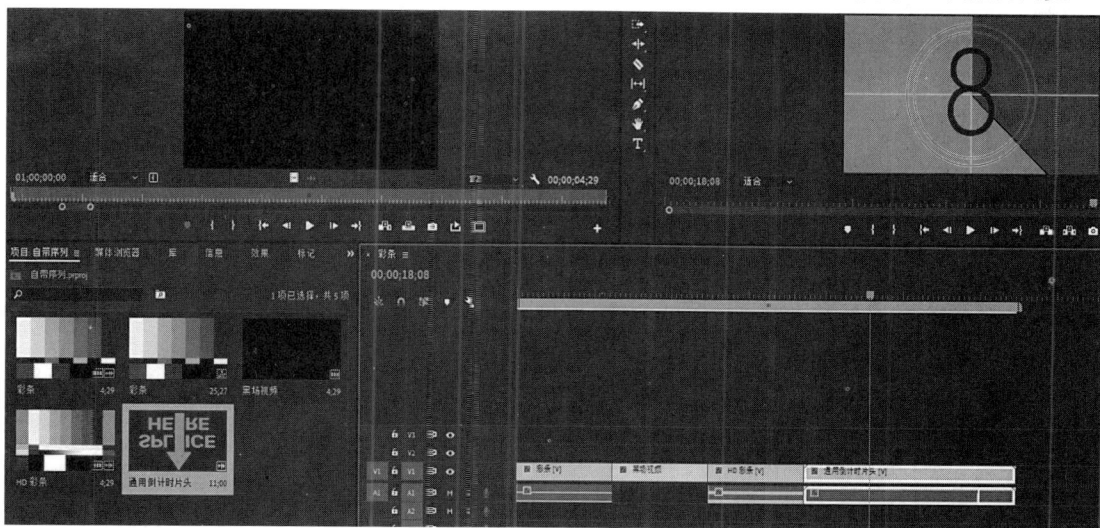

图 4-64　通用倒计时片头浏览

技巧点亮

一、扩展名的显示、隐藏及修改

可在任意一个资源管理器窗口中单击"查看"，勾选或取消"文件扩展名"来显示或隐藏文件扩展名。如图 4-65 所示，勾选文件扩展名前的复选框，可以显示文件的扩展名。

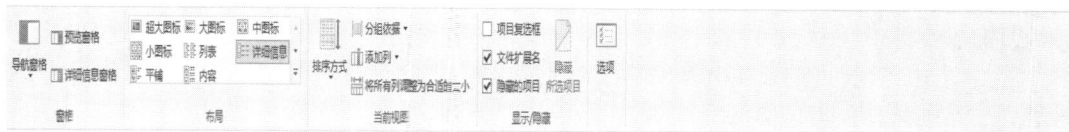

图 4-65　勾选文件扩展名

注意：不论勾不勾选，文件扩展名都是正常存在的。

二、查找技巧

在任意资源管理器窗口右侧的搜索栏中，可以用"*"通配符代替一串任意的字符，例如在 E 盘中用"*.prproj"就可以搜索出 E 盘中所有扩展名为.prproj 的 Pr 源文件，如图 4-66 所示。

用"？"通配符可以替代任意一个字符。例如，图 4-67 所示就是在 E 盘用"??去*.prproj"来搜索所有 E 盘中第二个字为去、扩展名为.prproj 的 Pr 源文件。

图 4-66　"*"通配符的使用

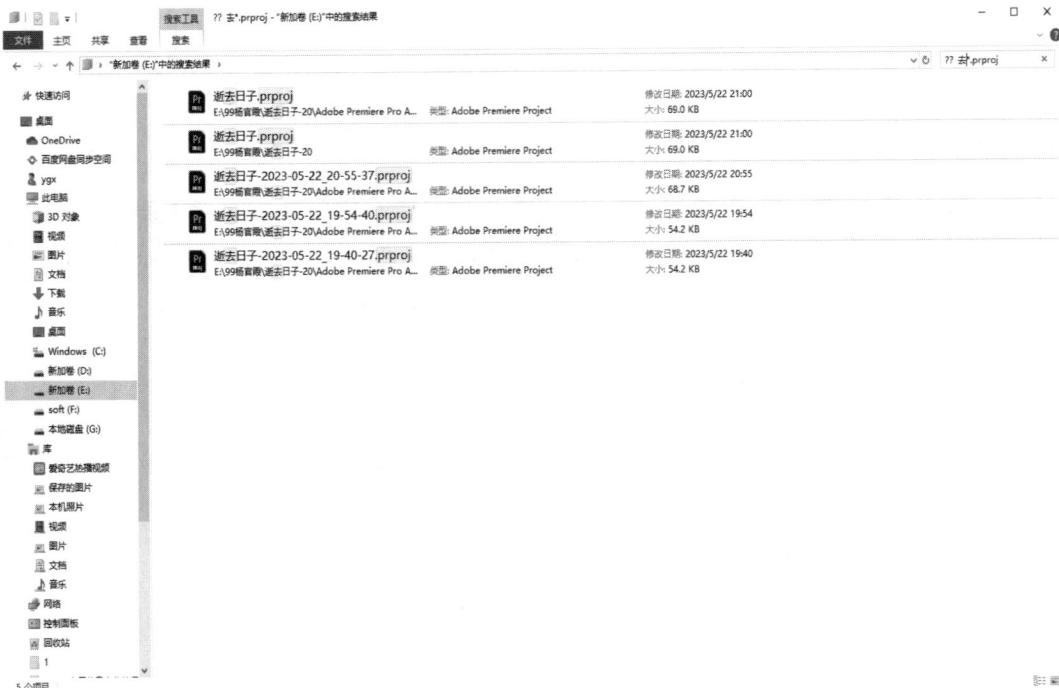

图 4-67　"？"通配符的使用

三、丢失的素材处理

如果是单个素材丢失，直接先导入脱机素材，然后到项目面板中找到该脱机素材后右击选择替换素材，用一样或相似的素材去替换。

　　如果是很多素材丢失，尽量在导入素材时，在弹出的"链接媒体"对话框中单击"查找"去找到对应素材。

四、无法识别的素材处理

　　当素材不受支持时，会出现"文件导入失败"对话框，如图 4-68 所示。

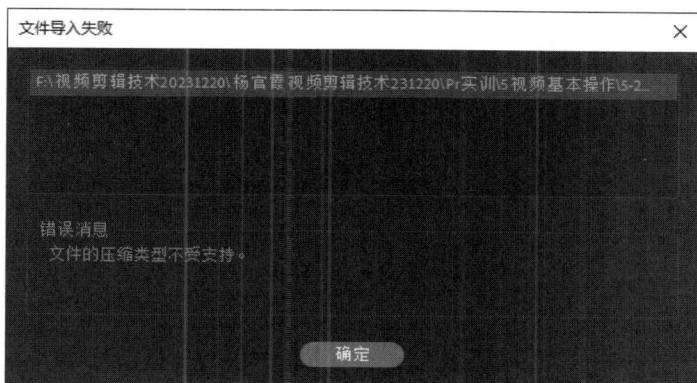

图 4-68　"文件导入失败"对话框

这时用第三方格式工具将无法识别的素材转变为可识别的格式即可。

课外拓展

　　(1) 观看浙江省高等学校在线开放课程共享平台慕课(下文简称为 mooc)上的对应视频，并完成讨论和习题。

　　(2) 如何查找名称中有 1 个 6 的 Pr 源文件？

项目 5　基 本 剪 辑

项目导入

在视频剪辑中会用到不同的剪辑手法，其中用得最多的是三点、四点剪辑法以及提取和提升，下面用两个任务来认识这些基本剪辑手法。

知识储备

一、三点剪辑法

所谓三点剪辑，就是通过在源面板和节目面板中一起设置两个入点和一个出点或一个入点和两个出点，对素材在序列中进行定位，第四个点会被自动计算出来。它的优点是可以保证剪辑后的入点或出点位置。

二、四点剪辑法

所谓四点剪辑，就是通过在源监视器中设置素材的入点和出点，在节目监视器中设置序列的入点和出点，再通过匹配对齐将素材添加到序列中，具体选项及含义如表 5-1 所示。它的优点是基本不会影响后续的剪辑。

表 5-1　适合剪辑选项表

适合剪辑选项	含　义
更改剪辑速度(适合填充)	改变源素材的播放速度，以适应节目中设定的长度
忽略源入点	修整源素材的入点，以适应节目中设定的长度
忽略源出点	修整源素材的出点，以适应节目中设定的长度
忽略序列入点	忽略节目中设定的入点，以适应源素材中设定的长度
忽略序列出点	忽略节目中设定的出点，以适应源素材中设定的长度

三、轨道编辑区常用快捷按钮

（1）切换轨道输出 ⬤：设置轨道的可视属性，此时可视；单击该图标变为 ⬤，即表示该轨道隐藏不可视。

（2）切换轨道锁定 🔓：设置轨道锁定，此时为解锁可编辑状态；单击该图标变为 🔒，即表示该轨道锁定为不可编辑状态。

任务实训

任务 1　三点、四点剪辑法——校场点兵

任务目标

分别在源监视器和节目监视器中设置入点、出点，并利用四点剪辑法将马场素材的部分片段覆盖杨家将中的指定部分片段，并比较选择表5-1 中 5 个选项后结果的异同点，然后利用三点剪辑法将源中片段插入指定入点或指定出点，最后将节目监视器中的片段进行提升和提取，再比较异同点。

校场点兵

任务实施

历史故事中有各种英雄人物，让人崇拜和尊敬。下面我们用天波杨府演武场的"杨家将"表演和岳飞枪挑小梁王的"马场"表演两段素材来讲解基本剪辑技术。

（1）新建项目，名称为学号姓名基本剪辑(如 99 张三基本剪辑)，存到 D 盘的学号姓名文件夹中(如 99 号张三)。

注意：一定要将素材"基本剪辑素材"也放入该文件夹中。

（2）使用快捷键 Ctrl+I 导入素材"基本剪辑素材"。

（3）在源面板中放入"马场"素材，将 A1、A2、A3 取消选中后，在节目中放入"杨家将"素材。

（4）调整轨道布局，按住 Alt 键将视频复制 9 份，分别置于 V2～V10 轨道，然后单击"切换轨道输出"将其禁止，并锁定上面 9 个轨道，其中 V10 作为参考，如图 5-1所示。

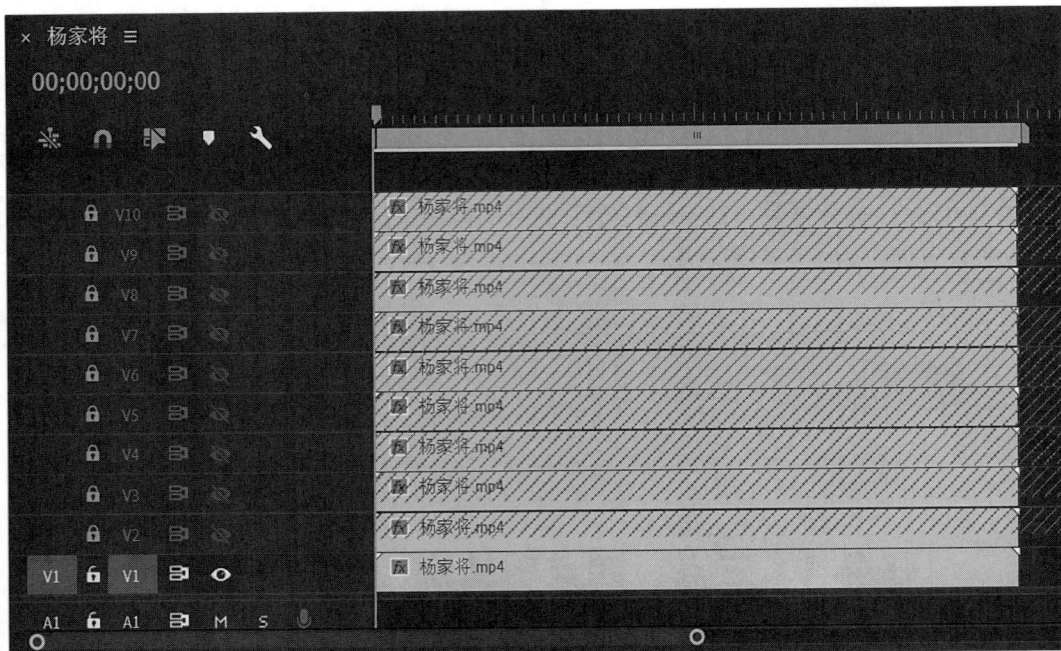

图 5-1　复制素材

(5) 在源面板中设置入点为 00:00:04:16，设置出点为 00:00:24:16，持续时长为 00:00:20:00，如图 5-2 所示。

图 5-2　设置源中入点和出点

(6) 以 V1 轨道为目标编辑轨道，编辑之前需将上面多余的轨道(V2～V10)切换轨道输出并锁定，以保证能直接看到 V1 轨道的内容在节目监视器中呈现。

（7）在节目监视器中设置入点为 00:00:59:26，出点为 00:01:14:27，持续时长为 00:00:15:00，如图 5-3 所示，以 V1 轨道为目标对插入和覆盖进行源修补。

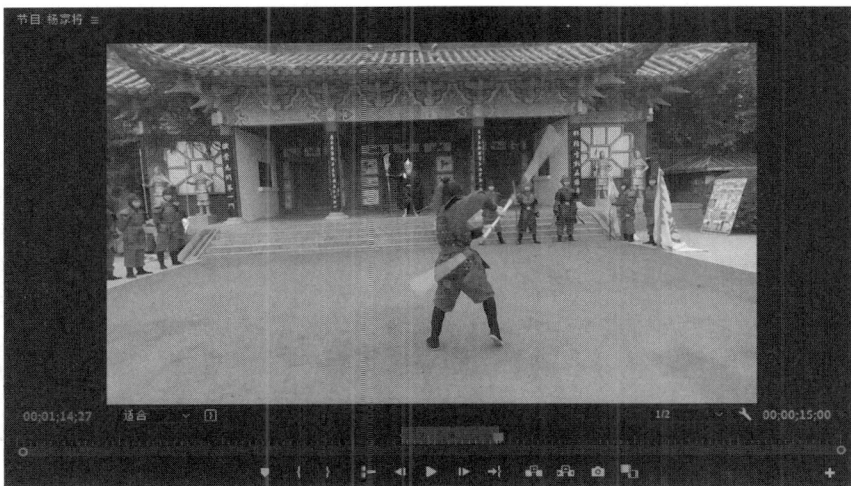

图 5-3 设置节目中入点和出点

（8）单击源中的"覆盖"按钮 ⬛️，打开如图 5-4 所示的"适合剪辑"对话框。

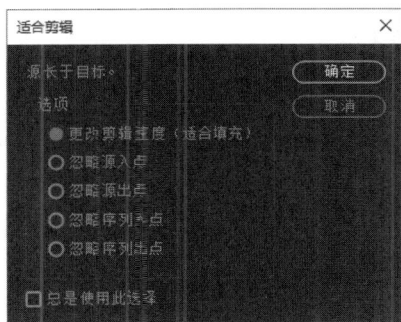

图 5-4 "适合剪辑"对话框

（9）将"适合剪辑"对话框中"选项"选择"更改剪辑速度(适合填充)"，结果如图 5-5 所示。

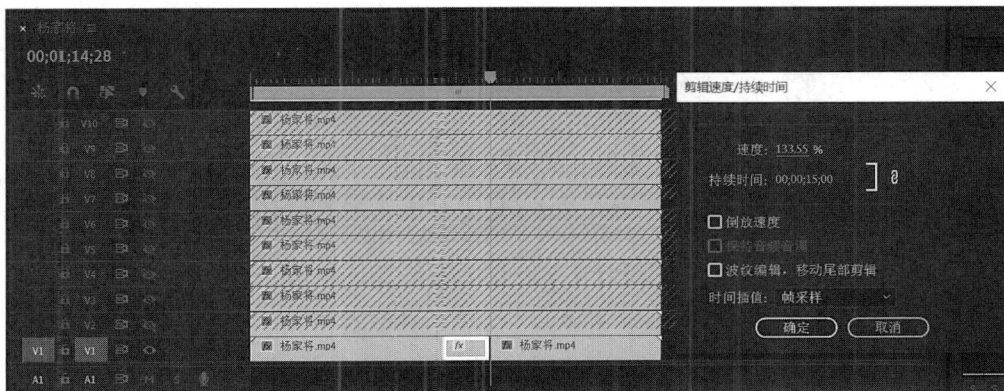

图 5-5 更改剪辑速度后的结果

（10）编辑好 V1 轨道后，同理，依次对 V2～V5 进行操作，分别对应图 5-4 中的"忽略源入点""忽略源出点""忽略序列入点""忽略序列出点"，如 V2 对应"忽略源入点"。选中 V2 轨道，单击锁头左边，显示 V1，表示对该序列进行了源修补，然后设置节目入点、出点，与第(7)步相同，即重新在"节目"面板中设置入点为 00:00:59:26，出点为00:01:14:27，持续时长为 00:00:15:00，如图 5-6 所示。

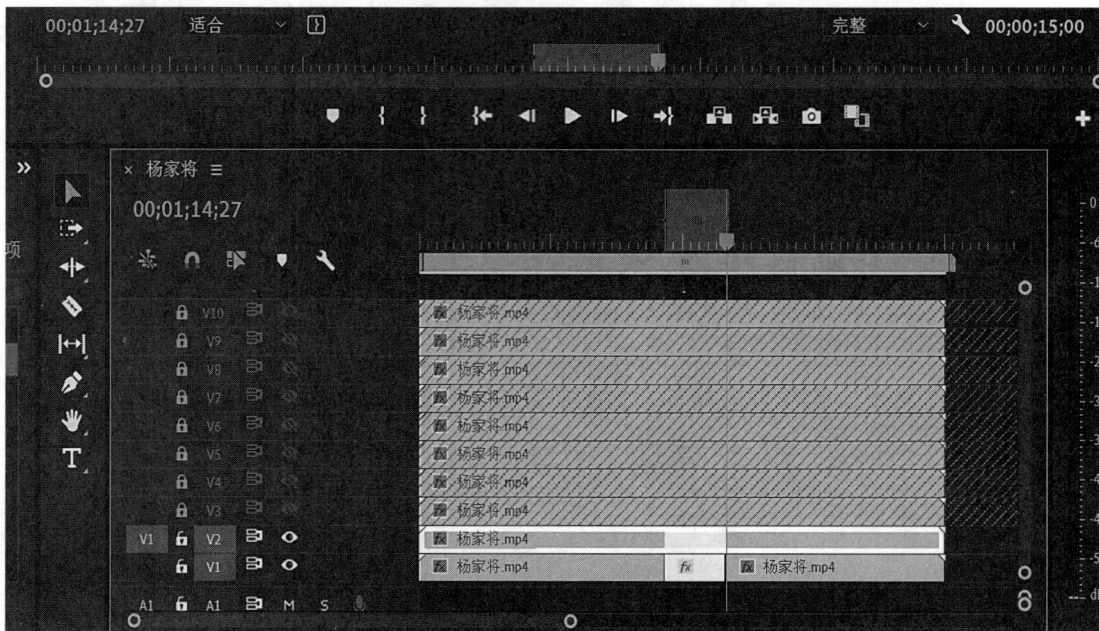

图 5-6　V2 中节目设置入点出点和 V1 一样

（11）单击源中的"覆盖"按钮，选择"忽略源入点"，单击"确定"，结果如图 5-7 所示。

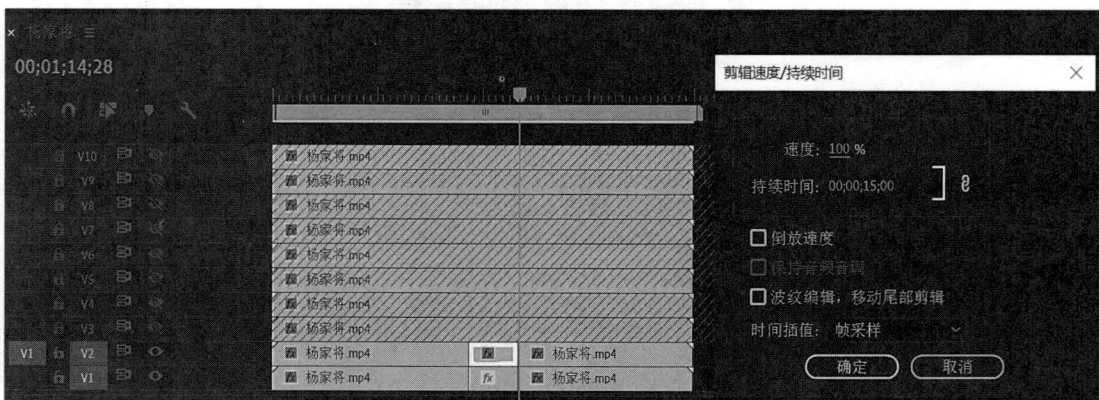

图 5-7　忽略源入点结果

（12）依次选择 V3～V5，重复上述设置入点、出点的操作，单击源中的"覆盖"按钮，在弹出的"适合剪辑"对话框中分别选择"忽略源出点""忽略序列入点""忽略序列出点"，单击"确定"后结果如图 5-8 所示。

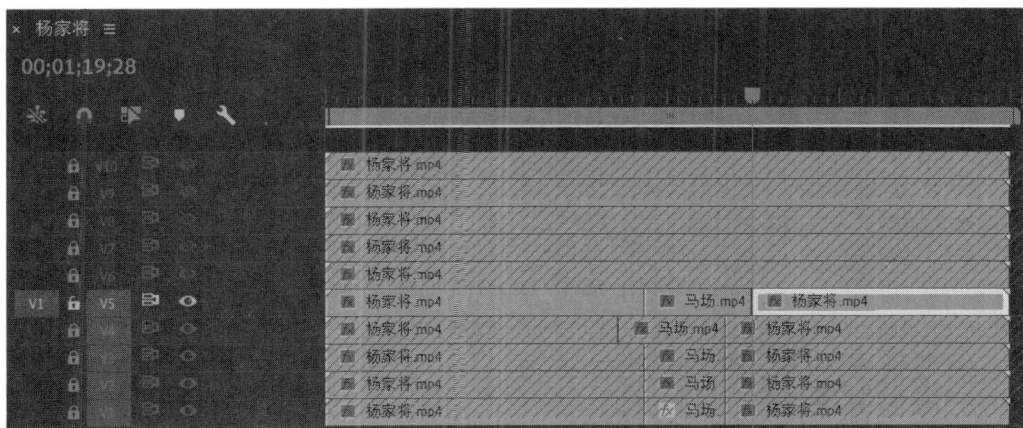

图 5-8　V3~V5 覆盖后结果

（13）在节目中设置 V6"杨家将"入点为 00:00:59:26，单击源中的"插入"按钮，然后将效果截图(配合"切换轨道输出"和"锁定")，结果如图 5-9 所示。

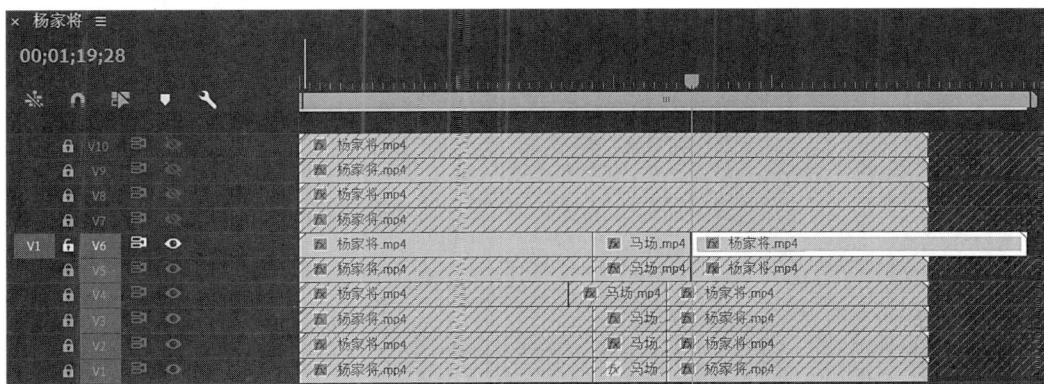

图 5-9　三点剪辑之入点

（14）在节目中设置 V7"杨家将"出点为 00:00:59:26，单击源中的"插入"按钮，然后将效果截图(配合"切换轨道输出"和"锁定")，结果如图 5-10 所示。

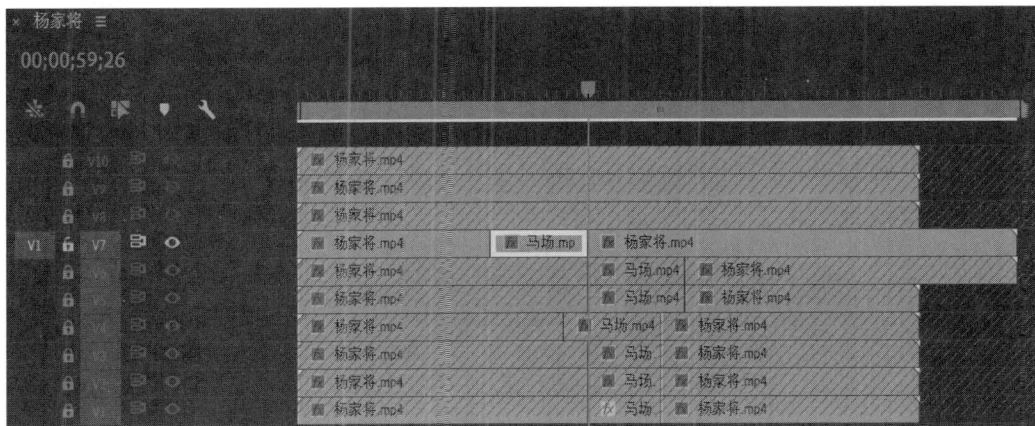

图 5-10　三点剪辑之出点

(15) 在节目中设置 V8"杨家将"入点为 00:00:59:26,出点为 00:01:14:27,持续时长为 00:00:15:00,单击节目监视器中的"提升"按钮 ，然后将效果截图(配合"切换轨道输出"和"锁定"),如图 5-11 所示。

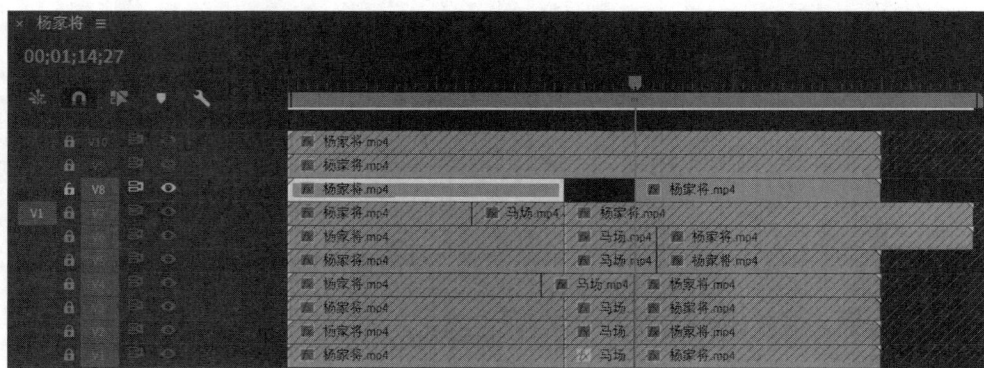

图 5-11　提升

(16) 在节目中设置 V9"杨家将"入点为 00:00:59:26,出点为 00:01:14:27,持续时长为 00:00:15:00,单击节目监视器中的"提取"按钮 ,然后将效果截图(配合"切换轨道输出"和"锁定",也可配合别的轨道取消同步锁定),结果如图 5-12 所示。

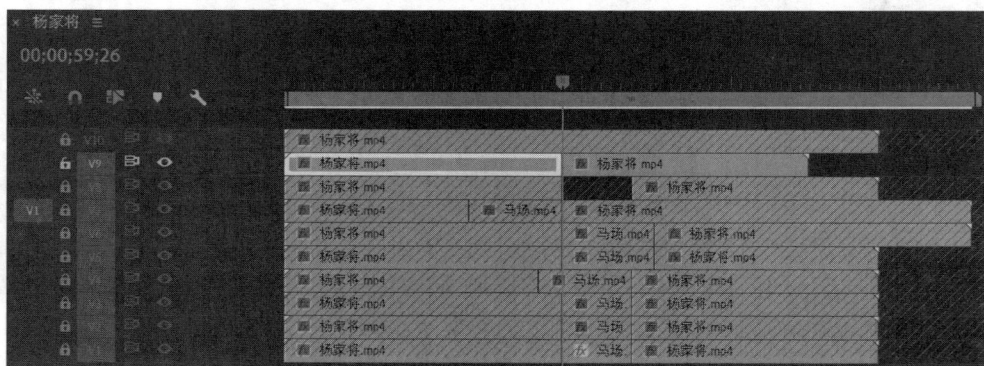

图 5-12　提取

(17) 将序列"杨家将"重命名为"学号姓名校场点兵",打开"开始菜单",找到 Windows 附件"截图工具",启动"截图和草图",提交截图即可,结果如图 5-13 所示。

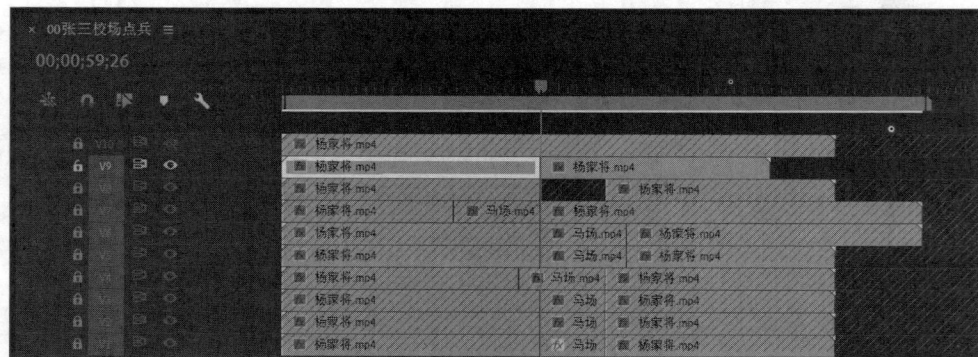

图 5-13　最终结果

注意：如果不需要音频，则可以将所有音频取消或删除。如轨道中出现红色框体，就是提示音视频不匹配，删除音频即可。

任务2 基本剪辑视频操作——身残志坚

任务目标

通过本任务熟练使用三点、四点剪辑法剪辑出亚残会的视频。

身残志坚

任务实施

中国人民是打不倒的。中国人一直就很坚强，生命力强大。下面以亚残会的精彩片段为素材，一边学习他们坚韧不拔的精神，一边学习基本的剪辑操作。

(1) 新建项目，名称为学号姓名首字母缩写亚残会(如99号张三为99zs亚残会)，存到D盘的学号姓名文件夹中(如99号张三为99张三)，单击"确定"，如图5-14所示。

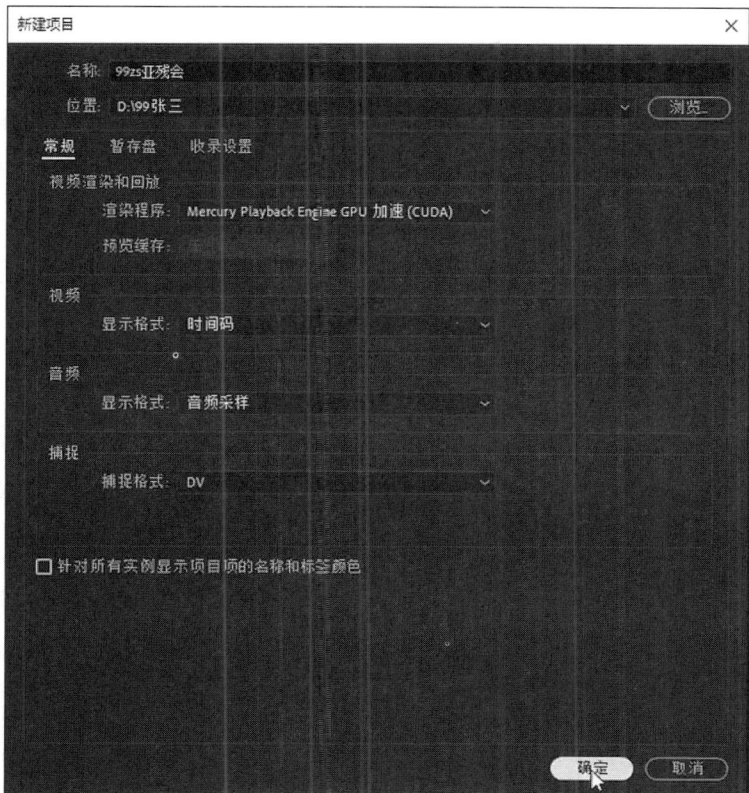

图5-14　新建项目

(2) 导入"轮椅1.mp4""轮椅2.mp4""轮椅3.mp4"，然后将"轮椅1.mp4"拖入

"V1"轨道，自动生成轮椅1的序列，将该序列重命名为"身残志坚"，如图5-15所示。

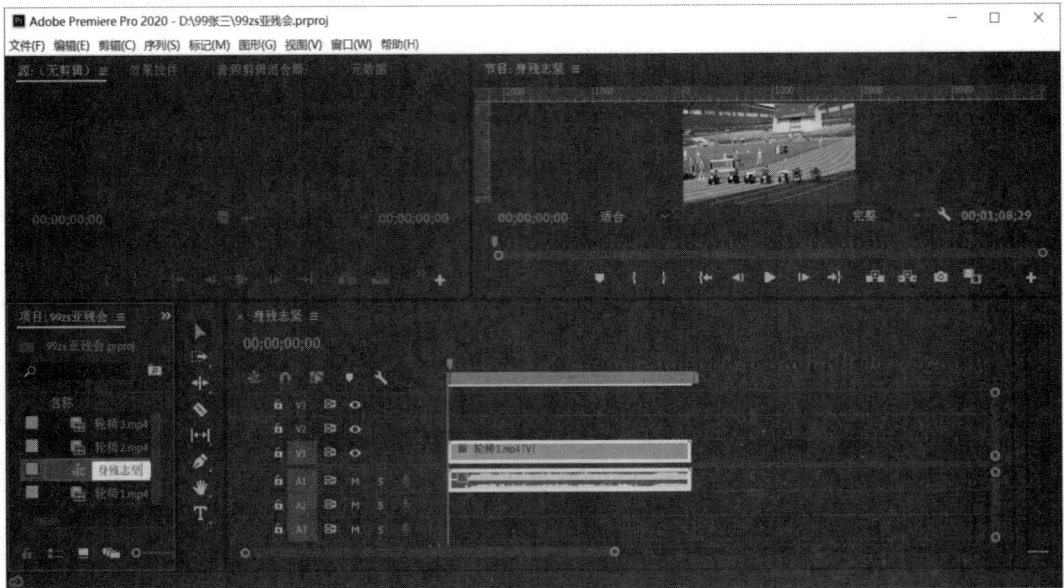

图5-15　"身残志坚"序列

（3）在节目面板中定位到00:00:04:18处，使用快捷键Q将"轮椅1.mp4"前面的4秒18帧删除，删除前如图5-16所示，使视频开始的节奏紧凑些，删除后时长为00:01:04:11。

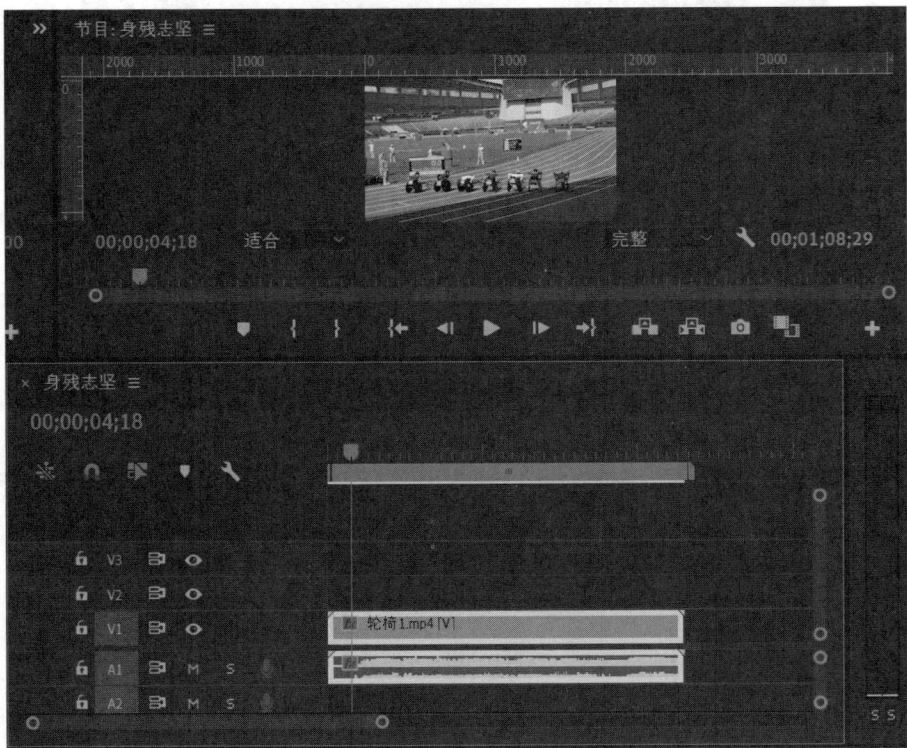

图5-16　定位到4秒18处

(4) 播放"轮椅 1.mp4"，会发现有个教练走到了跑道上，影响了画面，所以定位到
00:00:06:02 处，就是教练的白鞋露出来的前一帧，将其定位为入点，如图 5-17 所示。

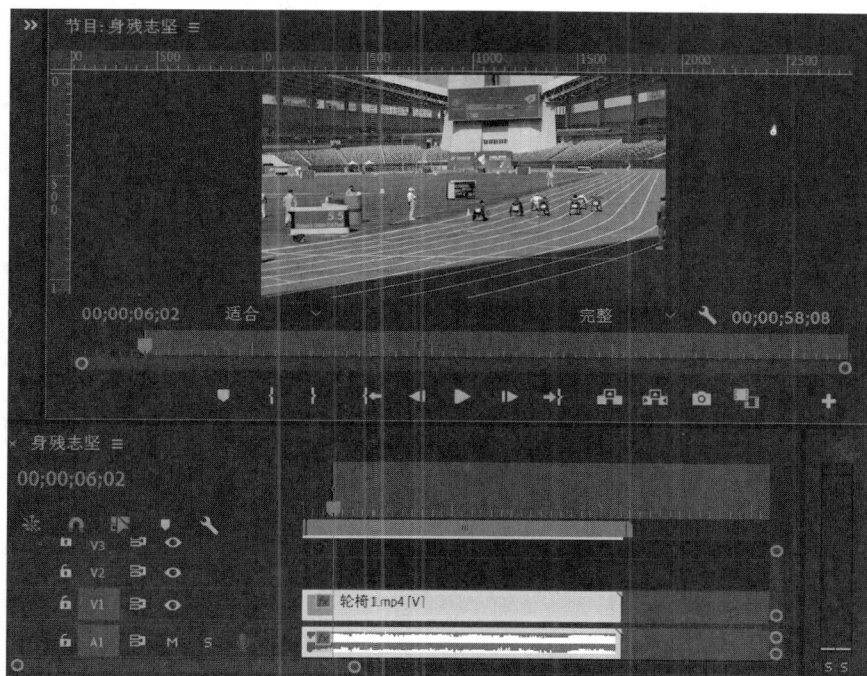

图 5-17　将教练走上跑道的时刻设置为入点

(5) 继续浏览，定位到 00:00:47:26 处，使用"剃刀"将其分割(用完"剃刀"切换回"选
择")，然后将该位置设置为出点，如图 5-18 所示。

图 5-18　分割并设置出点

(6) 双击"轮椅 2.mp4"，使其显示在源面板中，播放浏览，将 00:00:08:15 设置为入点，将 00:00:13:21 设置为出点，自动选中时长为 00:00:05:07 的区间，如图 5-19 所示。

图 5-19　在源中设置入点和出点

(7) 单击 AI 轨道最左边"AI"，使其变为蓝色，以保证声音可以进行源修补(如果已经激活则忽略)。单击源中的"覆盖"按钮，在弹出的"适合剪辑"对话框中选择"忽略序列出点"，单击"确定"，覆盖前如图 5-20 所示。

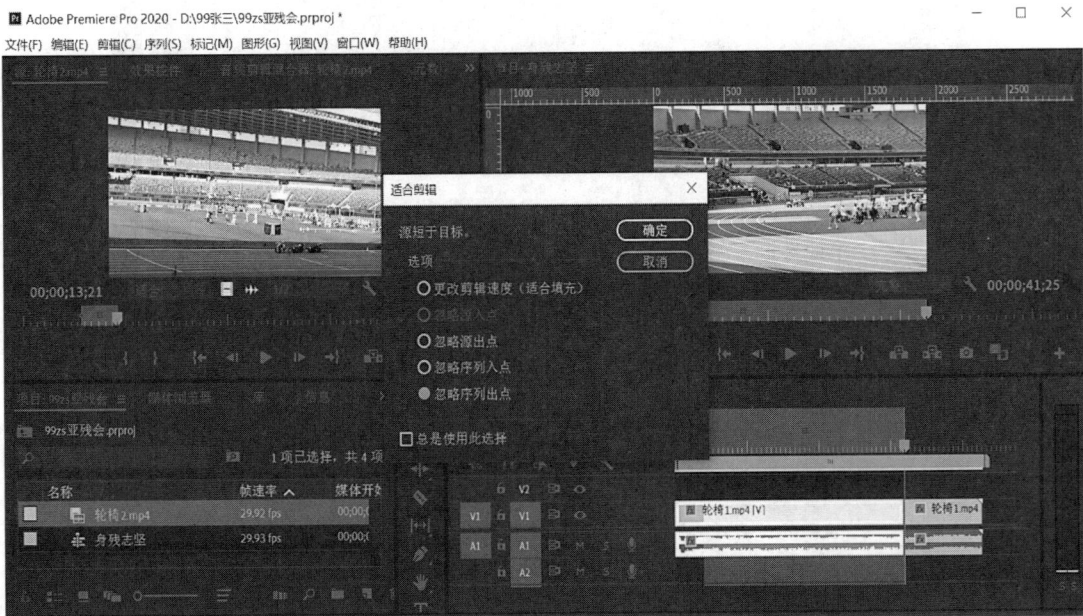

图 5-20　"适合剪辑"对话框

(8) 覆盖后效果如图 5-21 所示。

图 5-21 覆盖后效果图

(9) 浏览源面板中的轮椅 2.mp4，设置入点为 00:00:57:26，设置出点为最后一帧，可以看到选中了时长为 00:00:06:14 的片段，然后在节目面板中设置入点在 00:00:11:08 处，出点在 00:00:47:25 处，选中时长为 00:00:36:17 的片段，如图 5-22 所示。

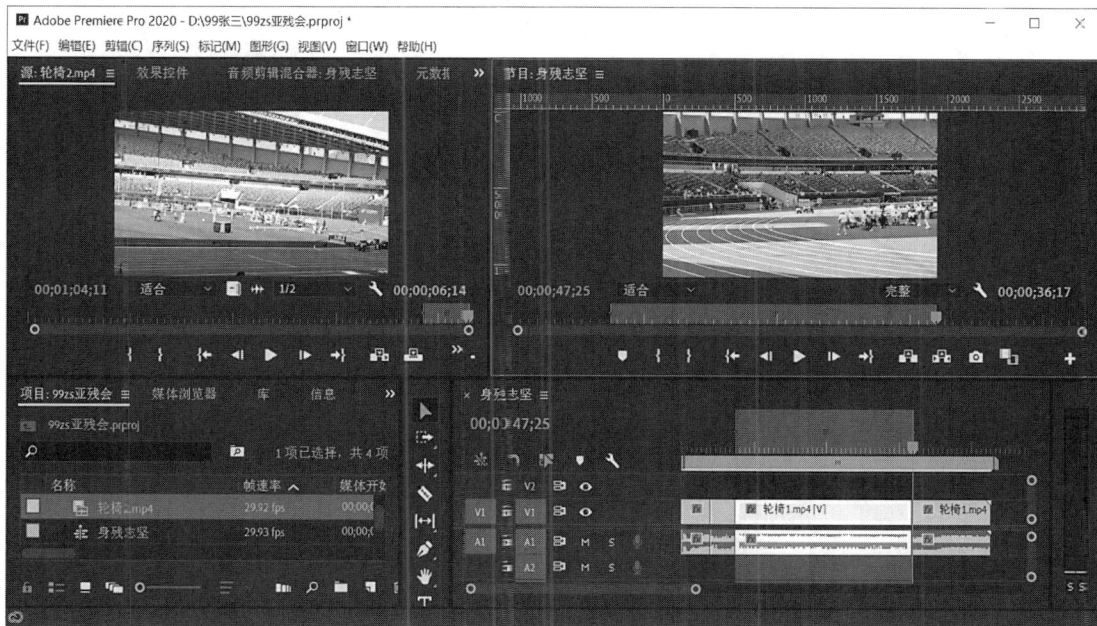

图 5-22 四点剪辑

(10) 单击源中的"覆盖"按钮，在弹出的"适合剪辑"对话框中选择"忽略序列出点"，单击"确定", 效果如图 5-23 所示。

图 5-23　覆盖后的效果

(11) 在节目面板中设置入点为 00:00:53:04, 出点为 00:00:57:15, 自动选取时长为 00:00:04:12 的片段, 单击面板中的"提取"按钮, 提取前如图 5-24 所示。

图 5-24　提取片段

(12) 提取后效果如图 5-25 所示。

图 5-25 提取后效果

(13) 双击项目面板中的"轮椅 3.mp4"，让它出现在源面板中并浏览，在源面板中设置入点为 00:00:00:18，出点为 00:00:08:03，自动选取时长为 00:00:07:21 的片段。在节目面板中设置入点为 00:00:17:20，出点为 00:00:47:25，并添加标记(这时发现 00:00:47:25 变成了 00:00:47:24)，自动选取时长为 00:00:30:06 的片段，单击源面板中的"覆盖"按钮，依然选择"忽略序列出点"，如图 5-26 所示。

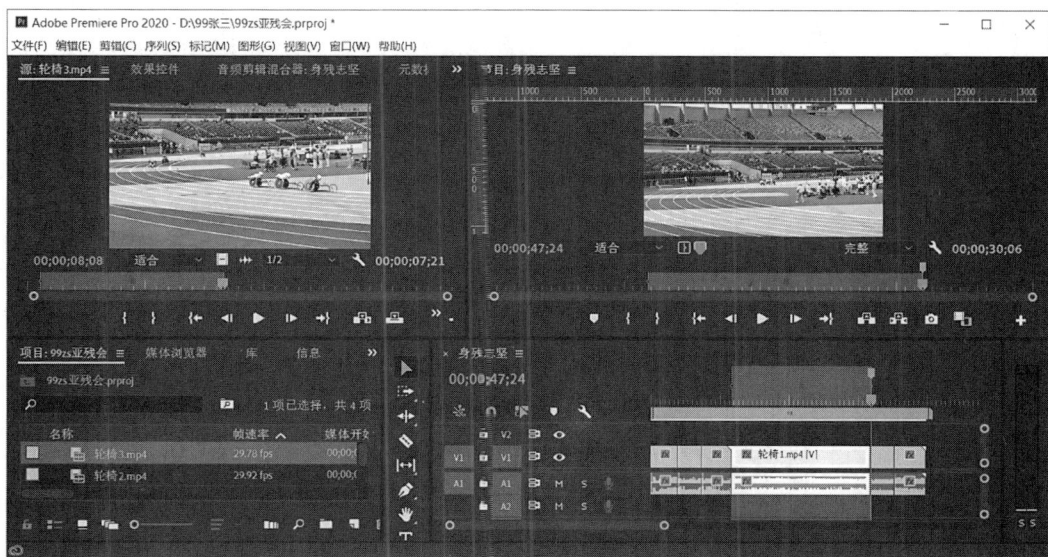

图 5-26 第三次覆盖

(14) 第三次覆盖后的效果如图 5-27 所示。

图 5-27　第三次覆盖后的效果

(15) 在源面板中 00:00:11:06 处设置入点，00:00:17:21 处设置出点，自动选取时长为 00:00:06:16 的片段。在节目面板中 00:00:25:10 处设置入点，单击上次设置的标记，定位到 00:00:47:24 处设置出点，自动选取时长为 00:00:22:14 的片段，单击源面板中的"覆盖"按钮，选择"忽略序列出点"，单击"确定"，如图 5-28 所示。

图 5-28　第四次覆盖

(16) 第四次覆盖后存盘，效果如图 5-29 所示。

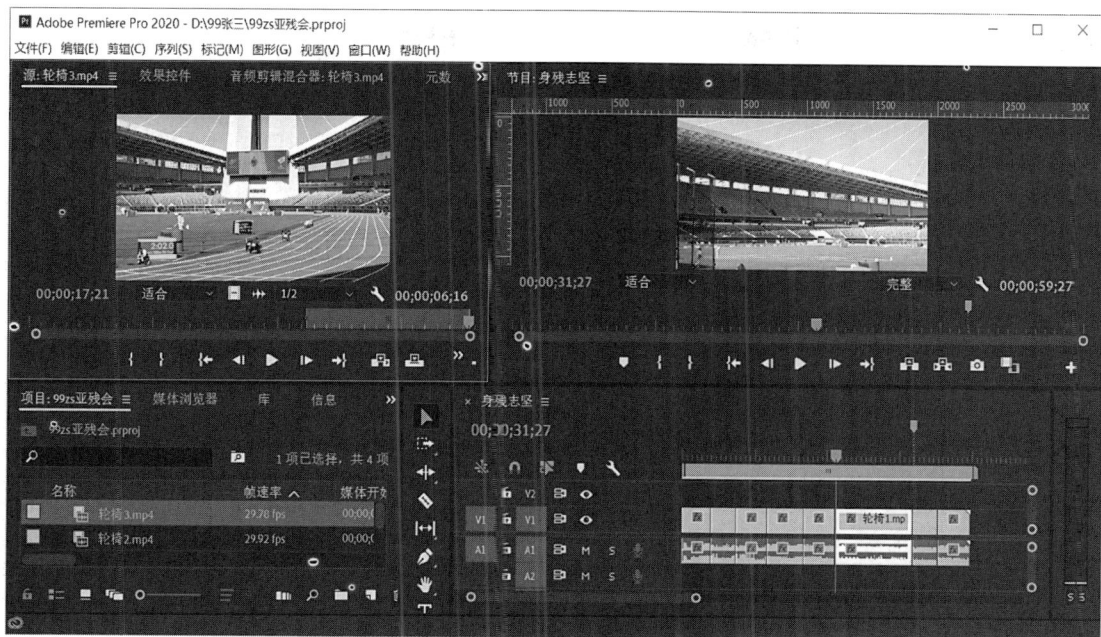

图 5-29　第四次覆盖后的效果

(17) 在节目面板的 00:00:31:27 处设置入点并添加标记，单击后一个标记，定位到 00:00:47:24 处设置出点，自动选取时长为 00:00:15:28 的片段，单击节目面板的"提取"按钮，提取该选中片段，如图 5-30 所示。

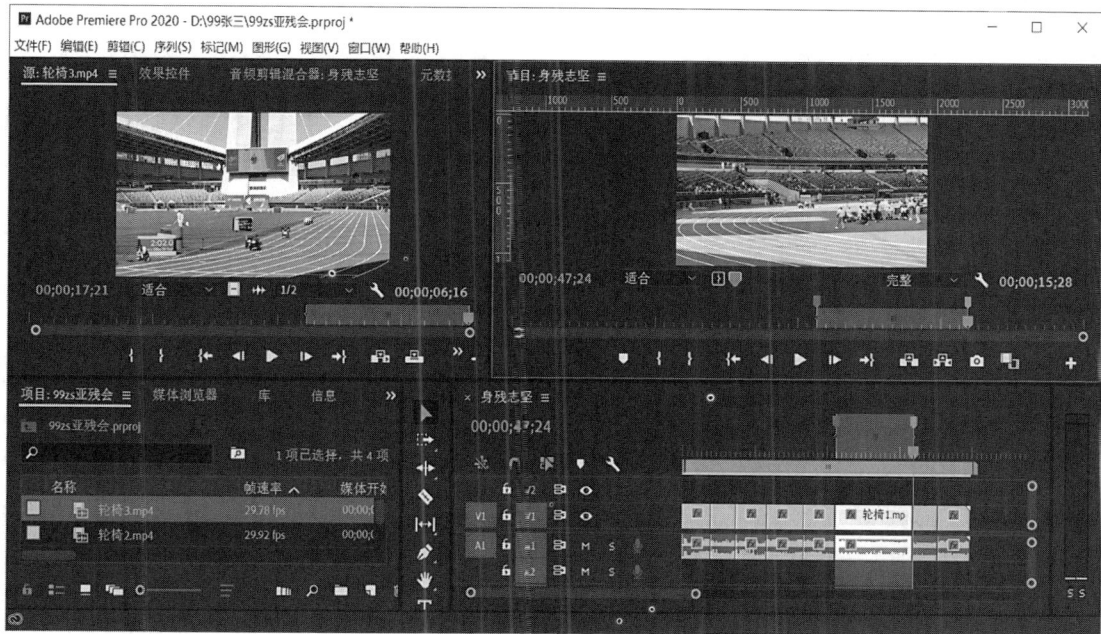

图 5-30　提取节目中不要的片段

(18) 提取后存盘，效果如图 5-31 所示。

图 5-31   提取后的效果

(19) 播放"身残志坚"序列，浏览后发现第四段音乐不太合适，选中该片段后右击，选择"取消链接"，如图 5-32 所示。

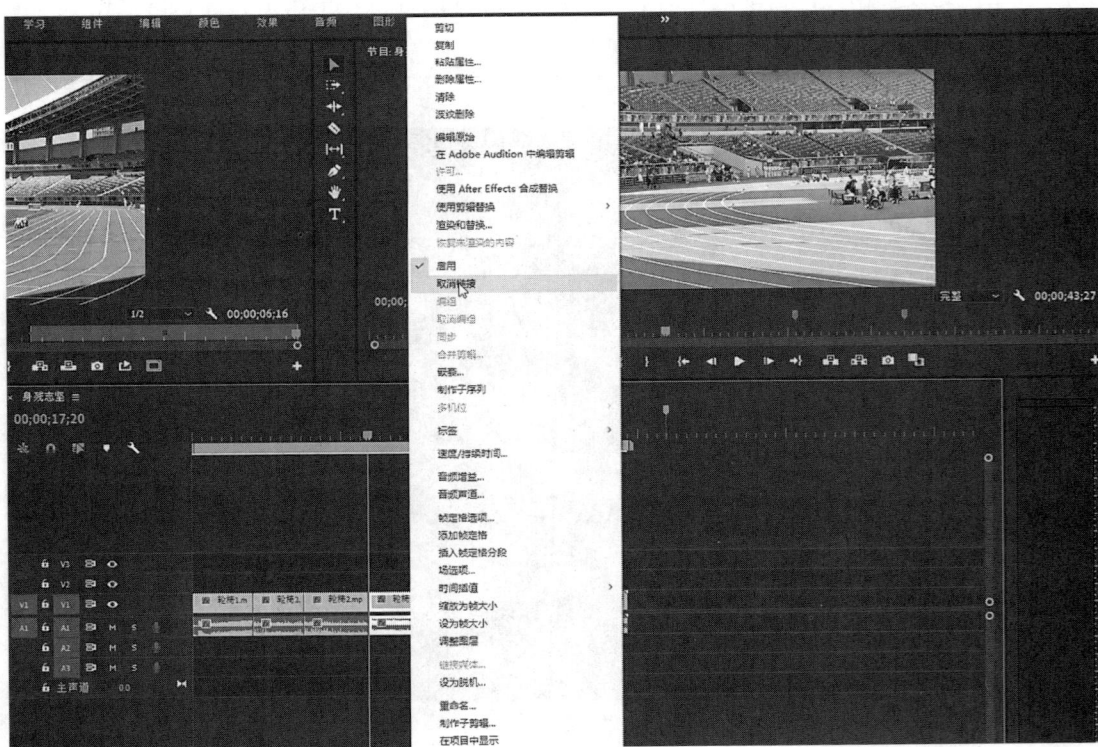

图 5-32   取消视频和音频之间的链接

(20) 同理，选中最后三段一次性取消链接，如图 5-33 所示。

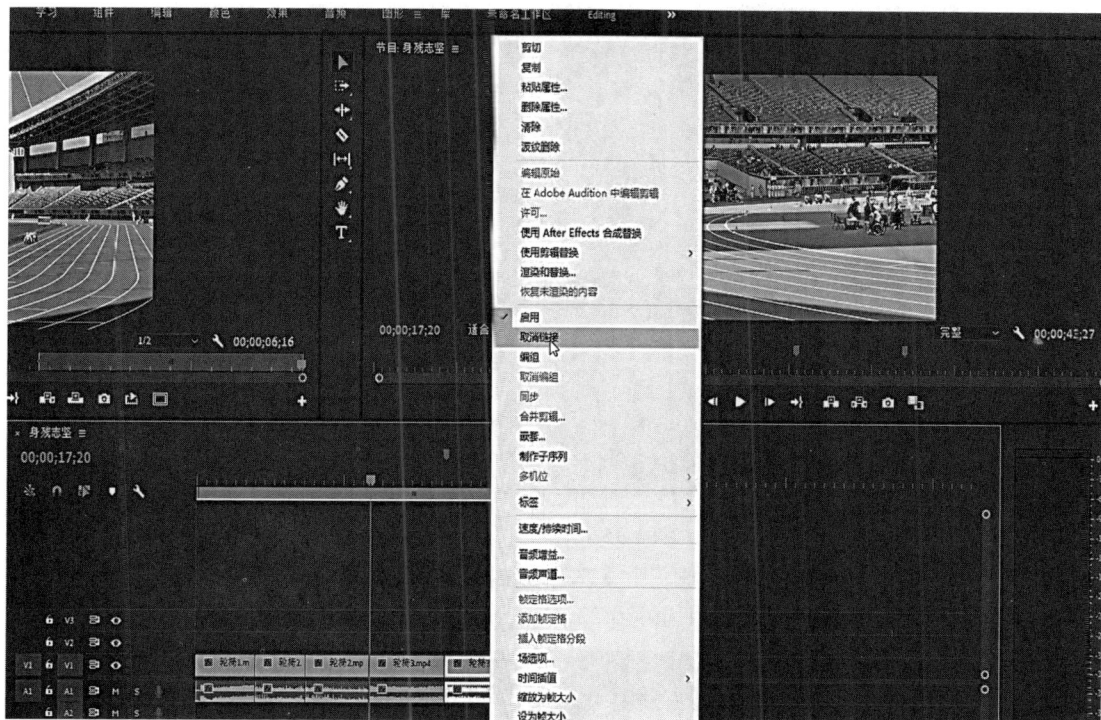

图 5-33　取消后面三段音视频之间的链接

(21) 将最后三段取消链接后的音频选中后按 Delete 键删除，结果如图 5-34 所示。

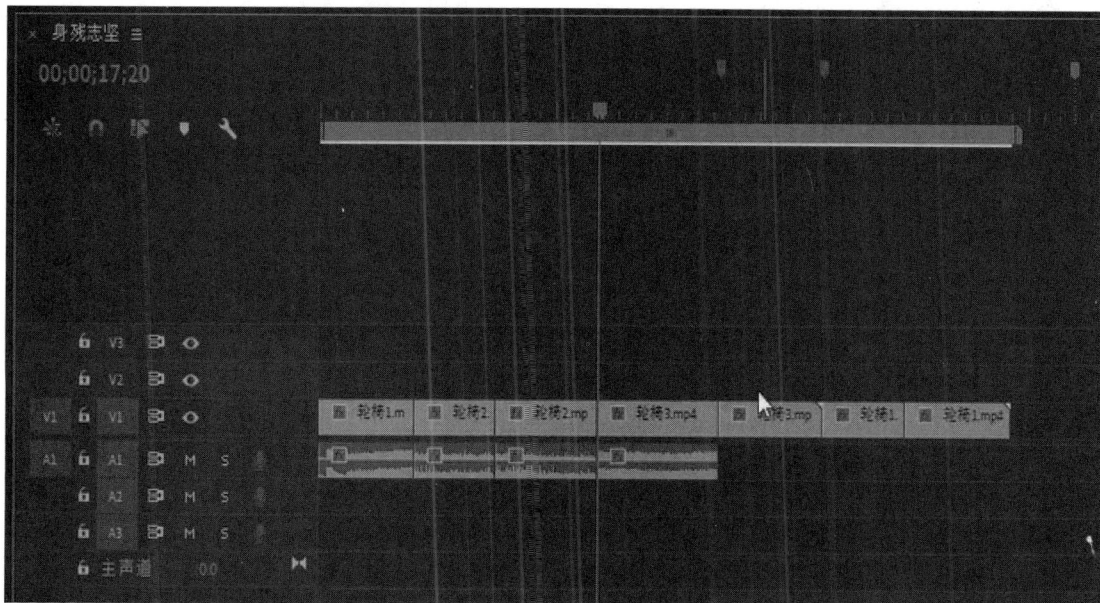

图 5-34　删除最后三段不适合的音频

(22) 选中一个标记，然后右击，选择"清除所有标记"，如图 5-35 所示。

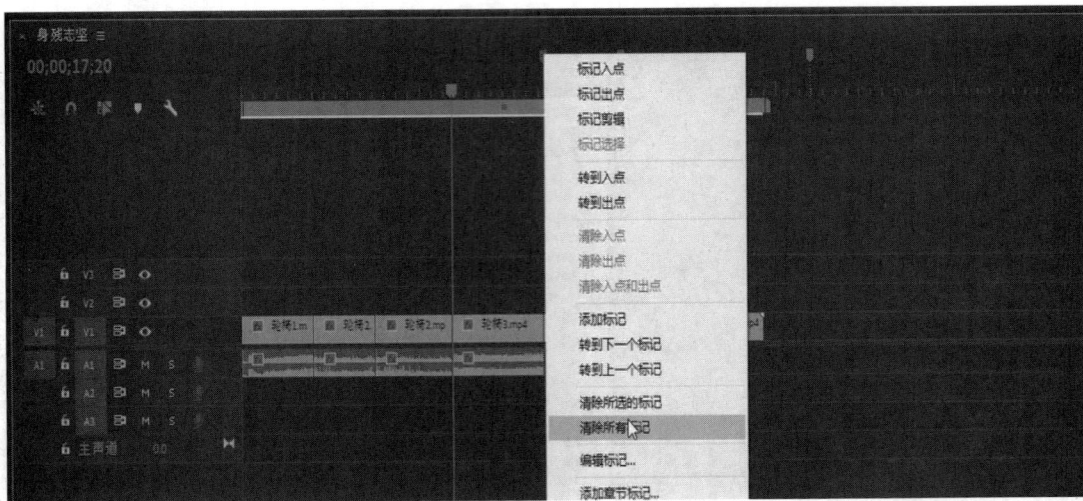

图 5-35　清除所有标记

(23) 播放第四段音频，将后面一个人大声喊加油的部分剪切掉，单击 V1 轨道前的锁头，将视频轨道锁定，然后定位到 00:00:23:11 处，如图 5-36 所示。

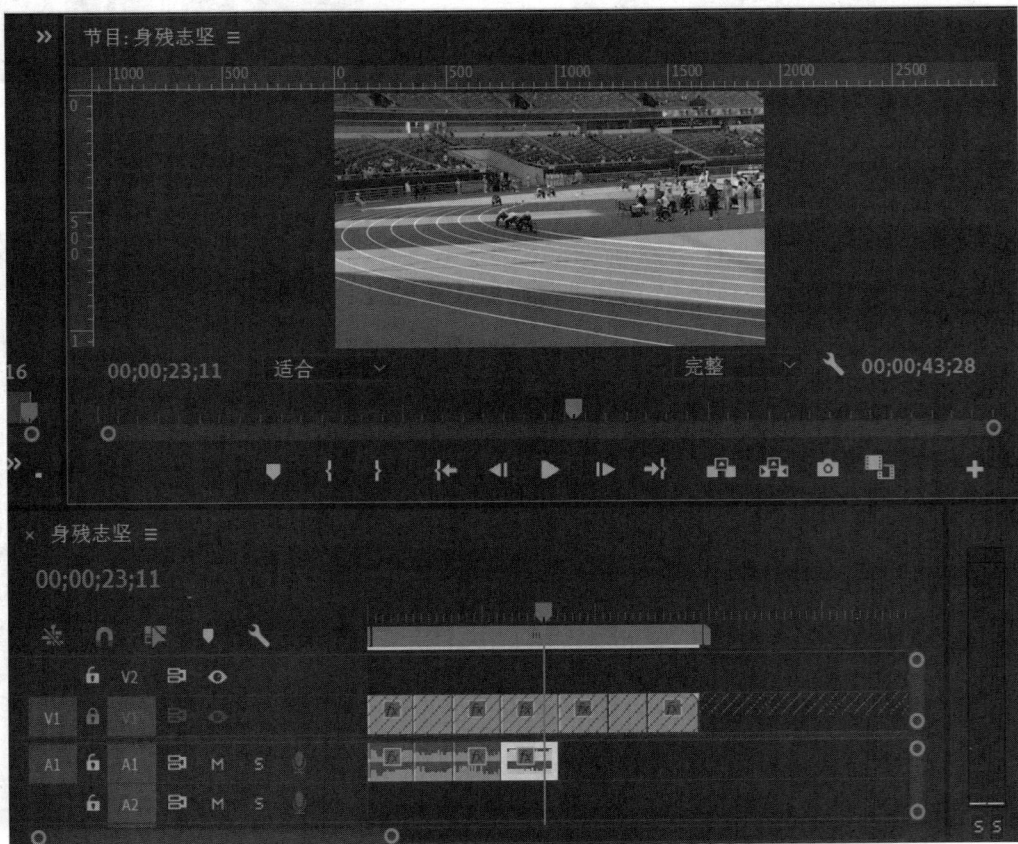

图 5-36　切除音频

(24) 使用快捷键 W，将该音频后半截删除，如图 5-37 所示。

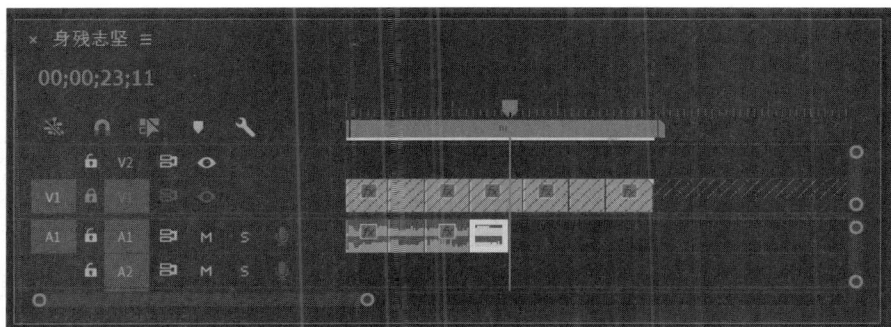

图 5-37　删除后的音频图

(25) 将最后一个音频片段选中，按住 Alt 键，复制 4 份，放入 A2 轨道，如图 5-38 所示。

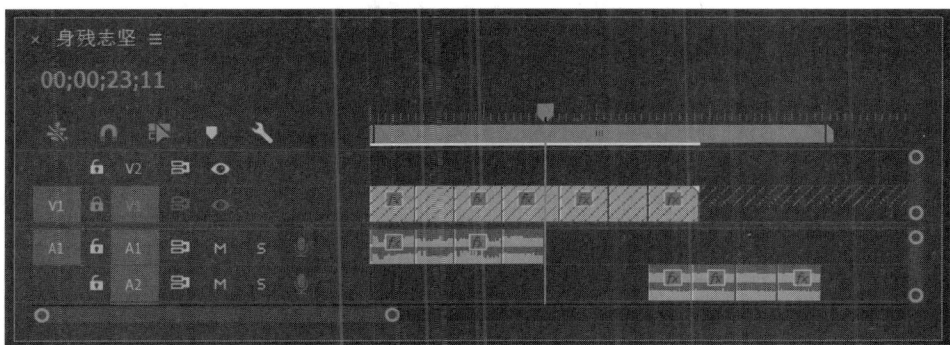

图 5-38　复制音频

(26) 将复制好的音频按依次放至 A1 轨道后面，然后定位到视频最后一帧，也就是 00:00:43:27 处，单击"剃刀"，在此处切割("剃刀"使用完及时返回"选择")，如图 5-39 所示。

图 5-39　切割多余音频

(27) 将末尾多余的音频删除，如图 5-40 所示。

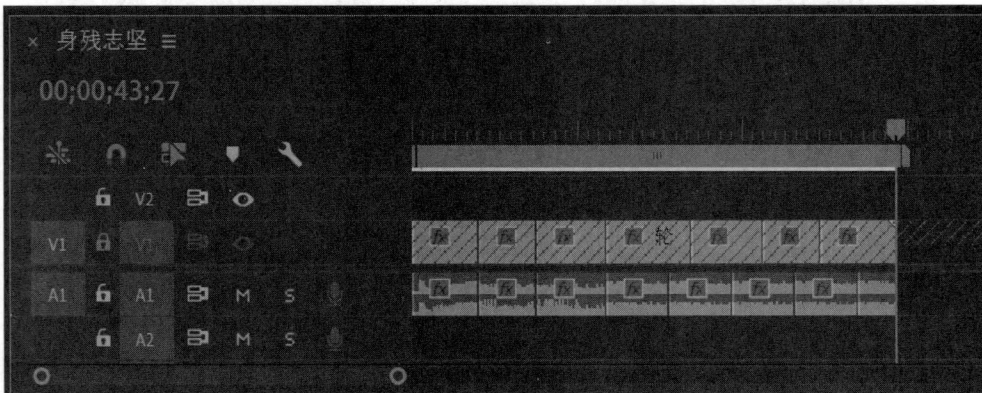

图 5-40　删除多余音频

(28) 单击节目面板的"转到入点"按钮，然后播放浏览该序列，确认无误后保存，将时间线归 0，取消所有选中后，单击"文件"→"导出"→"媒体…"，导出视频，如图 5-41 所示。

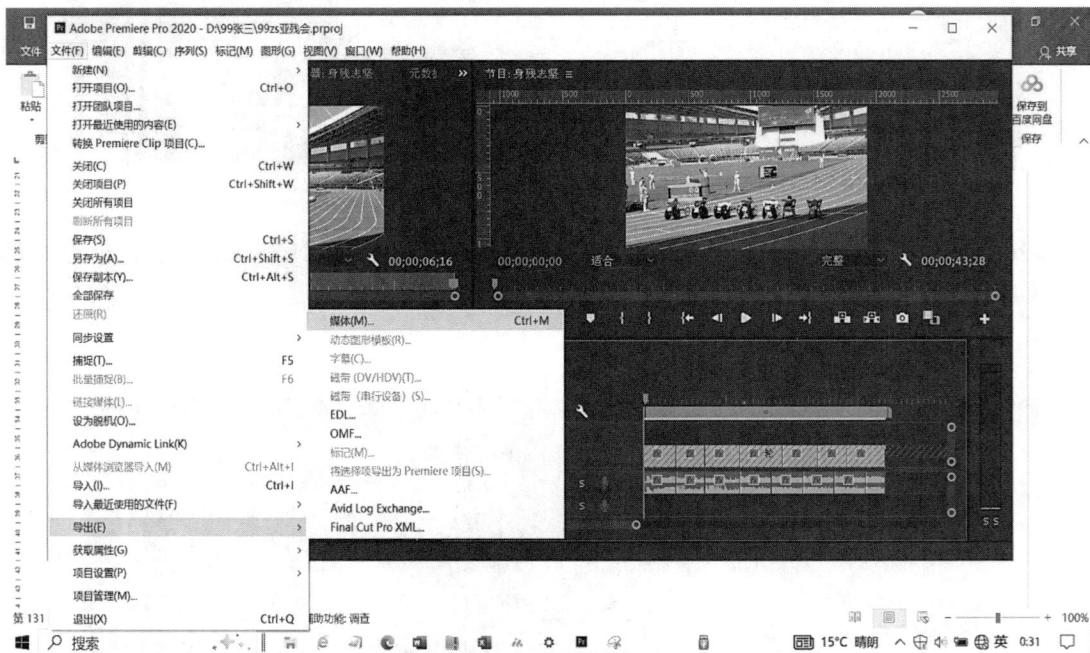

图 5-41　导出视频

(29) 在弹出的"导出设置"对话框中设置"格式"为 H.264，"输出名称"为"99 张三身残志坚.mp4"，位置为 D:\99 张三(可以从摘要中看见，如果有误，通过单击输出名称后的蓝色名字修改设置)，确认无误后单击"导出"，如图 5-42 所示。

图 5-42　"导出设置"对话框

(30) 弹出"编码 身残志坚"对话框，如图 5-43 所示。没有异常只需等待就可以，有问题可以单击"取消"后修改。

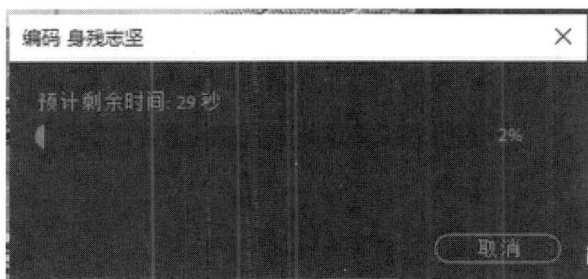

图 5-43　"编码 身残志坚"对话框

(31) 导出结束后关闭项目，在 D:\99 张三文件夹中查看内容，如图 5-44 所示。

图 5-44　在文件夹查看内容

(32) 播放"99 张三身残志坚.mp4"，浏览观看是否有问题。如果有问题，则在"99zs 亚残会.prproj"项目中修改后再一次导出，直至结果无误。至此，基本剪辑视频操作完成。

技巧点亮

一、存盘技巧

1. 使用 Ctrl+S 组合键可以直接存盘。

2. 选择"文件"→"保存"可以直接存盘。

3. 选择"文件"→"另存为"可以改变位置和名字存盘。

4. 通过修改 Pr 软件自带的"自动保存"设置，可以让系统帮你存盘。

(1) 选择"编辑"→"首选项"→"自动保存"命令，进入"自动保存"对话框，如图 5-45 所示。

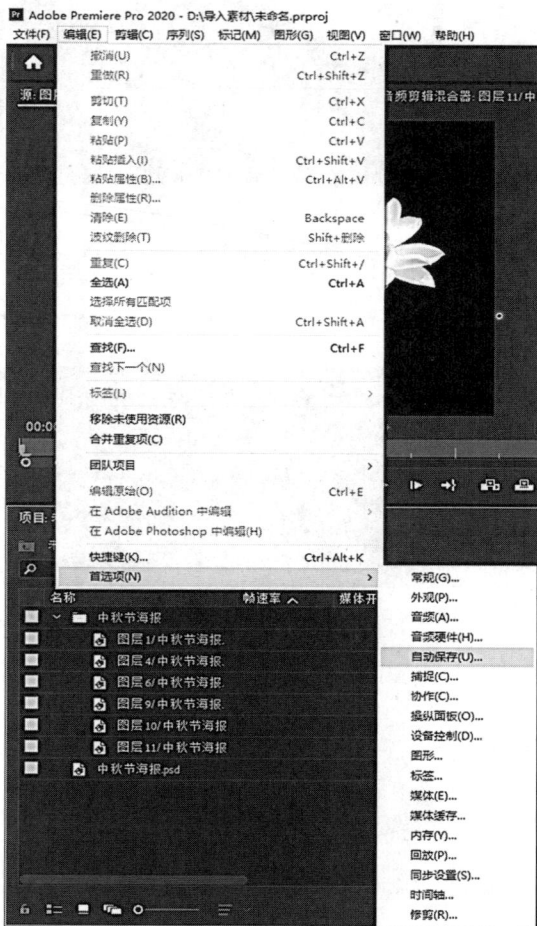

图 5-45　选择"编辑"→"首选项"→"自动保存"命令

（2）设置自动保存的时间间隔，默认为 15 min。没有存盘习惯且计算机系统可用空间比较大的可以设置为 5 min 或 10 min 自动保存一次，如图 5-46 所示。

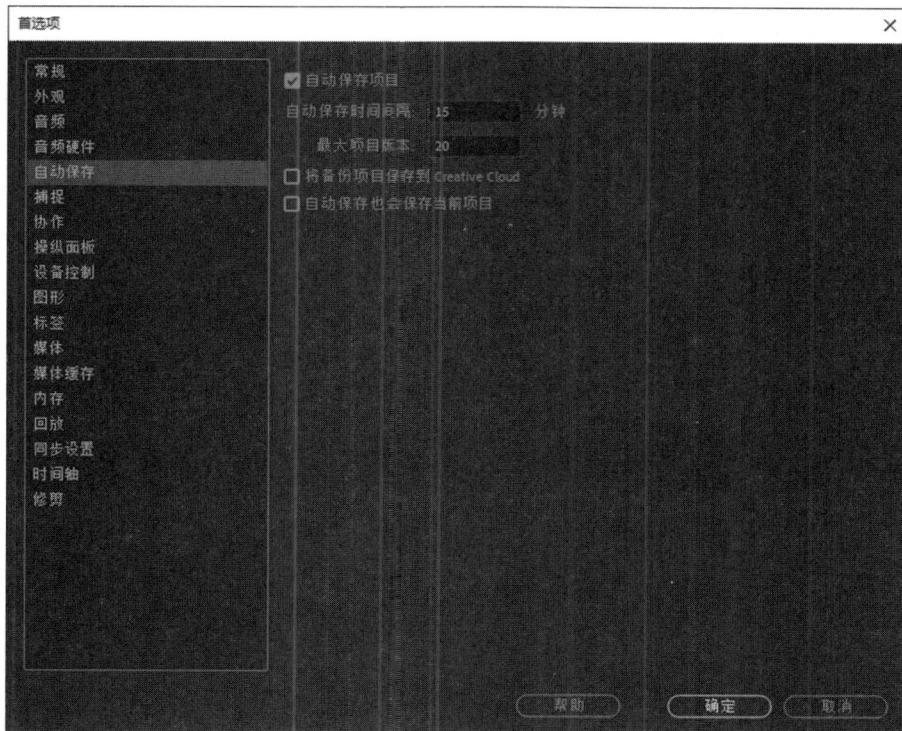

图 5-46 自动保存设置

（3）系统自动保存好的备份默认在项目对应的文件夹里，一般在对应存储文件夹中的 Adobe Premiere Pro Auto-Save 文件夹里，如图 5-47 所示。

图 5-47 对应自动保存文件夹

二、工作界面缺失或变化问题的处理

要将工作界面恢复为默认，可选择"窗口"→"工作区"→"重置为保存的布局"菜单；要将自定义的工作界面保存起来，可选择"窗口"→"工作区"→"另存为新工作区"菜单，在打开的"新建工作区"对话框中输入工作区的名称并单击"确定"按钮。

三、视频剪辑避免出错的一些操作流程要点

（1）素材准备好之后要整理好，并起好对应的名字。

（2）项目或素材的存储名称中最好有关键词，通过该关键词可以很快识别内容，方便记忆。

（3）要做好版本管理。如果有不同版本，在名字中需要加入版本号来识别先后新旧顺序，可以结合日期和时间设置版本号，如茅家埠 240326-1。

（4）素材跟随项目走。素材文件夹和项目文件夹在同一个文件夹目录里，这样可以最大程度避免素材丢失。

（5）先按最终要求新建序列，然后在该序列中进行编辑，以避免作品不符合要求。

（6）素材拖入轨道后，设置"缩放为帧大小"或"设为帧大小"，这样可避免播放画面不完整。

（7）如果无格式要求，那么默认导出为 mp4 格式，因为该格式支持的播放器类型多，且存储性能比较高。

（8）做好的视频不要忘记检查，播放浏览观看确认无误后，再提交作品。

课外拓展

（1）观看 mooc 上的对应视频，并完成讨论和习题。

（2）简述三点剪辑和四点剪辑的适用场合。

项目 6　视频过渡效果

项目导入

视频片段和视频片段之间如果没有过渡效果就会非常平淡，一个好的过渡效果可以给视频增分不少。视频过渡效果的操作比较简单。

知识储备

一、过渡效果

过渡效果是影视中两个相邻场景或素材之间的衔接方式，也称为视频转场或视频切换。

二、效果控件

效果控件就是 Pr 中能够对视频进行特效处理的设置界面，一般单击该效果可以显示该效果控件的设置面板。

单击"窗口"→"效果控件"，调出效果控件，如图 6-1 所示。

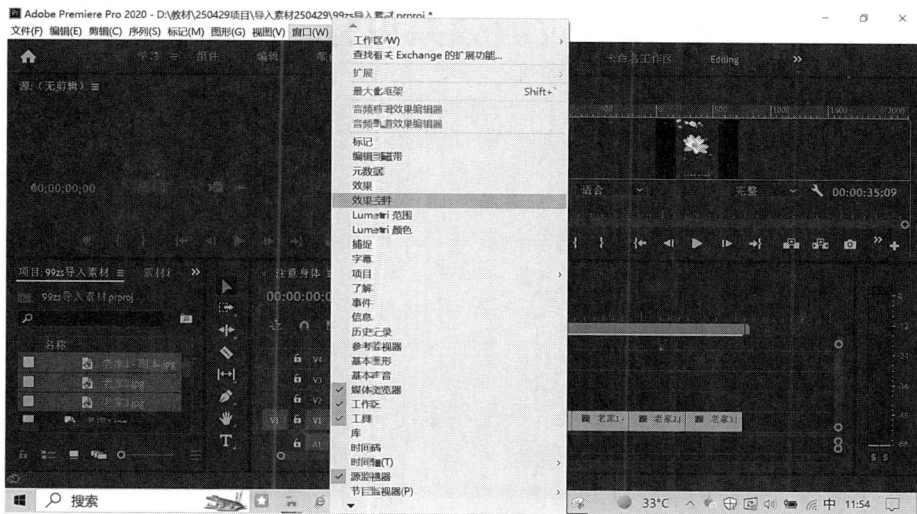

图 6-1　调出效果控件

效果控件出现在左侧窗口，同时再次单击"窗口"菜单，会发现"效果控件"前已打上"√"，如图 6-2 所示。

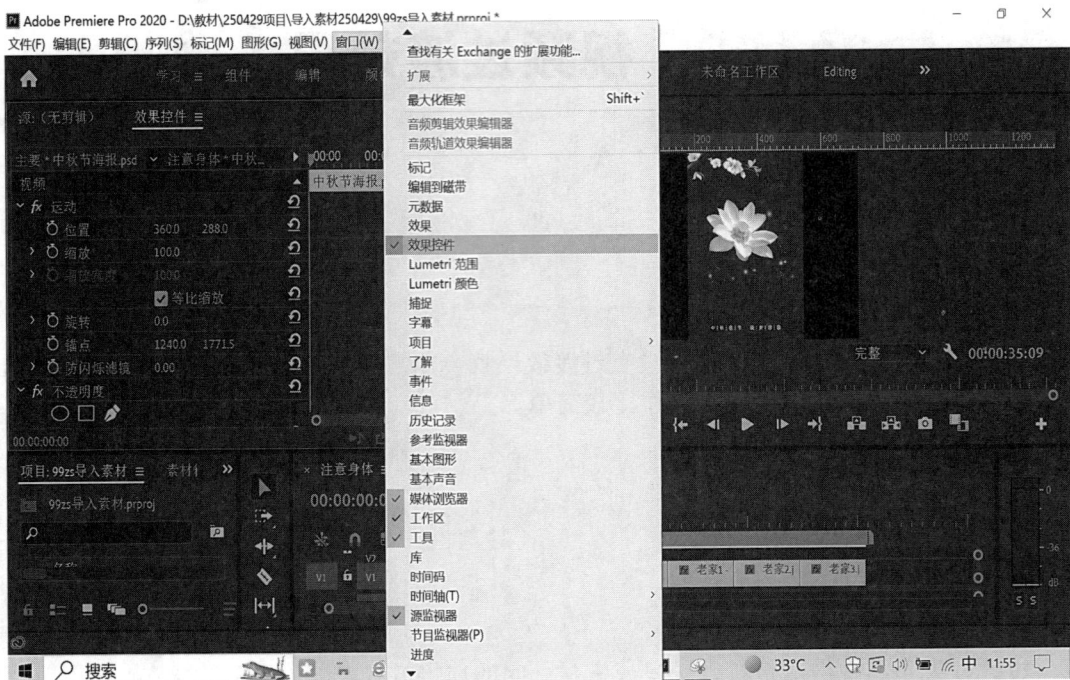

图 6-2　效果控件显示后

任务实训

任务 1　视频过渡效果设置——海南岛

海南岛

任务目标

通过该任务熟悉 Pr 的标准使用流程，掌握基本的视频过渡效果的使用及视频过渡效果的详细设置和使用方法。

任务实施

祖国的大好河山美丽多姿，我们总是在各地的美景中流连忘返。下面以海南岛的美丽风景为素材来学习视频过渡效果的设置。

(1) 新建项目，名称为学号姓名海南岛(如学号 00 张三为 00 张三海南岛)，存至 D 盘的学号姓名文件夹中(如 00 张三)，单击"确定"，如图 6-3 所示。

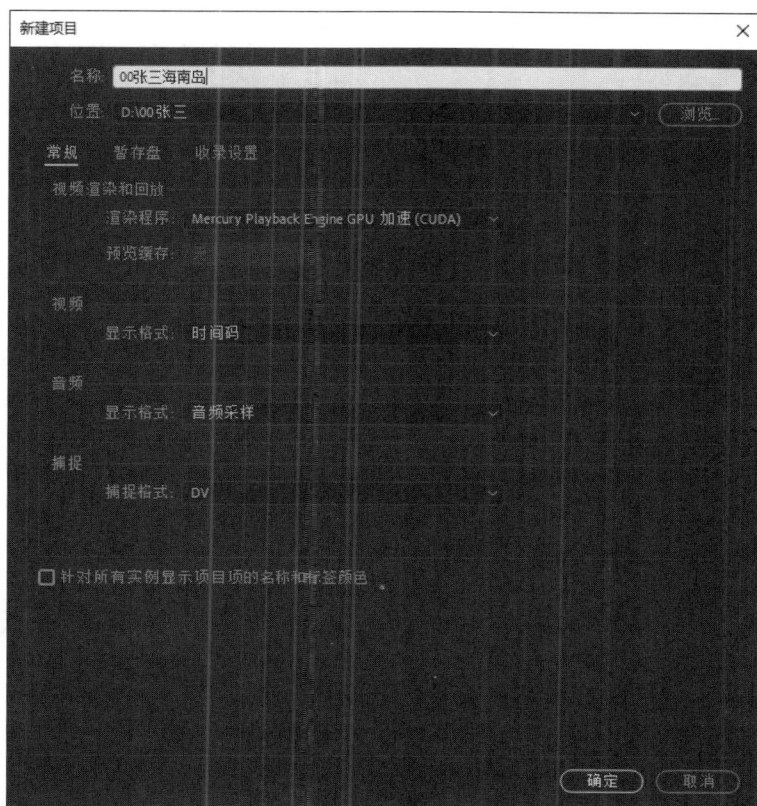

图 6-3　新建项目

(2) 进入项目编辑界面，将海南岛素材文件夹里的内容全部导入，如图 6-4 所示。

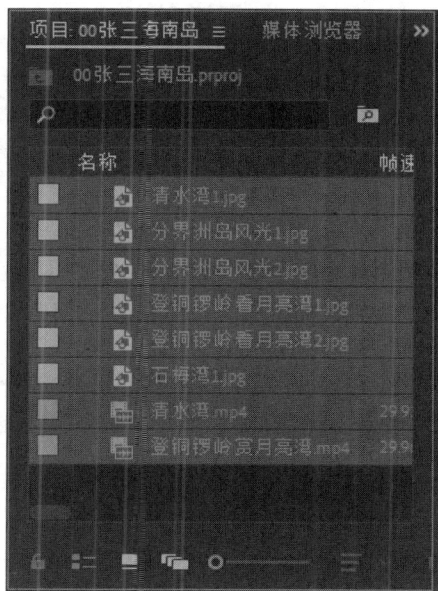

图 6-4　导入全部素材

(3) 进入"编辑"→"首选项"→"常规…"中，如图 6-5 所示。

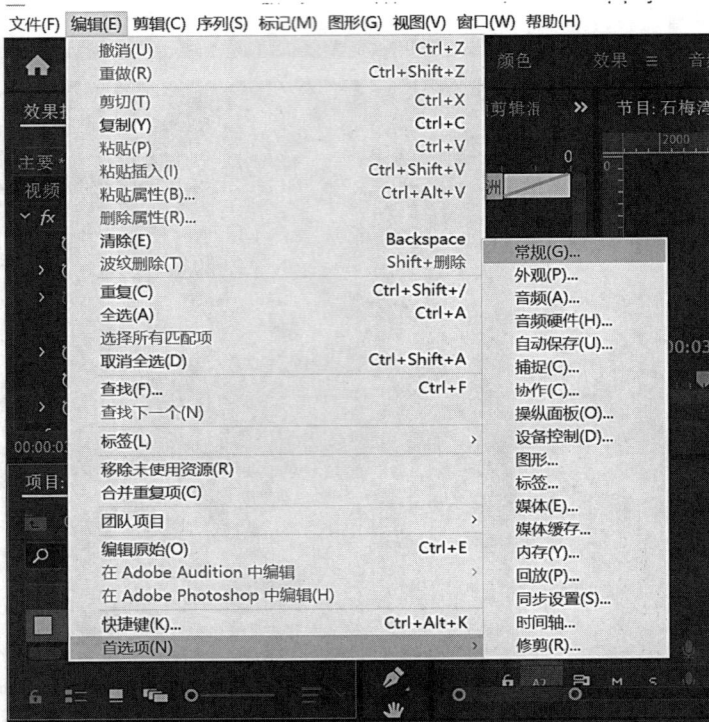

图 6-5　进入首选项设置

(4) 在弹出的"首选项"对话框中选择"时间轴"，设置"静止图像默认持续时间"为 2 s，"视频过渡默认持续时间"为 20 帧，单击"确定"，如图 6-6 所示。

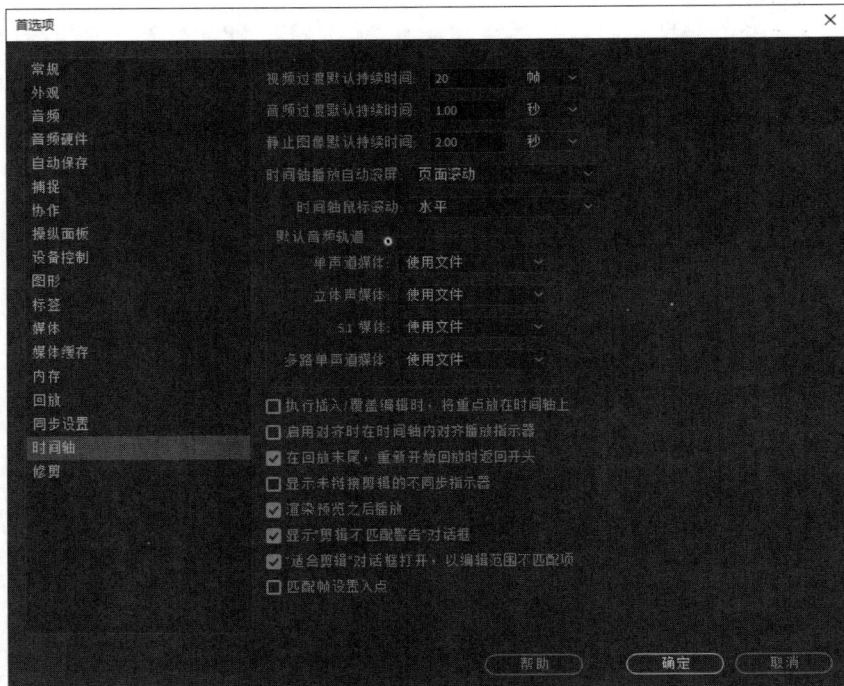

图 6-6　设置时间轴

（5）在"首选项"对话框中选择"自动保存"，修改"自动保存时间间隔"为 10 min，单击"确定"，如图 6-7 所示。

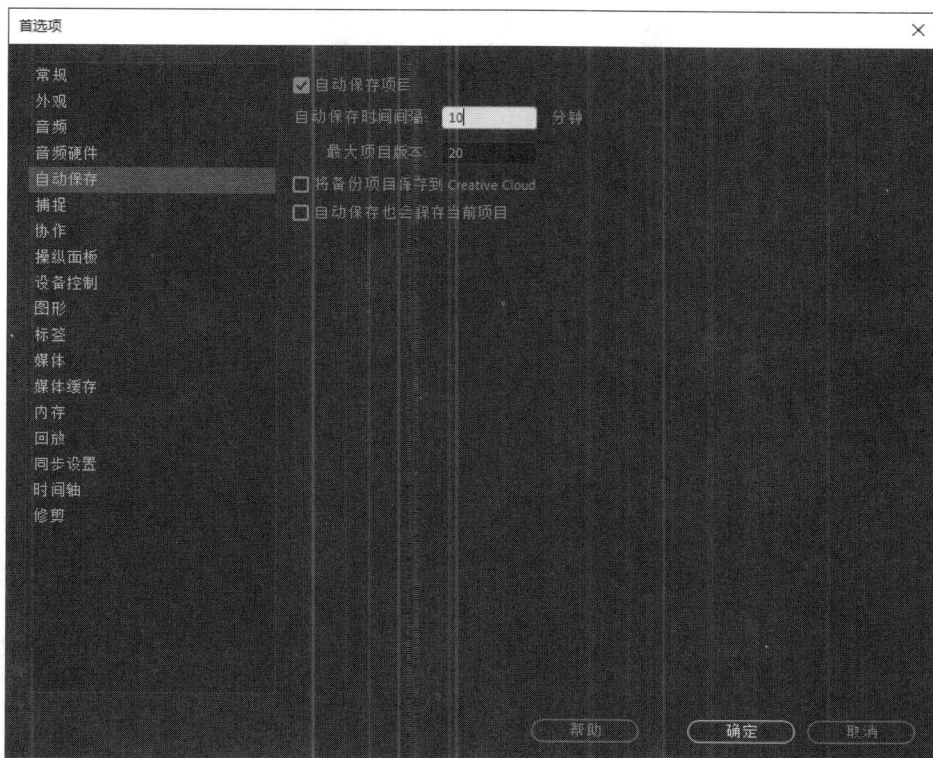

图 6-7　设置自动保存时间

（6）将"石梅湾 1.jpg"拖入右边轨道，发现时长依然是 5 s，如图 6-8 所示。

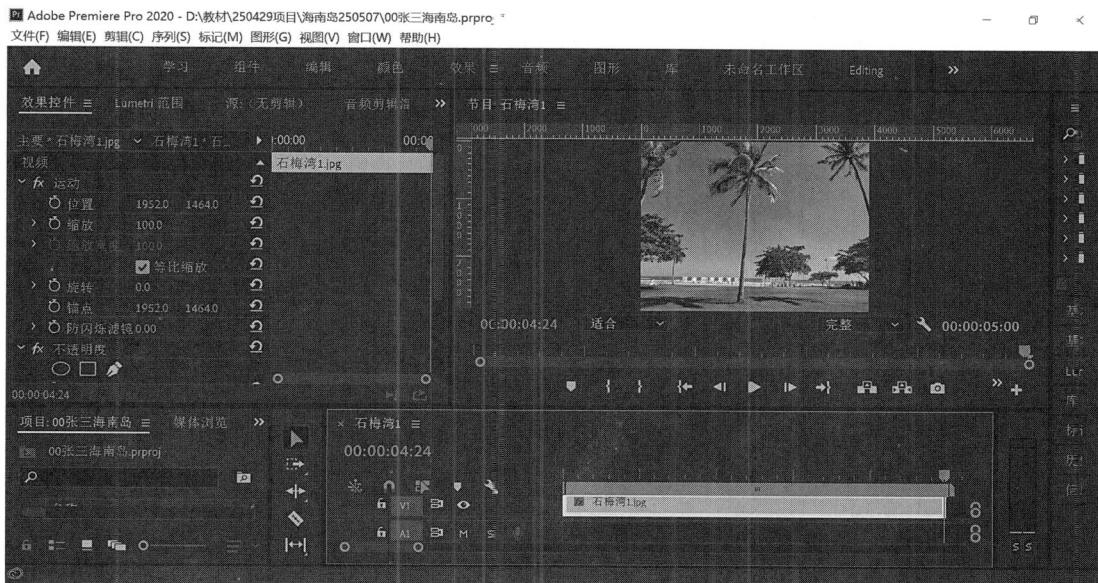

图 6-8　设置未生效

(7) 在素材中使用 Ctrl+A 键，如图 6-9 所示，将所有素材选中后按 Delete 键，删除所有素材和序列，如图 6-10 所示。

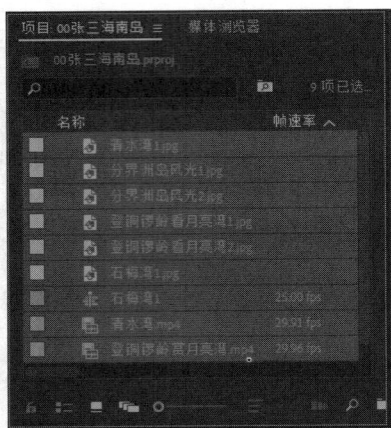

图 6-9　选中所有素材

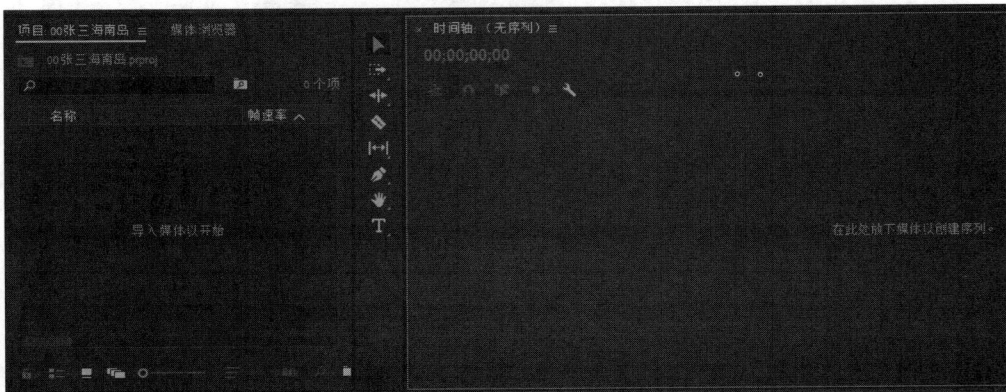

图 6-10　删除所有素材和序列

(8) 再次导入所有素材使上面的设置生效。将"石梅湾 1.jpg"拖入时间轴，单击"转到出点"，可以发现时长变为 00:00:01:24，如图 6-11 所示。

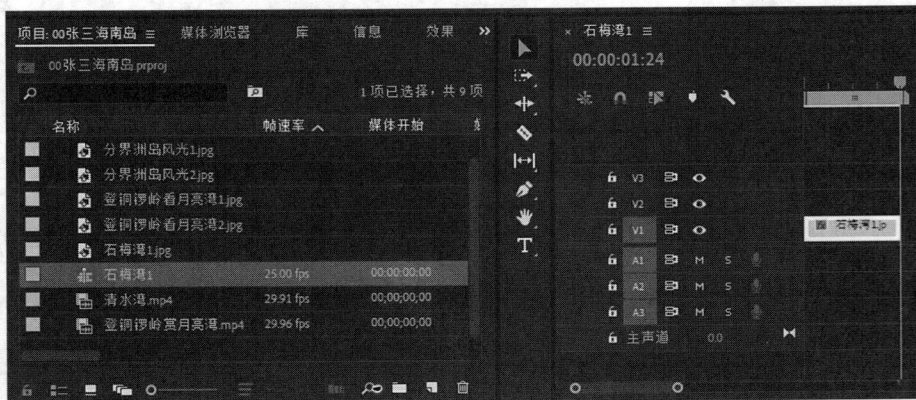

图 6-11　设置生效后效果

(9) 将素材石梅湾 1.jpg、分界洲岛风光 1.jpg、分界洲岛风光 2.jpg、清水湾 1.jpg、登铜锣岭赏月亮湾.mp4、登铜锣岭看月亮湾 1.jpg、登铜锣岭看月亮湾 2.jpg 依次拖入 V1 轨道中，如图 6-12 所示。

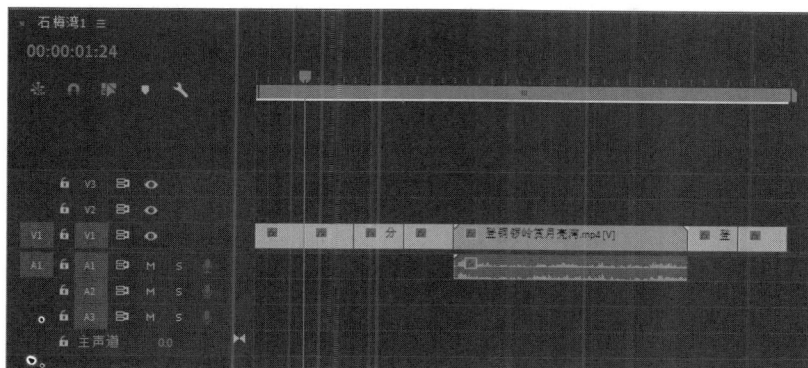

图 6-12　依次将素材拖入 V1 轨道

　　(10) 播放浏览后发现"登铜锣湾赏月亮湾.mp4"界面太小，如图 6-13 所示。将其设置"缩放为帧大小"后，如图 6-14 所示，明显好了很多。

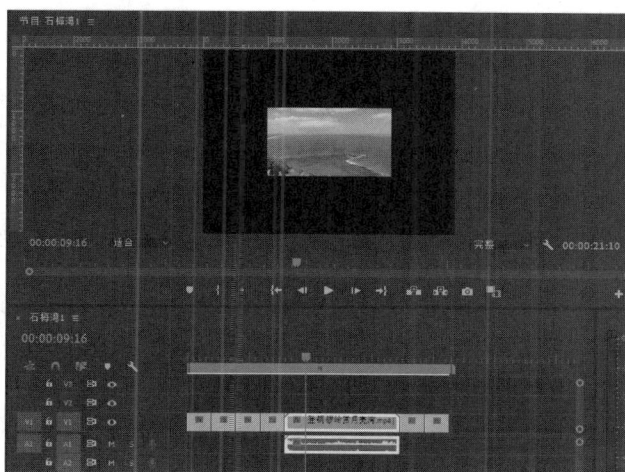

图 6-13　原始效果

图 6-14　缩放为帧大小后效果

(11) 删除不合适的声音。在该视频声音上右击，选择"取消链接"，如图 6-15 所示。

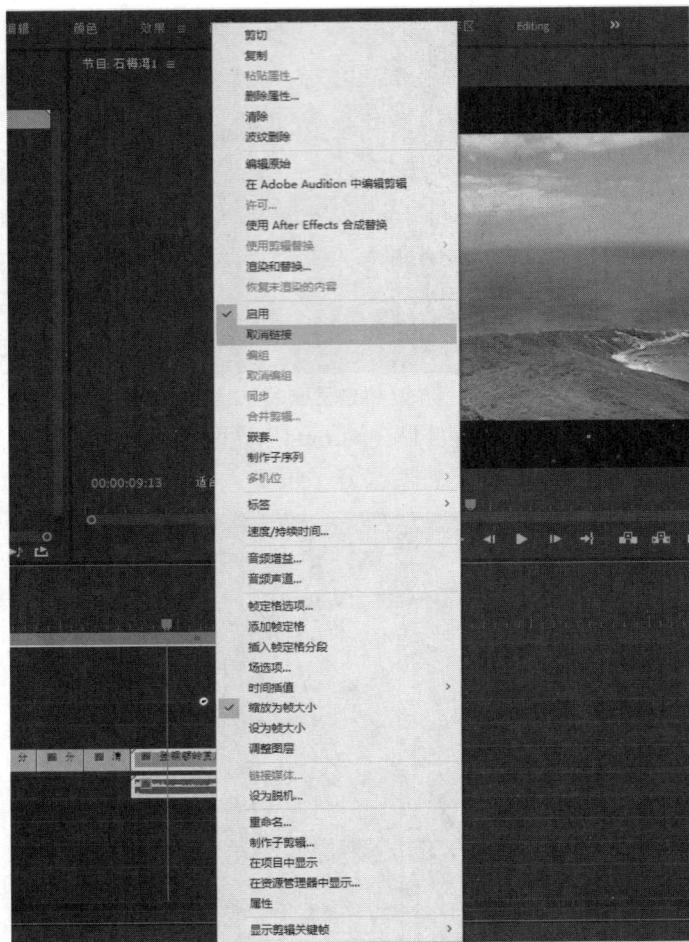

图 6-15　取消链接

(12) 选中声音，按 Delete 键将声音删除，如图 6-16 所示。

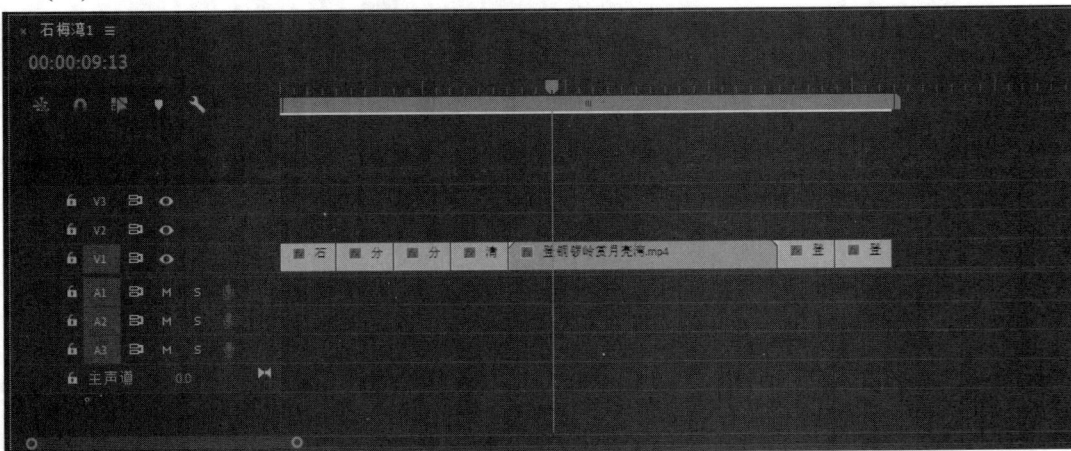

图 6-16　删除声音

(13) 单击"效果"，效果窗口会自动显示到右侧，如图 6-17 所示。

图 6-17　调出效果栏

(14) 单击"视频过渡"前的">"按钮将其展开，可发现视频过渡效果分为八大类。单击"页面剥落"前的">"按钮将其展开，如图 6-18 所示。

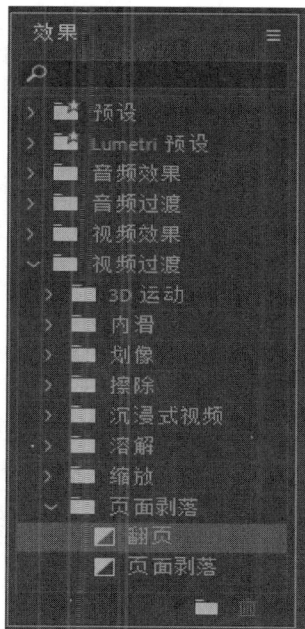

图 6-18　"效果"对话框

(15) 将"页面剥落"效果拖入石梅湾 1.jpg 和分界洲岛风光 1.jpg 中间，当它变为" "形状时松开。可以看到"页面剥落"效果就在二者中间，且过渡时间各占一半，如图 6-19 所示。

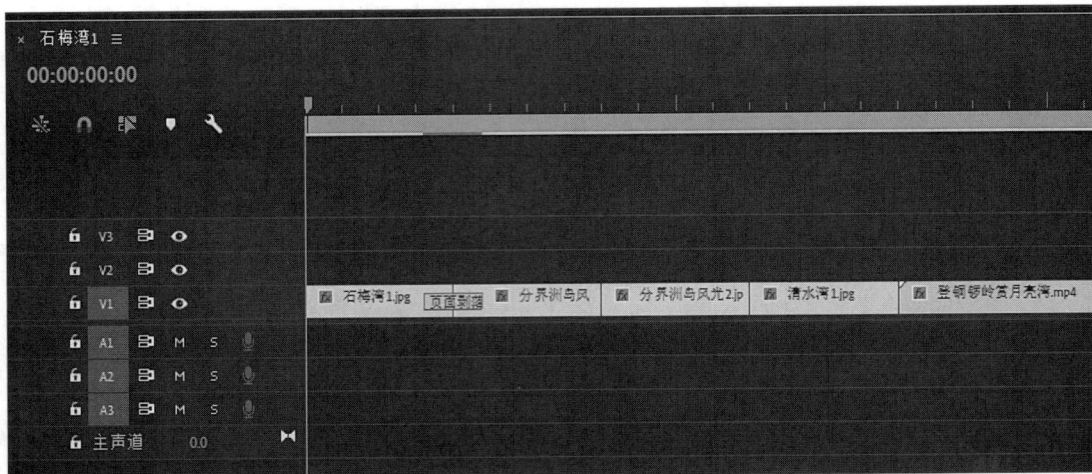

图 6-19　设置效果

(16) 播放浏览效果。

(17) 选中"页面剥落"，软件左上方出现"效果控件"，如图 6-20 所示。

图 6-20　调出效果控件

(18) 分别单击自东南向西北，修改"持续时间"为 00:00:01:06，勾选"显示实际源"，效果如图 6-21 所示。

(19) 播放浏览观察效果。

(20) 依次设置过渡效果：内滑→中心拆分、内滑→推、溶解→交叉溶解(🔲时松开)、擦除→水波块(🔲时松开)、擦除→棋盘和缩放→交叉缩放(🔲时松开)，如图 6-22 所示。

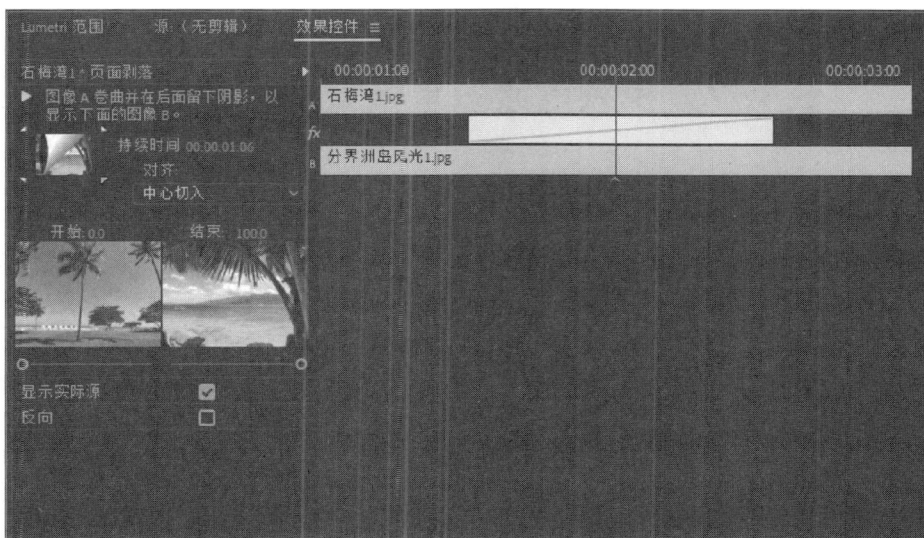

图 6-21　设置效果控件

图 6-22　依次设置过渡效果

(21) 播放预览，确认无误后，单击"导出"，导出为 00 张三海南岛.mp4，如图 6-23 所示。

图 6-23　导出视频

任务 2　视频过渡效果设置——茅家埠

茅家埠

任务目标

通过该任务熟悉 Pr 的标准使用流程，掌握各种视频过渡效果的使用、区别及具体的设置方法。

任务实施

人们常说"上有天堂，下有苏杭"，杭州一直是国内的旅游胜地，世界闻名。杭州西湖周边杨公堤一带处处是美景，如茅家埠。下面就以茅家埠美景为素材深入学习视频过渡效果的设置。

(1) 新建项目，名称为学号姓名茅家埠(如 99zs 茅家埠)，如图 6-24 和如图 6-25 所示，存到 D 盘的学号姓名文件夹中(如 99 张三)。

注意：一定要将素材"茅家埠素材"也放入该文件夹中。

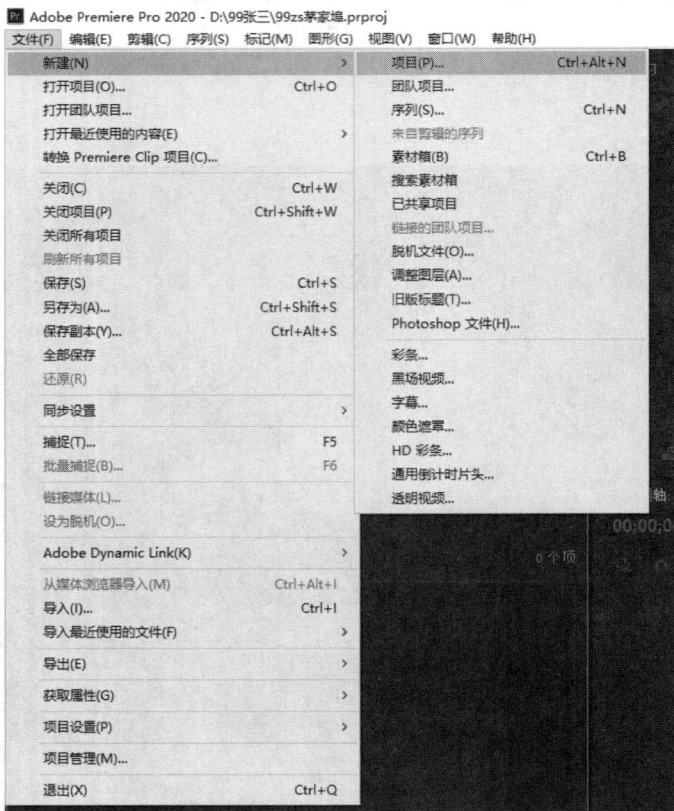

图 6-24　新建项目

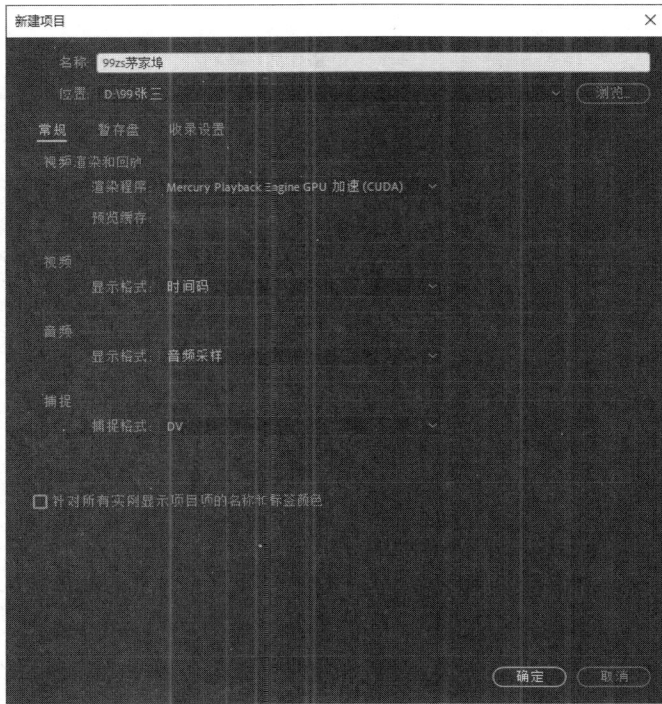

图 6-25　"新建项目"对话框

(2) 选择"新建项目"→"序列…"，将"DV-PAL"中的"宽屏幕 48 kHz"的"序列名称"改为"标准化"，单击"确定"，如图 6-26 和图 6-27 所示。

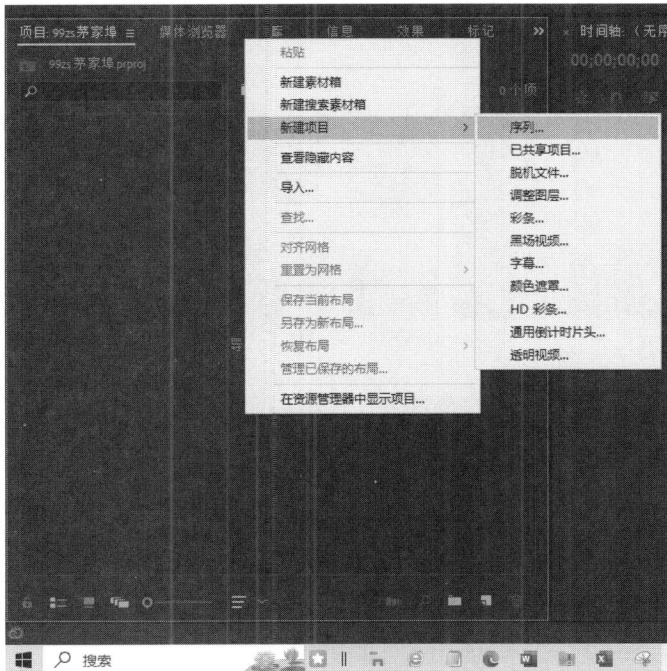

图 6-26　新建序列

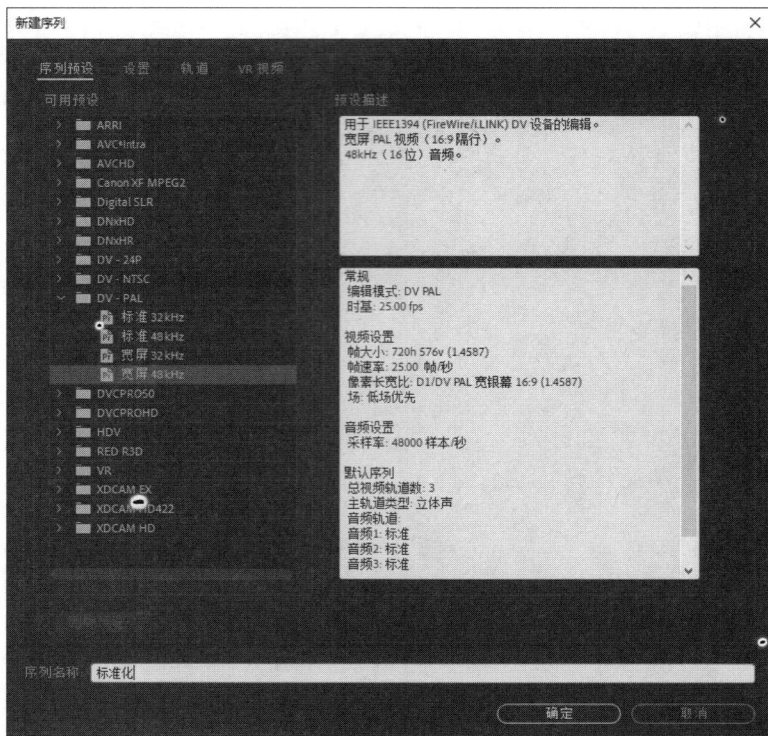

图 6-27 "新建序列"对话框

(3) 使用 Ctrl+I 键导入素材"茅家埠素材"里的所有图片，如图 6-28 所示。使用 Ctrl+A 键选中所有图片和背景音乐，单击"打开"。

图 6-28 导入所有素材

(4) 单击"项目"面板左下角的"列表视图"，将项目从图标视图切换至列表视图，如图 6-29、图 6-30 所示。

图 6-29　图标视图

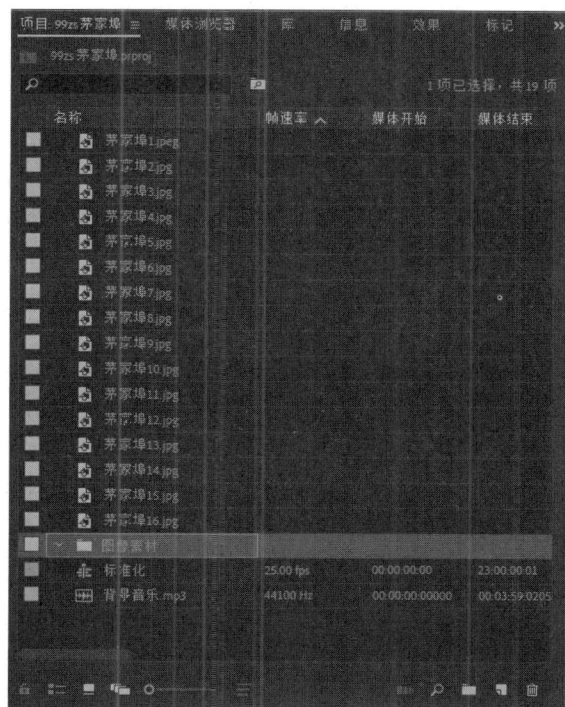

图 6-30　列表视图

(5) 单击"项目"面板右下角的"新建素材箱"，新建素材箱并重命名为"图像素材"，如图 6-31 所示。

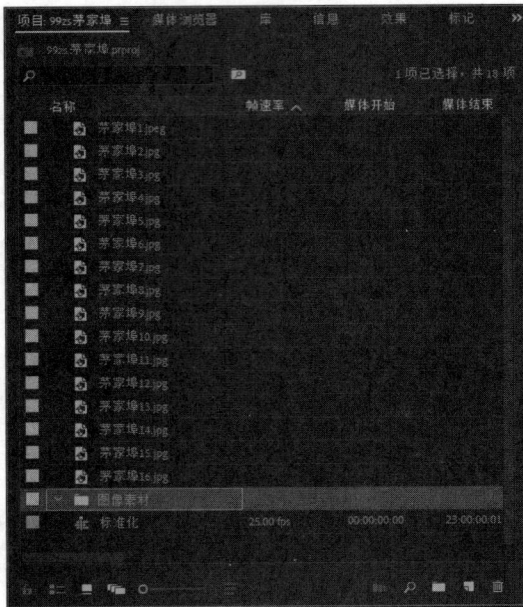

图 6-31　新建图像素材箱

(6) 将所有 16 张图片拖入素材箱，如图 6-32 所示，背景音乐作为声音素材不需要拖入该素材箱，具体如图中所示(以后所有操作可以用 Ctrl+S 键多次保存项目文件)。

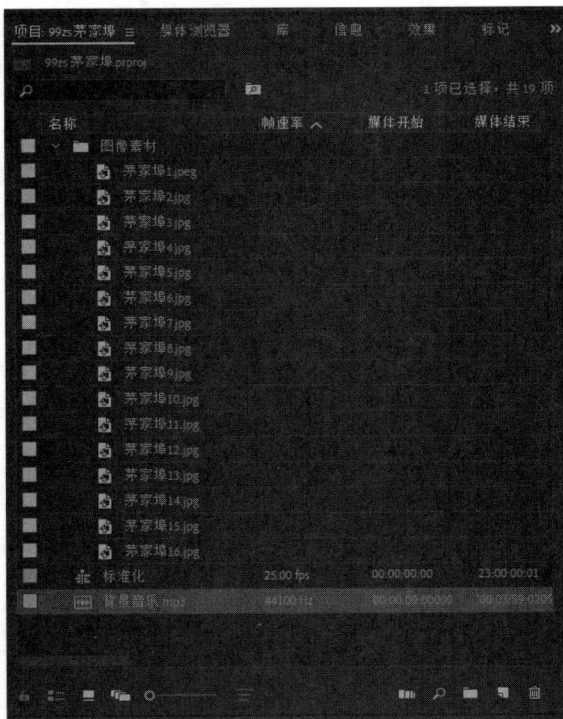

图 6-32　素材结构图

(7) 依次将茅家埠 1.jpg～茅家埠 16.jpg 拖入"时间线"V1 轨道中，使后一个素材紧贴前一个素材，并通过拖动时间轴下方的右圆圈调整显示比例，如图 6-33 所示。

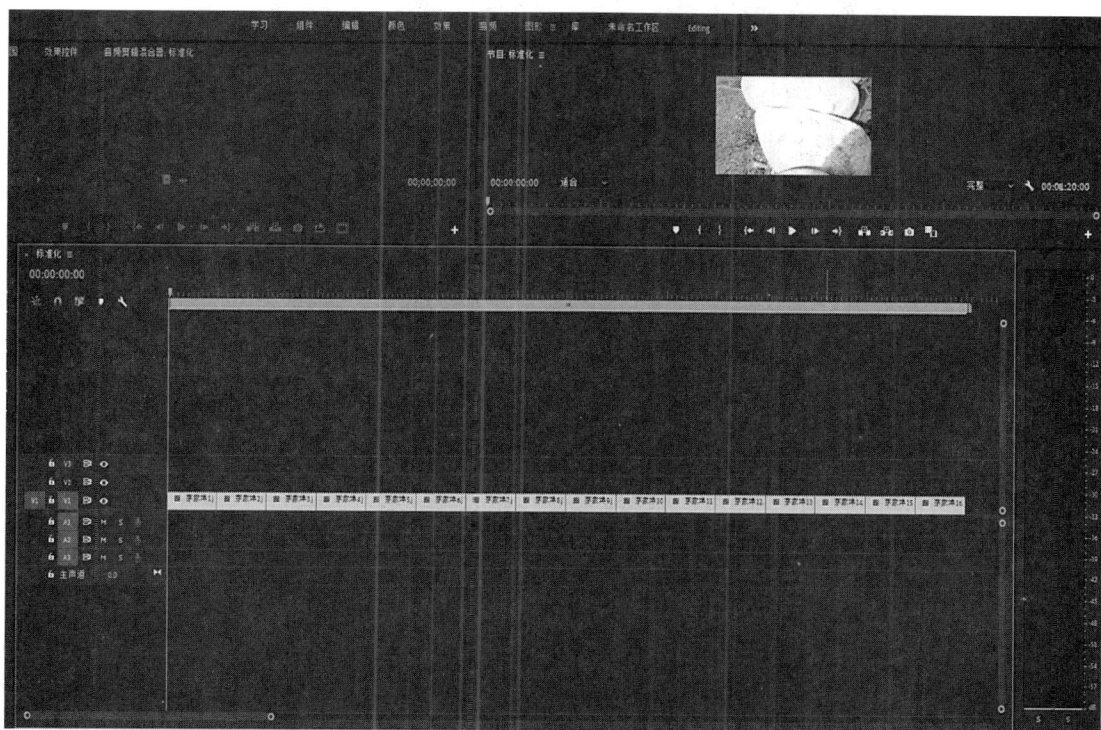

图 6-33 V1 轨道拖动后效果

(8) 想确认操作有没有问题，单击节目面板的"转到出点"，可以看到最后一帧的时间为 00:01:19:24，如图 6-34 所示。

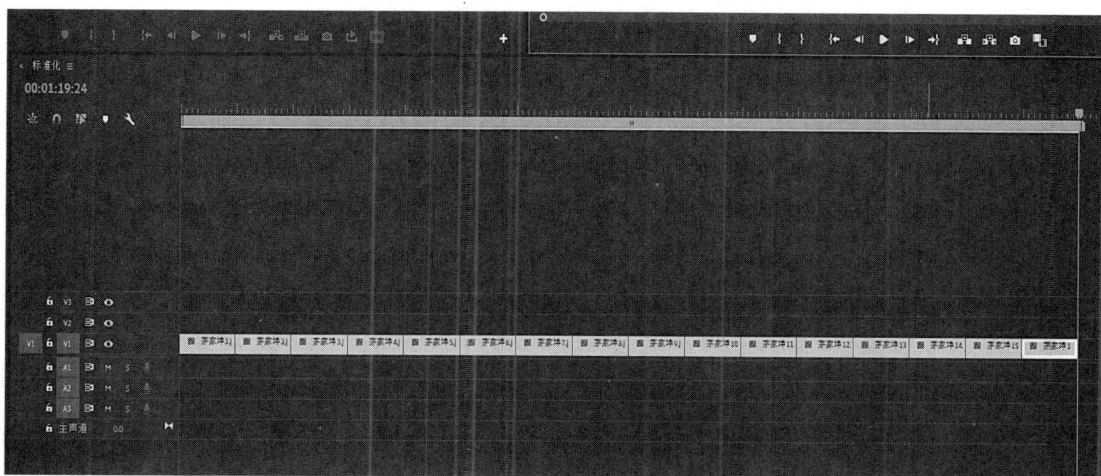

图 6-34 转到出点后的时间码

(9) 如果时间不对，将鼠标移到每张图片上停留片刻，看显示持续时间是否为 5 s；如图 6-35 所示，找出错误并修正。

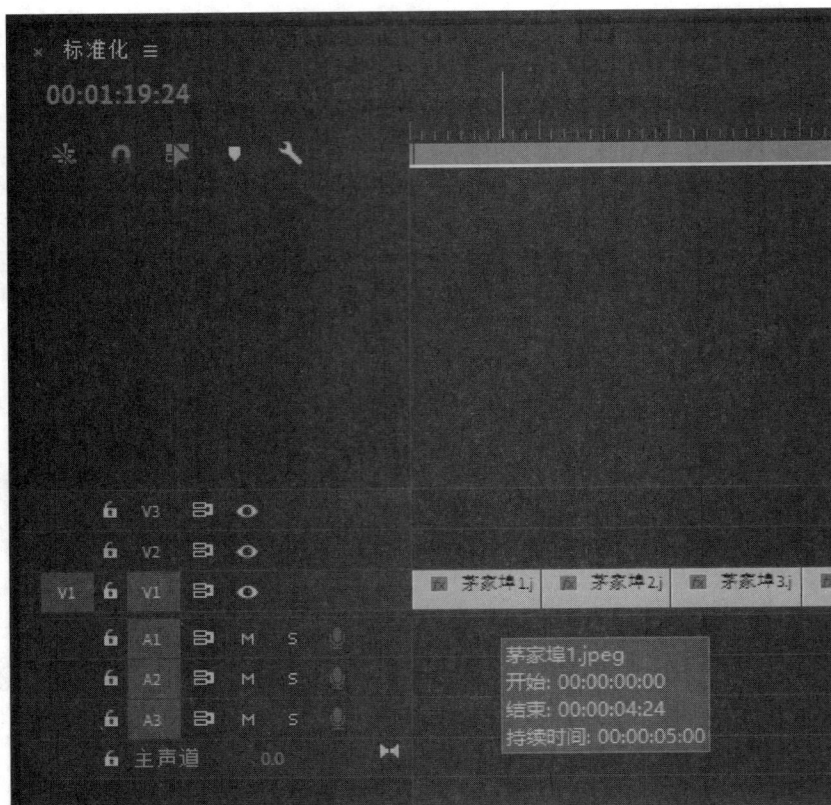

图 6-35　查看每张图片的持续时间

(10) 这时还发现每张图片都没有完整呈现，如图 6-36 所示。

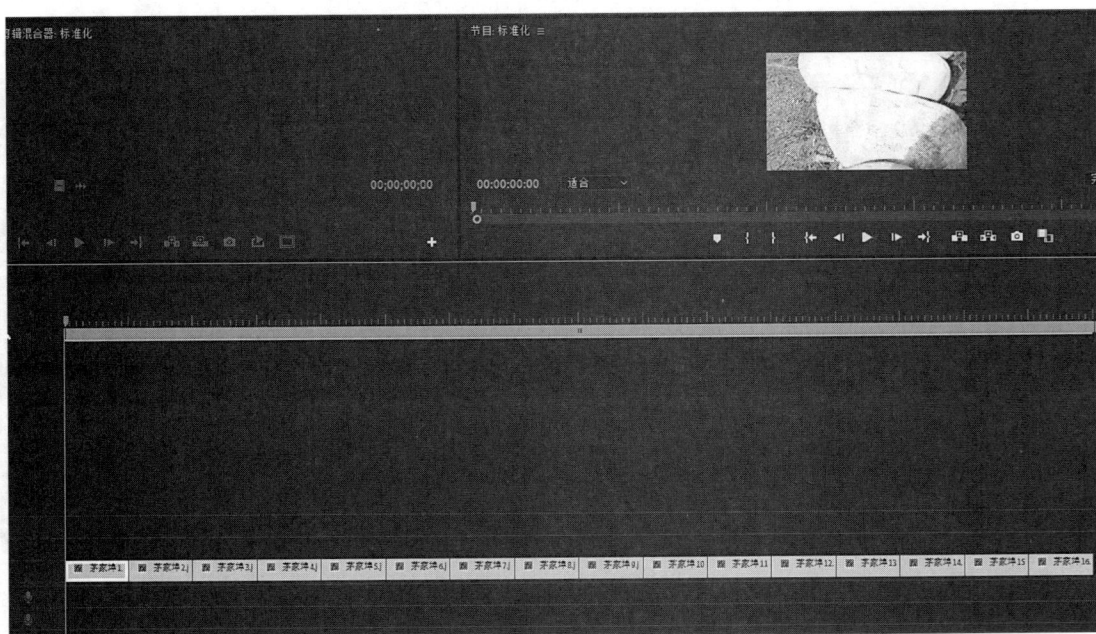

图 6-36　设置帧大小之前

(11) 在时间轴面板中将每一张图片右击，选择"缩放为帧大小"，如图 6-37 所示。

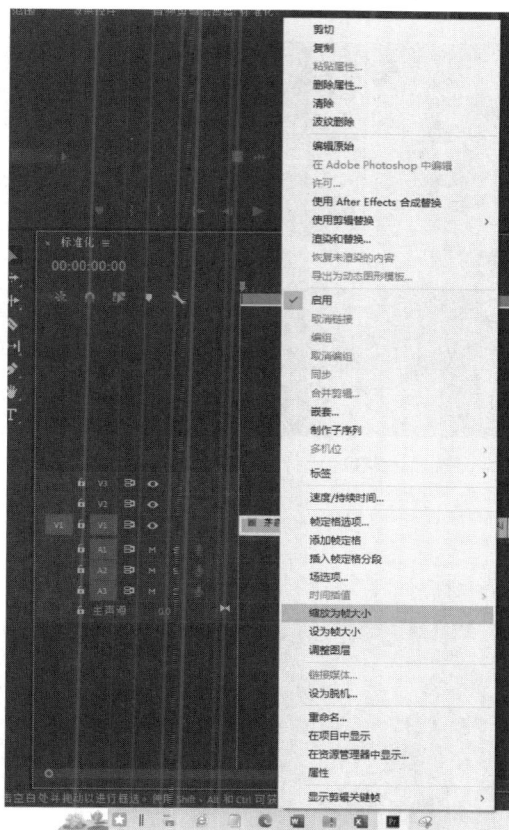

图 6-37　选择"缩放为帧大小"

(12) 图片设置帧大小后的效果，如图 6-38 所示。

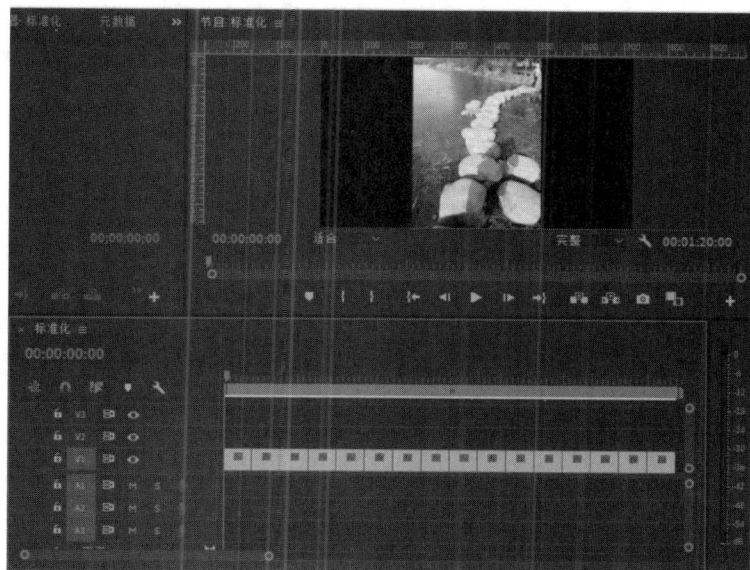

图 6-38　缩放为帧大小后的效果

(13) 将背景音乐.mp3 拖入"时间线""A1"轨道,单击"剃刀",将鼠标移到 V1 轨道结尾处,如图 6-39 所示。

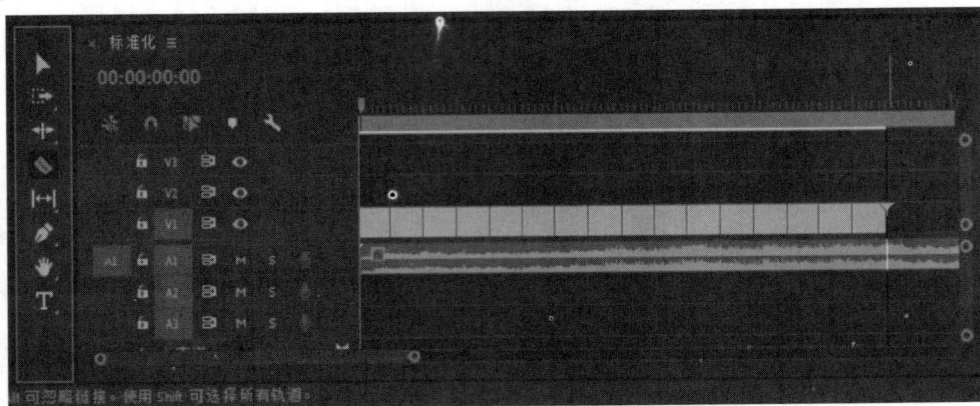

图 6-39　剃刀移到 V1 结尾处

(14) 当鼠标变为 时,单击将该音频切割为前后两段,操作完成后返回"选择"工具,然后再单击第二部分音频将后半段音频选中,如图 6-40 所示。

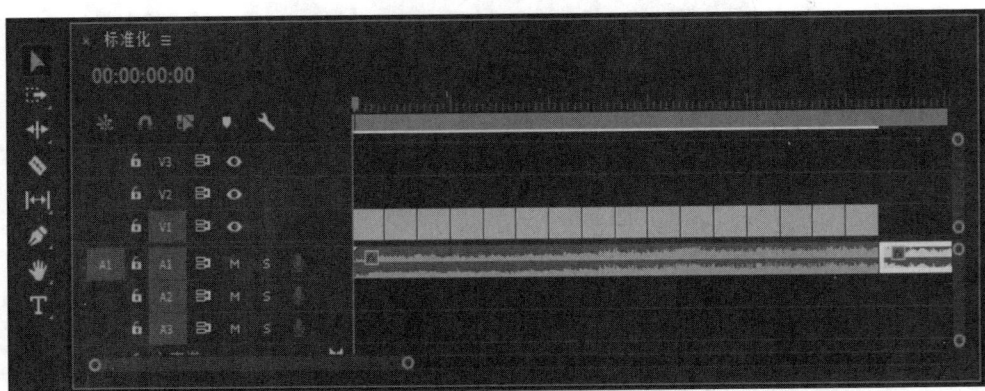

图 6-40　切割后选中

(15) 按 Delete 键将多余部分删除,如图 6-41 所示。

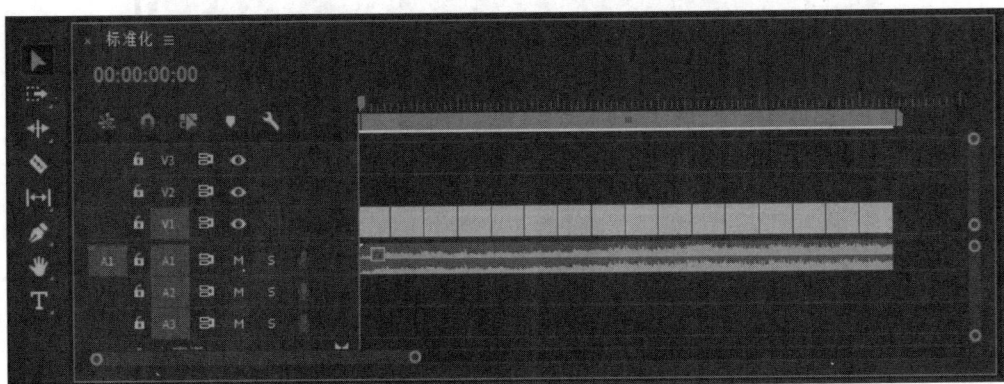

图 6-41　删除多余音乐

(16) 单击"效果"，右侧弹出"效果"面板，如图 6-42 所示。

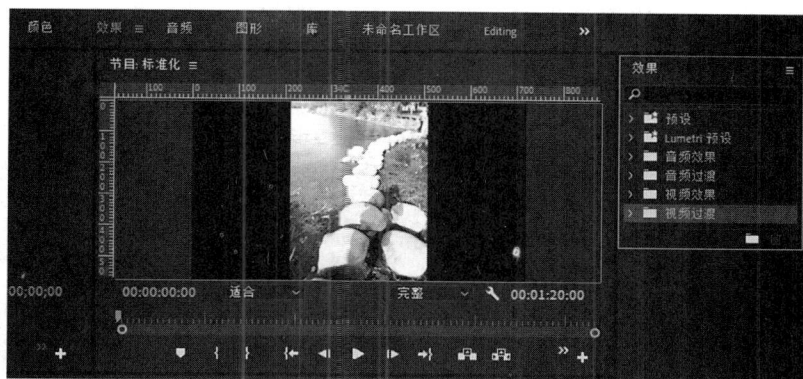

图 6-42　效果面板

(17) 单击展开"视频过渡"，共有 8 类过渡效果，单击"页面剥落"，如图 6-43 所示。

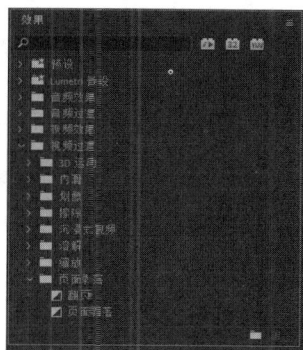

图 6-43　展开页面剥落

(18) 将"翻页"效果拖至茅家埠 1.jpeg 和茅家埠 2.jpg 之间的接缝处，变为中心切入时松开鼠标，设置过渡效果为"翻页"，如图 6-44 所示。

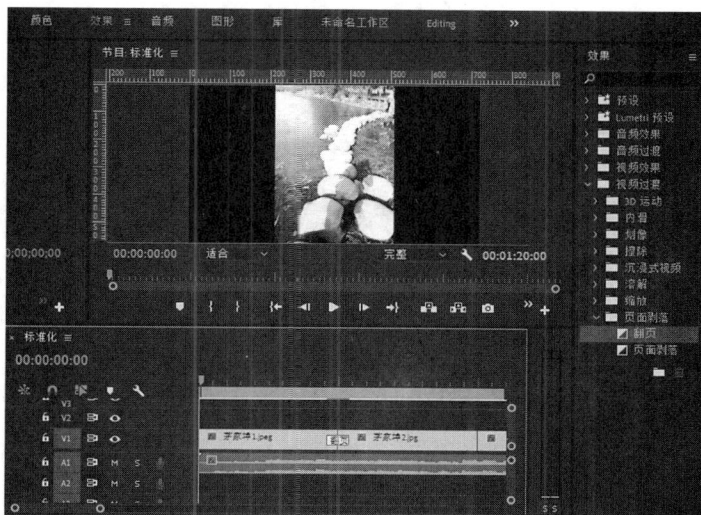

图 6-44　未设置效果

(19) 播放浏览该过渡效果，发现是从左上角往右下角翻页，调整翻页的起始位置为右下角：在该接缝处的翻页过渡效果上单击，选中该过渡效果，选中时该过渡效果为白色，并且会在左上角弹出效果控件面板，如图 6-45 所示。找到"图像 A 卷曲以显示下面的图像 B"下面的 ，单击该位置右下角白点处，即将默认的"自西北向东南"切换成为"自东南向西北"，这样就可以设置翻页从右下角到左上角翻。

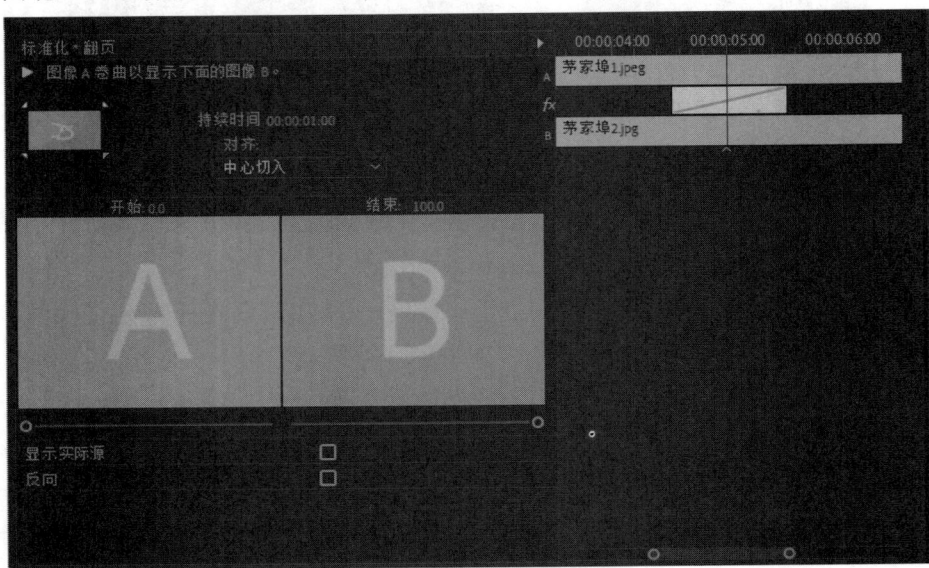

图 6-45　过渡效果图

(20) 勾选"显示实际源"和"反向"，设置过渡时间为 4 s，如图 6-46 所示。

图 6-46　设置翻页过渡具体参数

(21) 播放浏览过渡效果的视频，第 5 s 的画面如图 6-47 所示。

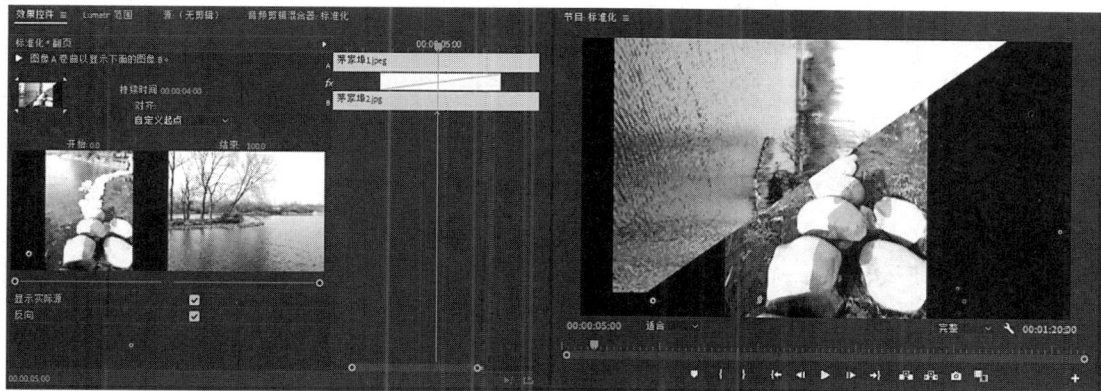

图 6-47 第 5 s 过渡效果

(22) 采用同样的方法，设置茅家埠 2.jpg 和茅家埠 3.jpg 为"翻页"效果。

(23) 设置茅家埠 3.jpg 和茅家埠 4.jpg 之间为"缩放"→"交叉缩放"，如图 6-48 所示。

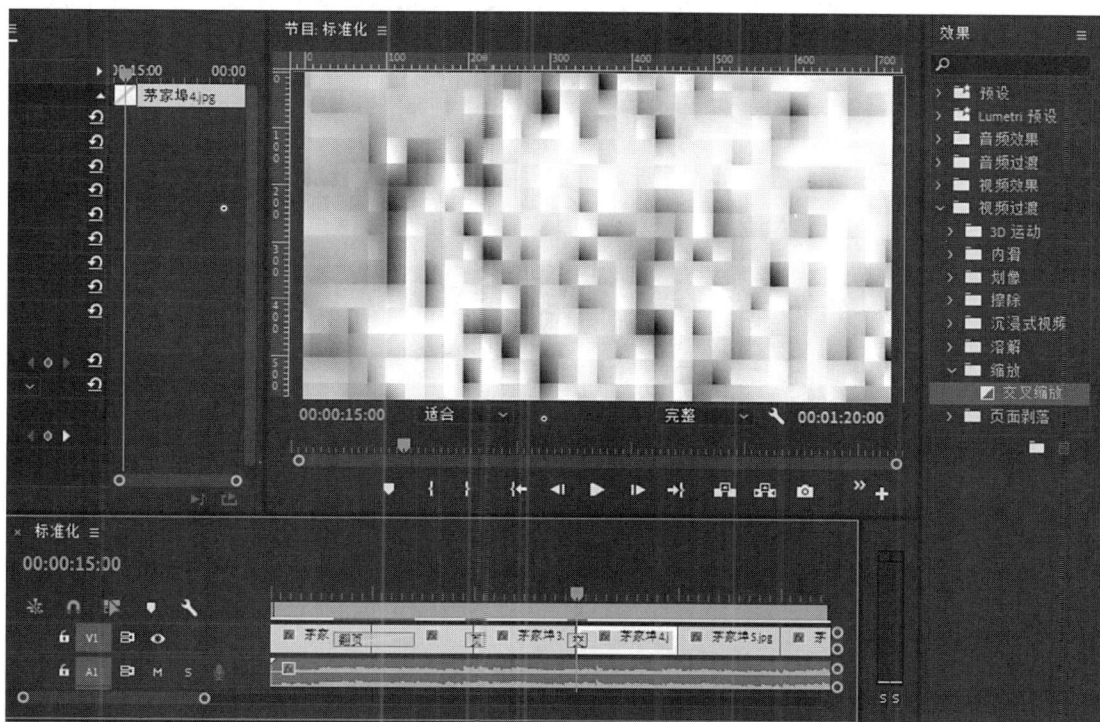

图 6-48 交叉缩放过渡效果

(24) 设置茅家埠 4.jpg 和茅家埠 5.jpg 为"3D 运动"→"立方体旋转"，默认旋转方向自西向东，选择"图像 A 旋转以显示图像 B，两幅图像映射到图像的两个面"，单击 ![图标] 上方小白点切换旋转方向为自南向北，自定义起点为 00:00:18:12，即先在时间轴定位到 00:00:18:12，然后在效果控件中移动视频过渡起点上，当鼠标变为红色侧山形 ![图标] 时拖动到 00:00:18:12 即可，这时持续时长自动变为 00:00:02:01，对齐也变为"自定义起点"，设置后效果如图 6-49 所示。

图 6-49　立体旋转过渡效果

(25) 设置茅家埠 5.jpg 和茅家埠 6.jpg 之间为"3D 运动"→"翻转",播放浏览,过渡效果如图 6-50 所示。

图 6-50　翻转效果

（26）设置视频过渡效果，设置方向为自南向北，如图 6-51 所示，单击"自定义"。

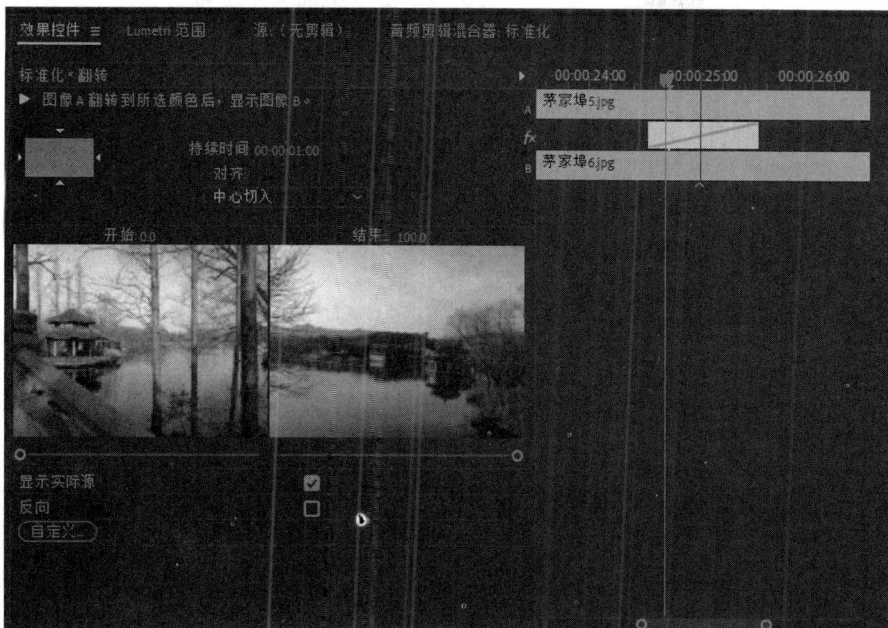

图 6-51　效果控件

（27）在弹出的"翻转设置"对话框中设置"带"为 4，如图 6-52 所示。单击"填充颜色"后的"色块"。

（28）在弹出的"拾色器"对话框中将填充颜色改为 #00ff00，如图 6-53 所示。

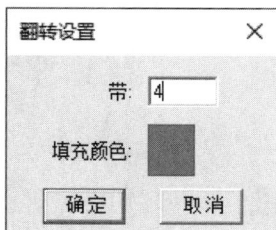

图 6-52　"翻转设置"对话框

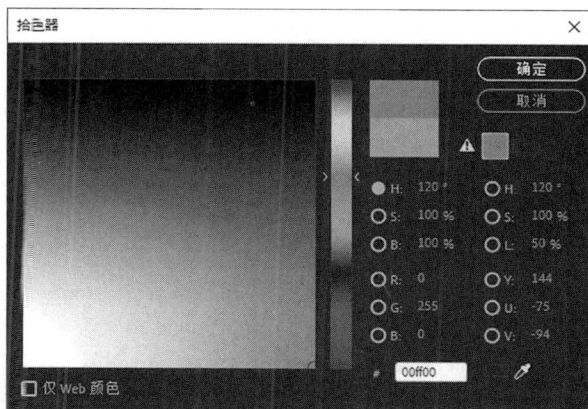

图 6-53　设置填充颜色

（29）单击"确定"后如图 6-54 所示。

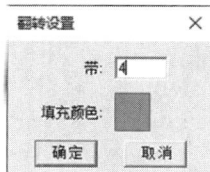

图 6-54　设置填充颜色后的"翻转设置"对话框

(30) 播放浏览，效果如图 6-55 所示。

图 6-55　设置翻转后的效果

(31) 设置茅家埠 6.jpg 和茅家埠 7.jpg 之间为"内滑"→"中心拆分"，播放浏览，过渡效果如图 6-56 所示。

图 6-56　中心拆分默认效果

(32) 在"效果控件"中设置"边框宽度"为 25.0，"边框颜色"为 #ff0000，勾选"反向"，效果如图 6-57 所示。

图 6-57　红色边框效果

(33) 设置茅家埠 7.jpg 和茅家埠 8.jpg 之间为"划像"→"菱形划像"，播放浏览，过渡效果如图 6-58 所示。

图 6-58　菱形划像效果

(34) 设置"对齐"为终点切入，效果如图 6-59 所示。

图 6-59　设置为终点切入

(35) 设置茅家埠 8.jpg 和茅家埠 9.jpg 之间为"擦除"→"棋盘"，播放浏览，过渡效果如图 6-60 所示。

图 6-60　设置为棋盘的默认播放效果

(36) 拖动"效果控件"右侧滑块到最底部，单击"自定义"，在弹出的"棋盘设置"对话框中设置"水平切片"为 16，"垂直切片"为 12，如图 6-61 所示。

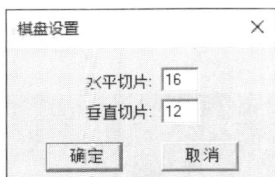

图 6-61　棋盘设置对话框

(37) 播放效果如图 6-62 所示。

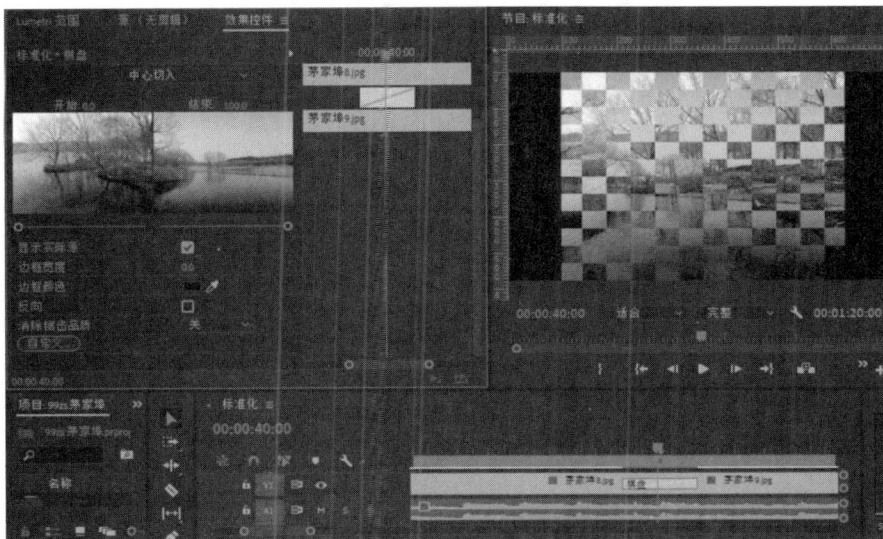

图 6-62　棋盘自定义设置后的效果

(38) 按住 Shift 键单击茅家埠 9.jpg 和茅家埠 10.jpg，使用 Ctrl+D 键，可以看到过渡效果被设置为"溶解"→"交叉溶解"，这是默认的视频过渡效果，如图 6-63 所示。

图 6-63　设置默认视频过渡效果

（39）打开"效果"对话框，在"视频过渡"中展开"溶解"，会发现"交叉溶解"是默认的选中状态，如图 6-64 所示。

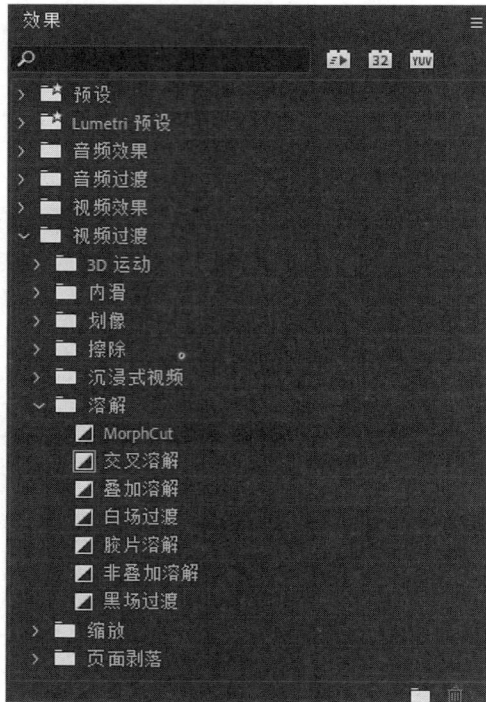

图 6-64　视频过渡默认效果

（40）可以选择喜欢的视频过渡效果为默认过渡。这里更改默认视频过渡效果为"溶解"→"黑场过渡"，如图 6-65 所示。

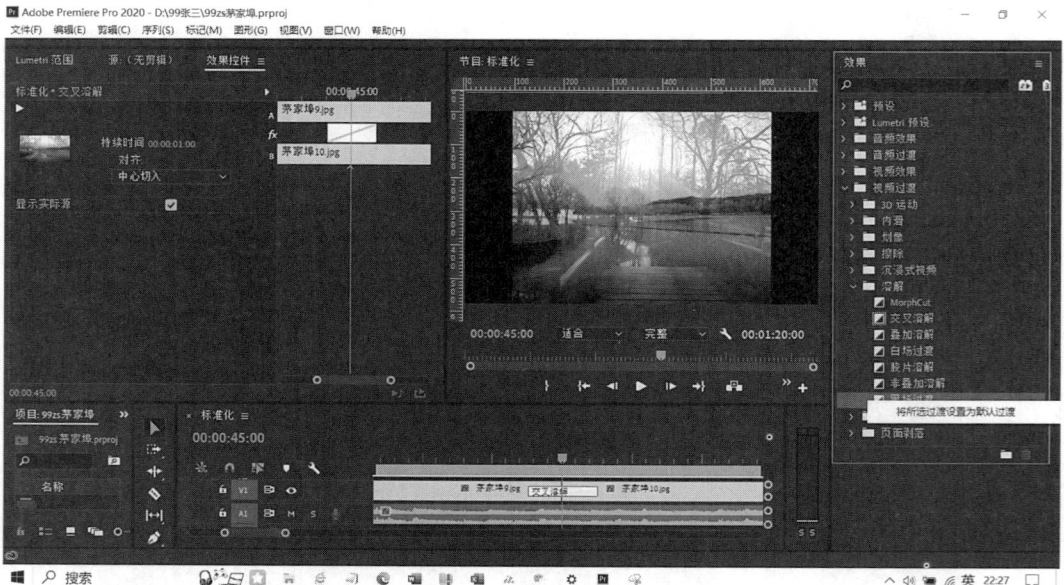

图 6-65　设置黑场过渡为默认视频过渡效果

(41) 设置成功后会发现黑场过渡变为默认选中状态，如图 6-66 所示。

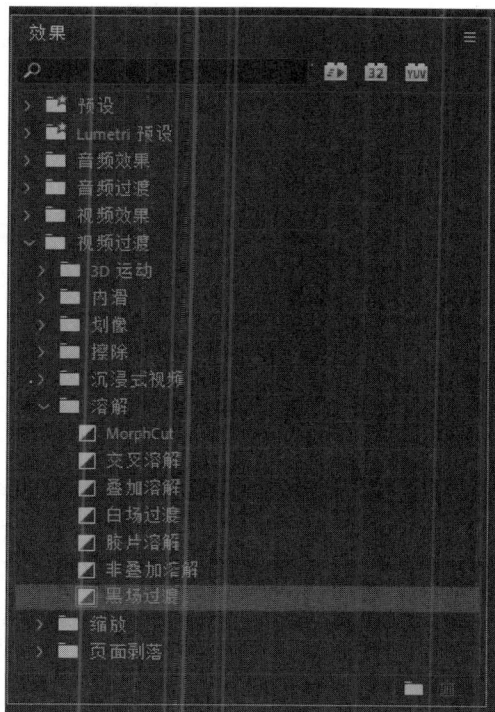

图 6-66　黑场过渡变为默认选中状态

(42) 按住 Shift 键单击茅家埠 10.jpg、茅家埠 11.jpg、茅家埠 12.jpg，使用 Ctrl+D 键，三张图片之间的过渡效果被设置为"渐隐为黑色"，也就是"黑场过渡"(名字不一样，是软件在汉化的时候出现的 bug)，如图 6-67 所示。

图 6-67　黑场过渡效果

(43) 设置茅家埠 12.jpg 和茅家埠 13.jpg 之间的过渡效果为"沉浸式视频"→"VR 光线",效果如图 6-68 所示。

图 6-68　VR 光线视频过渡效果

(44) 将"起始点"设置为(2250,100),"结束点"设置为(1699,296),"光线长度"为 36,"亮度阈值"为 51.00,"曝光"为 15.00,"溶解长度"为 15,效果如图 6-69 所示。

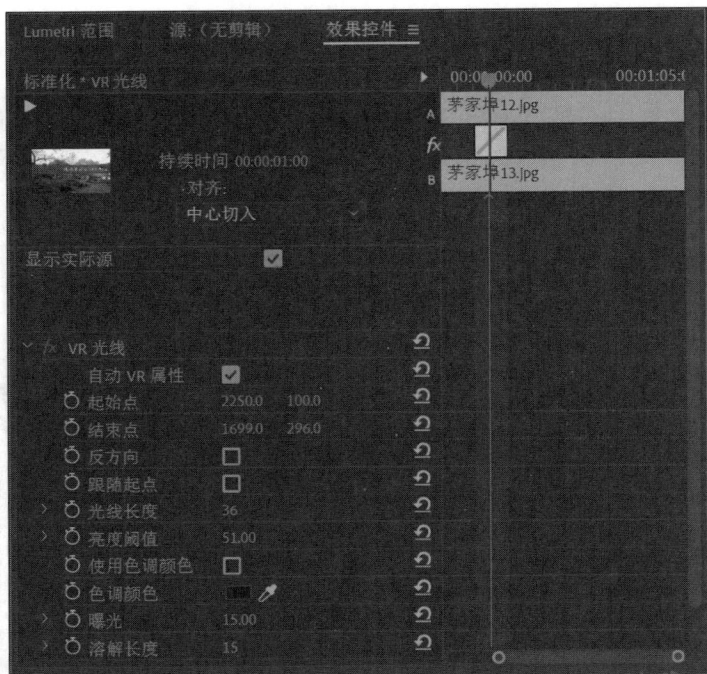

图 6-69　VR 参数设置

（45）设置茅家埠 13.jpg 和茅家埠 14.jpg 之间的视频过渡为"沉浸式视频"→"VR 漏光"，默认效果如图 6-70 所示。

图 6-70　VR 漏光默认效果

（46）设置"泄漏基本色相"为 60，"泄漏频谱宽度"为 25，"泄漏强度"为 50，"泄漏曝光度"为 20，"溶解长度"为 20，"旋转点"为(199，187)，"旋转角度"为 90°，"随机植入"为 80，效果如图 6-71 所示。

图 6-71　VR 漏光修改后效果

(47) 设置茅家埠 14.jpg 和茅家埠 15.jpg 之间过渡效果为"沉浸式视频"→"VR 默比乌斯缩放",效果如图 6-72 所示。

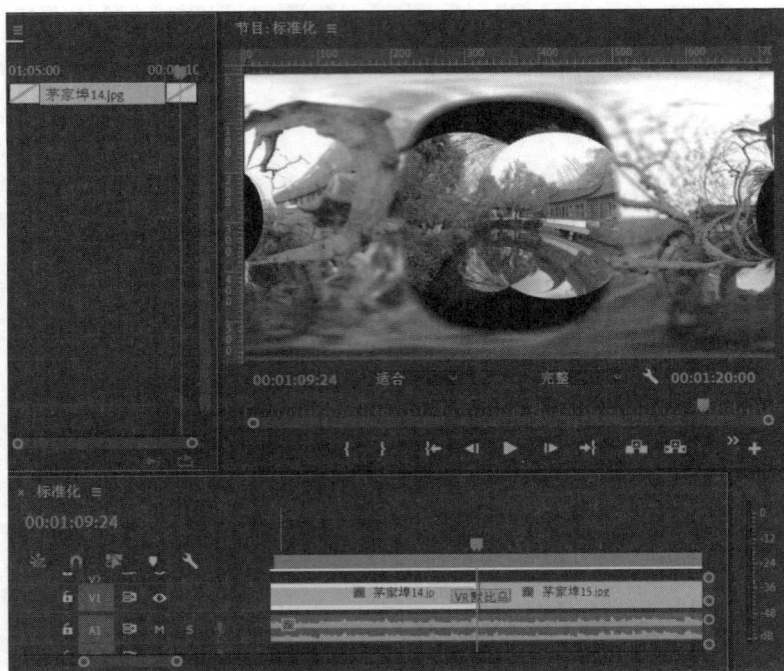

图 6-72　VR 默比乌斯缩放过渡默认效果

(48) 设置"缩小级别"为 50,"放大级别"为 3,"目标点"为(200,200),"羽化"为 0.20,效果如图 6-73 所示。

图 6-73　VR 默比乌斯缩放修改后效果

(49) 设置茅家埠 15.jpg 和茅家埠 16.jpg 间视频过渡效果为"沉浸式视频"→"VR 球形模糊"，效果如图 6-74 所示。

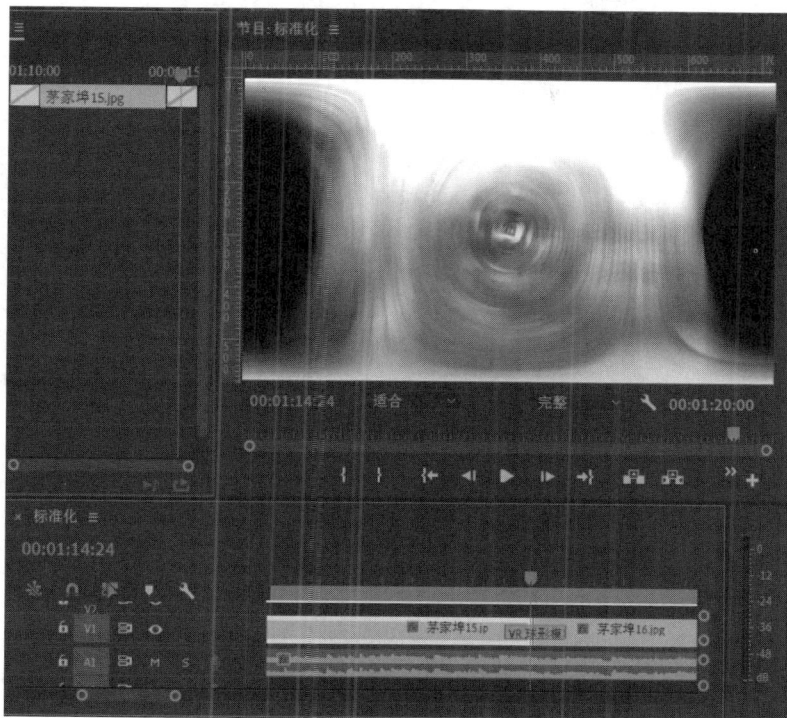

图 6-74　VR 球形模糊默认效果

(50) 设置"模糊强度"为 10，"曝光"为 5，效果如图 6-75 所示。

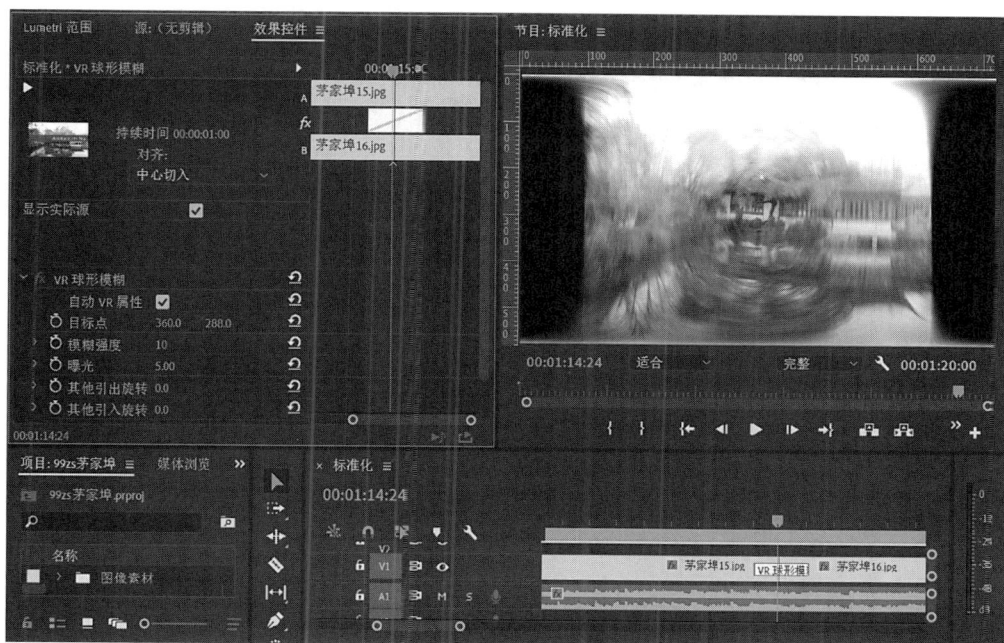

图 6-75　VR 球形模糊修改后效果

(51) 设置茅家埠 16.jpg 后为"溶解"→"胶片溶解",效果如图 6-76 所示。

图 6-76　胶片溶解效果

(52) 回到 00:00:00:17,设置茅家埠 1.jpeg 开场为"缩放"→"交叉缩放",效果如图 6-77 所示。

图 6-77　交叉缩放效果入场

（53）播放浏览整个视频，使用 Ctrl＋S 键保存项目文件。

（54）选择"文件"→"导出"→"媒体"，导出结果为"学号姓名茅家埠.mp4"，如图 6-78 所示。

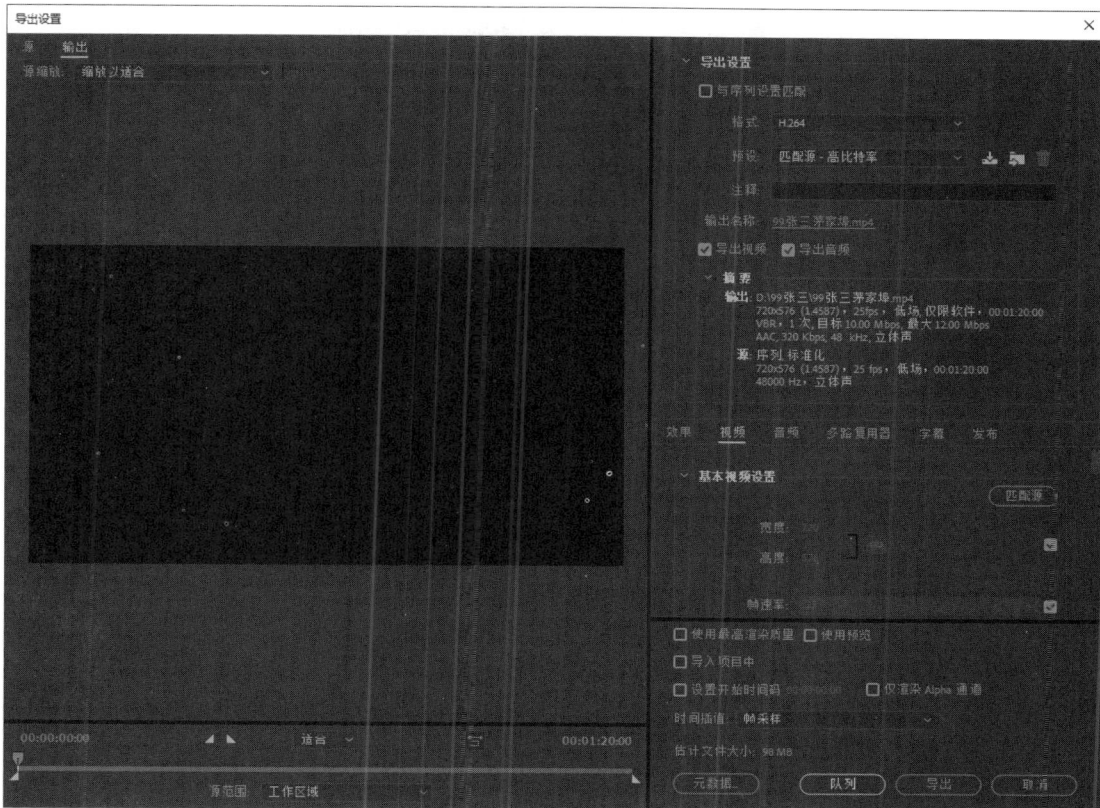

图 6-78　"导出设置"对话框

（55）单击"文件"→"关闭项目"，将原来的项目关闭。导出文件如图 6-79 所示。

名称	修改日期	类型	大小
茅家埠	2024/3/25 21:46	文件夹	
99zs茅家埠.prproj	2024/3/26 0:33	Adobe Premiere...	57 KB
99张三茅家埠.mp4	2024/3/26 0:40	MP4 文件	59,798 KB

图 6-79　99 张三截图

技巧点亮

默认视频过渡效果更改和设置

（1）在喜欢的视频过渡效果上右击，单击弹出的"将所选过渡设置为默认过渡"，即可更改系统的默认视频过渡效果，如图 6-80 所示。

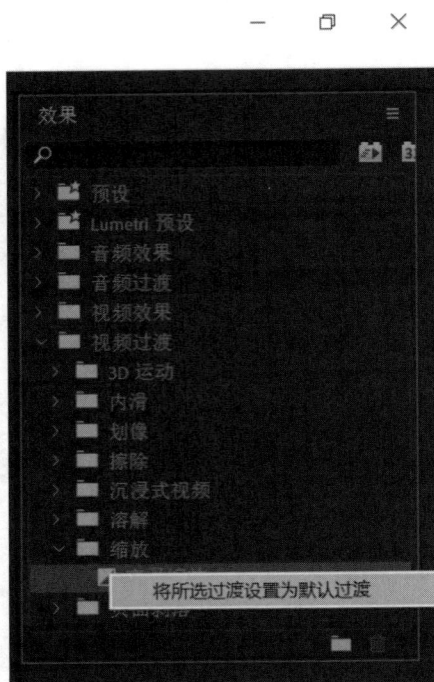

图 6-80   将视频过渡设置为默认过渡效果

(2) 选中需要使用的场合，使用 Ctrl+D 键即可将默认视频过渡效果应用到选中的场合。

课外拓展

(1) 观看 mooc 上的对应视频，并完成讨论和习题。
(2) 如果不喜欢这个过渡效果，怎么更换？
(3) 根据提供的素材，完成对应的实训练习。

项目 7　字　　幕

项目导入

字幕的使用是非常多样化的，日常听歌曲时可以看见歌曲名称、演唱者、歌词、乐队名称、致谢等信息，需要时还可以发弹幕。下面以 Eagle 在一次直播讲解英文歌曲《Auld Lang Syne》为例介绍字幕的制作。(注：本项目中所有的素材已取得 Eagle 本人授权。)

本项目综合了文字路径字幕(开始歌曲名称)、滚动字幕(闭幕滚动字幕)、字幕的动态移动效果(弹幕)等操作，将字幕的高级应用在一起展示。

知识储备

一、字幕定义

字幕是指以文字形式显示视频作品中的对话等非影像内容，如片名、歌词、对话、演职员表、人物、地点、背景等。字幕可为视频增加价值，提高观看者的参与度。

二、Pr 字幕种类

Pr 字幕可按不同的方式进行分类。

1. 按播放适用场合分类

(1) 开放式字幕：最常见的字幕。大多数视频都采用这种字幕。字幕成为视频画面的一部分，无法关闭、无法去除。Pr 支持 .srt 等格式的字幕文件。

(2) 隐藏式字幕：不常使用，一般是给听力有障碍或者在无音条件下观看节目的观众等特殊情况准备的，俗称 CC 字幕(Closed Caption)。Pr 支持 .scc、.mcc、.xml、.stl 等隐藏式文件格式，隐藏式字幕可转换为开放式字幕，反之则不行。

CC 字幕是国际标准化组织 ISO 所制定的标准，欧美国家已经普及。使用普通电视机遥控器上的"CC"按钮就可以开启或关闭 CC 字幕。CC 字幕一般包含以下 5 种类型：

(1) 开放字幕(Open Subtitling)：是一种与开放式字幕相对立的隐藏式字幕，是较常用的隐藏式字幕，无法关闭，直接嵌入视频。

(2) CEA-608：模拟电视常用标准。

(3) CEA-708：美国和加拿大的数字电视所支持的标准。

(4) 图文电视：一般用于 PAL 制式的国家。

(5) 澳大利亚：用于澳大利亚广播电视的 OP4T2 标准。

2. 按是否滚动分类

(1) 静态字幕：文本字幕、旧版标题字幕等。

(2) 动态字幕：水平滚动字幕、垂直滚动字幕等。

注意：旧版标题是以后不支持的字幕创建形式，要加强对图形字幕的学习，以后旧版标题字幕将直接被处理为图形字幕，图形字幕是关注的重点。

任务实训

任务 1　添加静态字幕

添加静态字幕

任务目标

本任务通过给图片添加静态字幕，掌握 Pr 旧版标题的使用流程和字幕的基本使用方法。

任务实施

中华优秀传统文化总是令人向往的，在传统文化中，"梅""兰""竹""菊"是花中四君子。下面以"红梅"素材来学习静态字幕的制作。

(1) 新建项目，名称为学号姓名静态字幕(如 99 张三静态字幕)，存到 D 盘的学号姓名文件夹中(如 99 号张三为 99 张三)。

注意：本任务静止图像的持续时间为 2 s。

(2) 将素材按顺序拖入轨道，如图 7-1 所示。

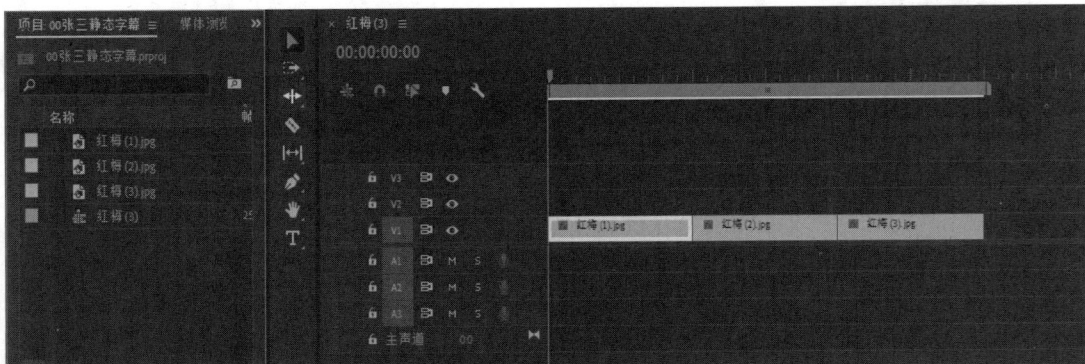

图 7-1　将素材拖入轨道

(3) 选择"文件"→"新建"→"旧版标题..."(如图7-2所示),进入"新建字幕"对话框,如图7-3所示。设置"名称"为字幕01,单击"确定"。

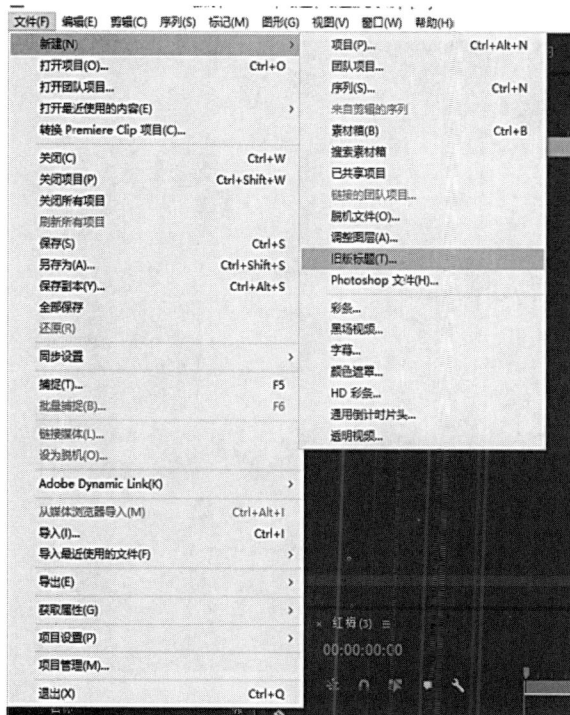

图 7-2　新建旧版标题

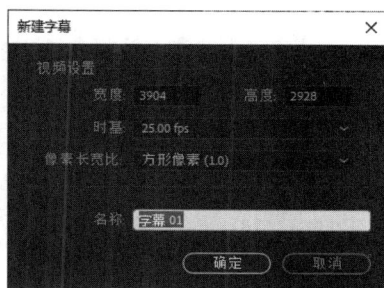

图 7-3　"新建字幕"对话框

(4) 进入"字幕:字幕01"设置框,工具栏中的"T"变色表明打字功能被激活,可以直接用鼠标在需要的地方单击,当出现闪烁的白色竖线时即可开始打字,输入"红梅"两字,如图7-4所示。

图 7-4　打字

（5）仔细观察，发现"红梅"两字较小，单击上方的 iT 100.0 ，调整数据直到字体大小合适，这里为370，如图7-5所示。

图 7-5　调整字体大小

（6）此时发现"红"字显示为"□"，表明目前对应的字体系列中不包含该字，需要调整字体系列，这里调整为隶书，如图7-6所示。

图 7-6　更改字体

(7) 调整后"红"字可正常显示，如图 7-7 所示。

图 7-7　字体正常显示

(8) 单击工具栏左上角的 ▶，退出打字状态，选中"红梅"两字，将其向右下方向拖移，如图 7-8 所示。然后勾选"填充"，设置字体颜色。

图 7-8　调整字体位置

(9) 单击颜色后的白色方框，调出"拾色器"对话框，如图 7-9 所示。

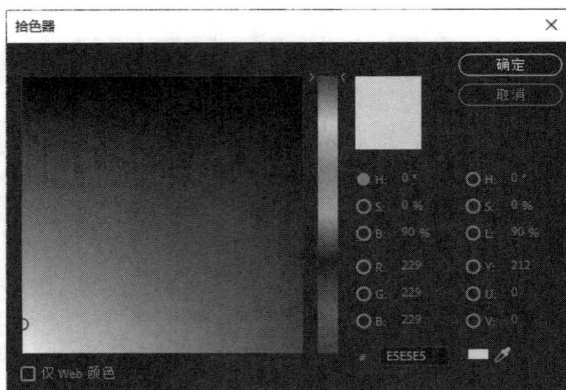

图 7-9 "拾色器"对话框

(10) 调整字体颜色为 R:93、G:207、B:176，如图 7-10 所示，单击"确定"。

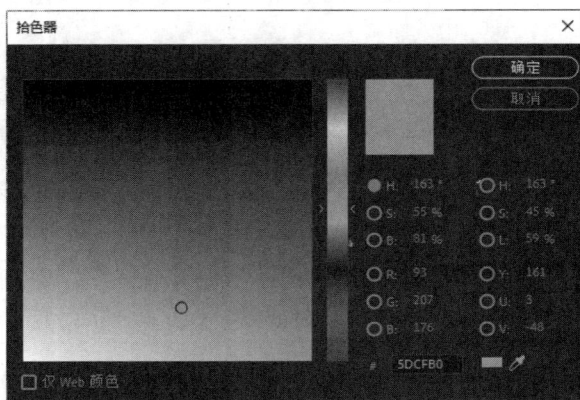

图 7-10 调整字体颜色

(11) 效果如图 7-11 所示。

图 7-11 字体颜色效果

(12) 存盘后关闭该窗口。这时字幕 C1 出现在素材窗口，将它拖入 V2 轨道，当鼠标变为向左的山字形时拖动它，将字幕长度缩短至 1 s，如图 7-12 所示。

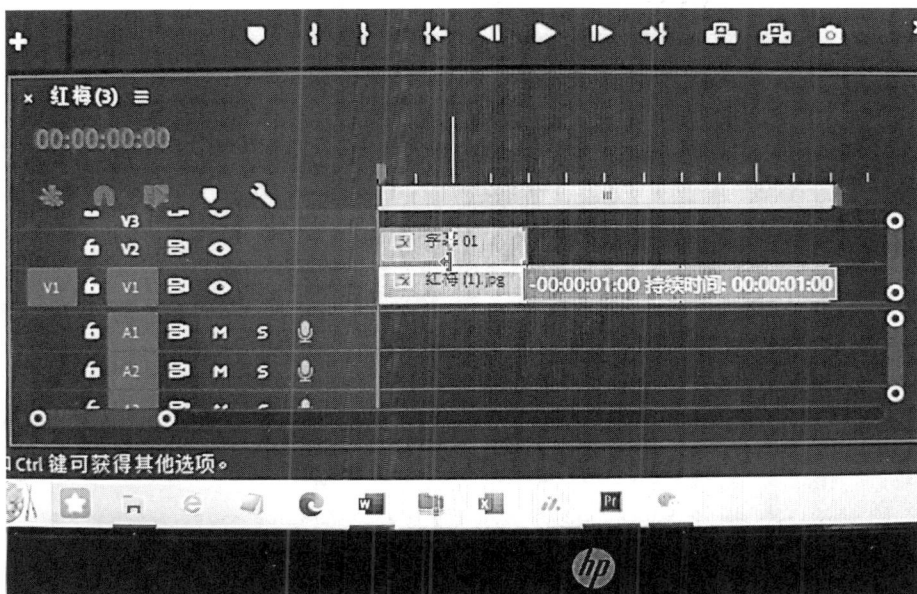

图 7-12　使用字幕效果

(13) 播放浏览，会发现前 1 s 有字幕，后面没有字幕，如图 7-13 所示。

图 7-13　最终效果

（14）在"时间码"中输入 0424 后按回车键，定位到 4 秒 24 帧。选择"文件"→"新建"→"旧版标题"，添加"字幕 02"，一直到视频结束，如图 7-14 所示。

图 7-14　新建字幕 02

（15）单击"T"，输入内容为"李四老师——00 张三"，"字体系列"为华文隶书，"填充类型"为四色渐变，"色彩到色彩"为左上角纯白色，右上角#ffff00，左下角纯青色，右下角纯蓝色，字体大小调整合适，放至右下角，如图 7-15 所示。

图 7-15　字幕 02 内容与设置

(16) 保存后将字幕 02 拖至 4 秒 24 帧一直到视频结束，如图 7-16 所示。

图 7-16　字幕 02 最终效果

(17) 如果找不到旧版标题属性，则右击图 7-17 中"字幕：字幕 02"右侧图标即可调出属性对话框。

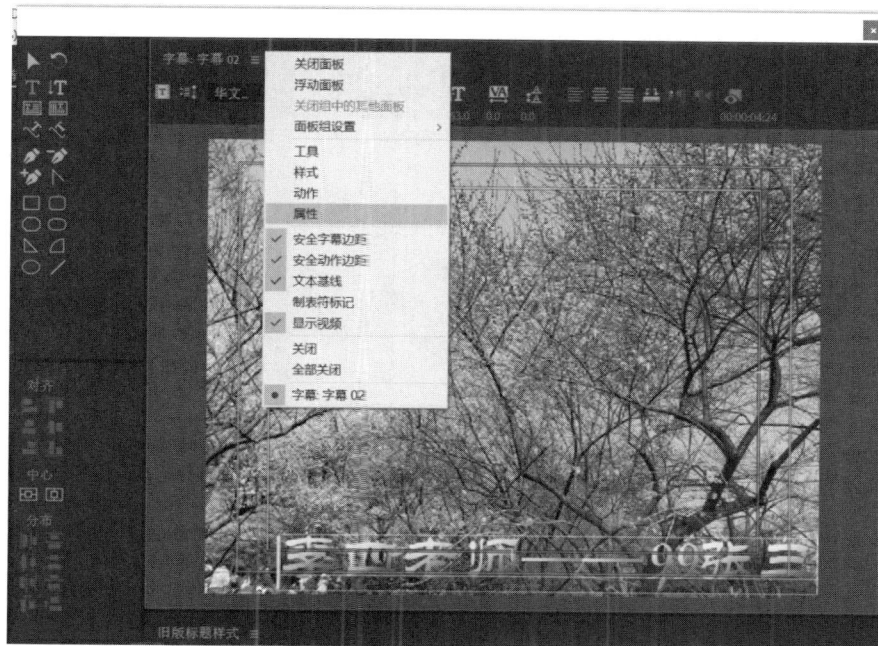

图 7-17　调出属性

(18) 播放浏览整个视频，再次修剪不合逻辑的地方。

(19) 保存项目文件。

任务 2 添加直播字幕

添加直播字幕

任务目标

本任务通过给一个歌曲直播节目添加字幕，让读者掌握 Pr 基本字幕的使用流程、开放式字幕和滚动字幕等的基本使用方法。

任务实施

本任务以一名教师在抖音平台上讲授"外文歌曲赏析"课为素材来讲解直播字幕的添加。

(1) 新建项目，命名为学号姓名直播字幕(如 99 张三直播字幕)，存到 D 盘的学号姓名文件夹中(如 99 号张三为 99 张三)。

(2) 导入素材"eagle1.mp4"。

(3) 在"项目"窗口中右击该视频，选择"属性"，查看该视频的属性，如图 7-18 所示。该视频的"帧速率"为 15.00，"图像大小"为 720×1280。

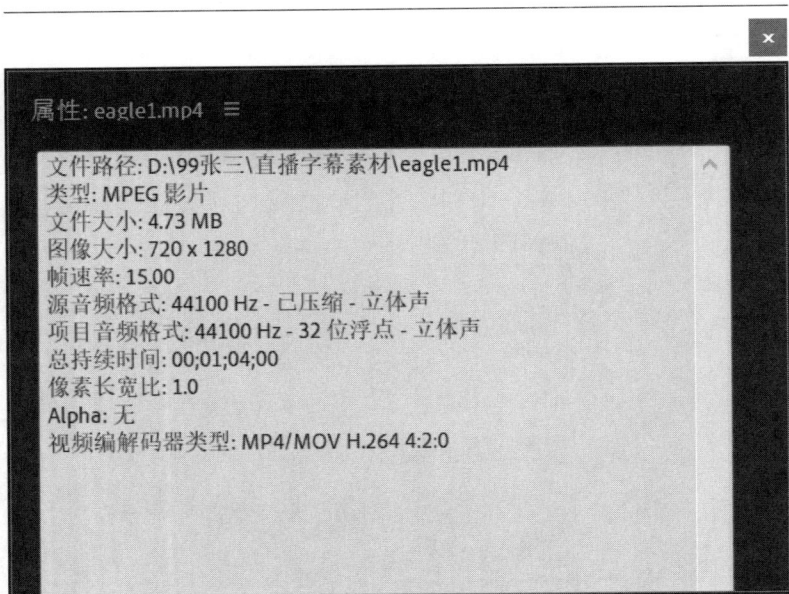

属性: eagle1.mp4 ≡

文件路径: D:\99张三\直播字幕素材\eagle1.mp4
类型: MPEG 影片
文件大小: 4.73 MB
图像大小: 720 x 1280
帧速率: 15.00
源音频格式: 44100 Hz - 已压缩 - 立体声
项目音频格式: 44100 Hz - 32 位浮点 - 立体声
总持续时间: 00;01;04;00
像素长宽比: 1.0
Alpha: 无
视频编解码器类型: MP4/MOV H.264 4:2:0

图 7-18 eagle1.mp4 属性图

(4) 在"项目"面板空白处右击，选择"新建项目"→"序列…"，如图 7-19 所示。

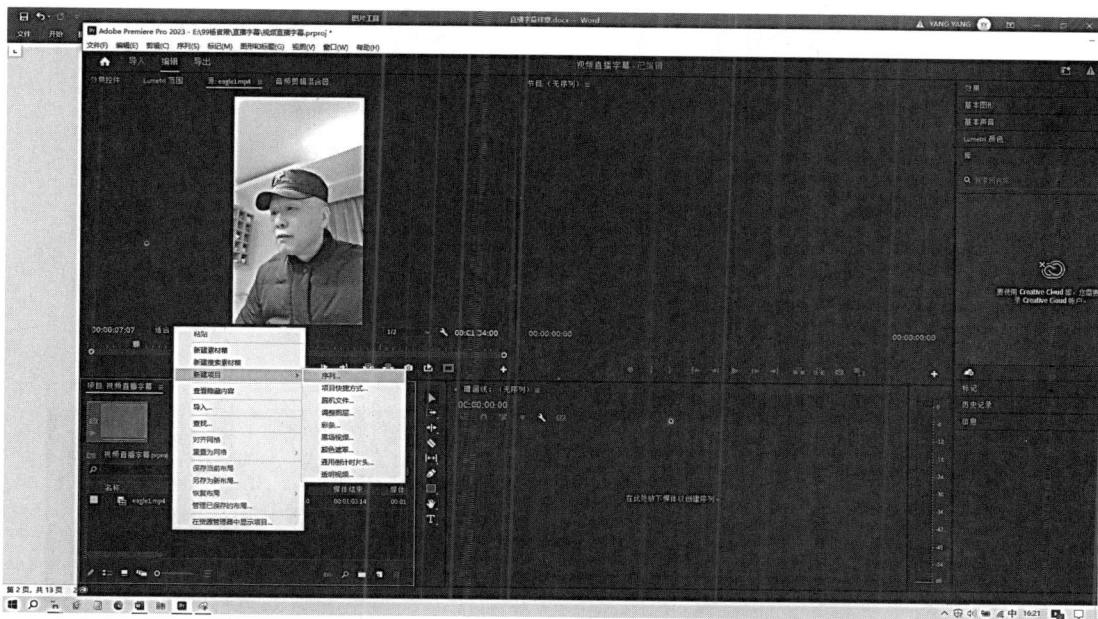

图 7-19　新建序列

（5）弹出"新建序列"对话框，将"可用预设"设置为 DV-PAL 的标准 48 kHz，单击"确定"，如图 7-20 所示。

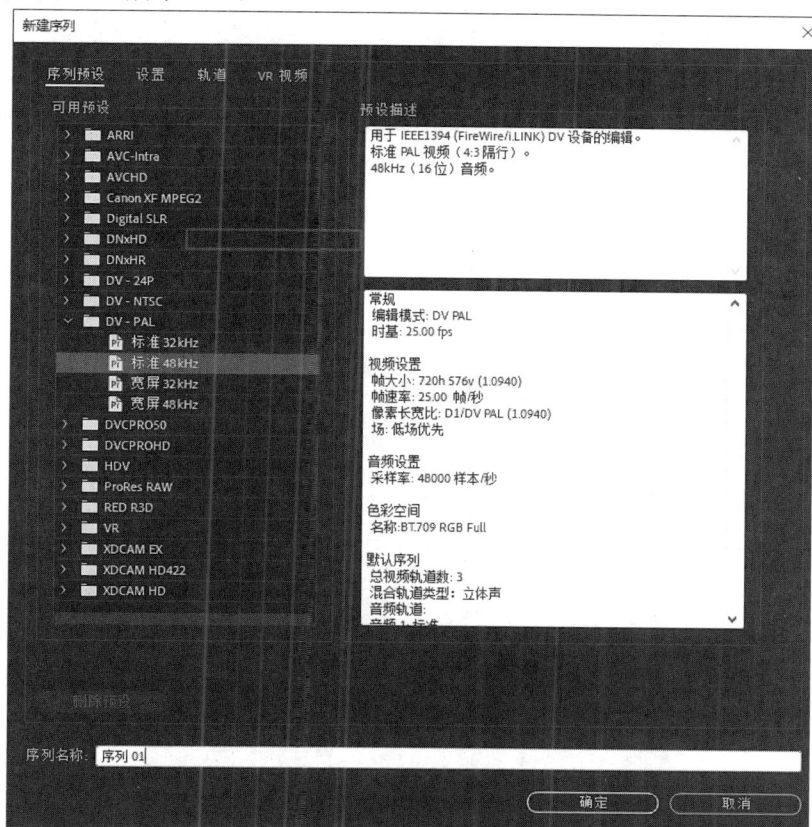

图 7-20　"新建序列"对话框

(6) 将 eagle1.mp4 拖到右侧时间轴的序列 01 中，在弹出的"剪辑不匹配警告"对话框中选择"保持现有设置"，如图 7-21 所示。

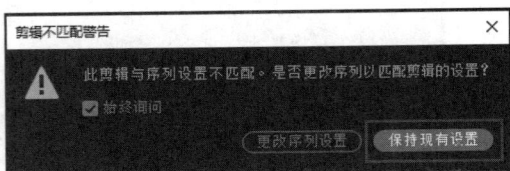

图 7-21　"剪辑不匹配警告"对话框

(7) 拖入序列后的效果如图 7-22 所示。

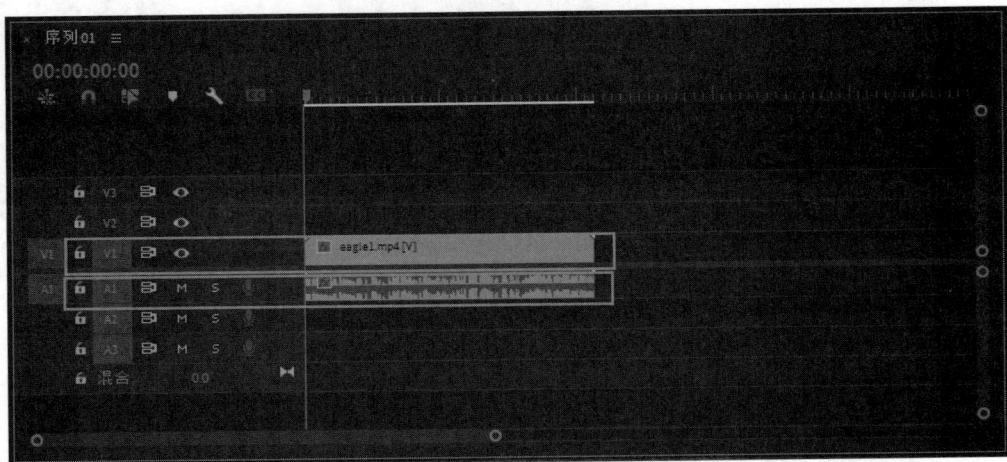

图 7-22　拖入序列后的效果

(8) 选择"文件"→"新建"→"字幕"，在弹出的"新建字幕"对话框中按图 7-23 所示设置参数，单击"确定"。

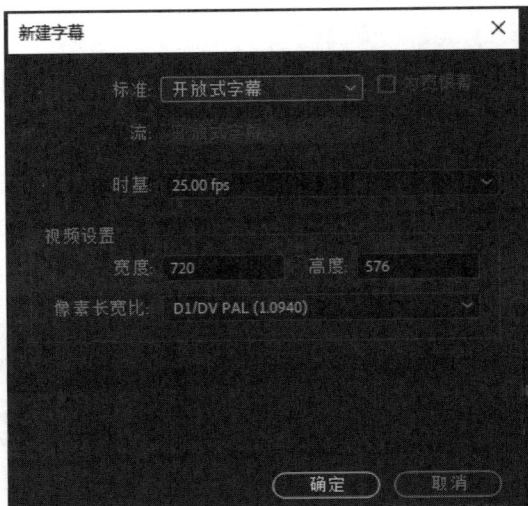

图 7-23　"新建字幕"对话框

(9) 在"素材"面板中出现字幕项，如图 7-24 所示。

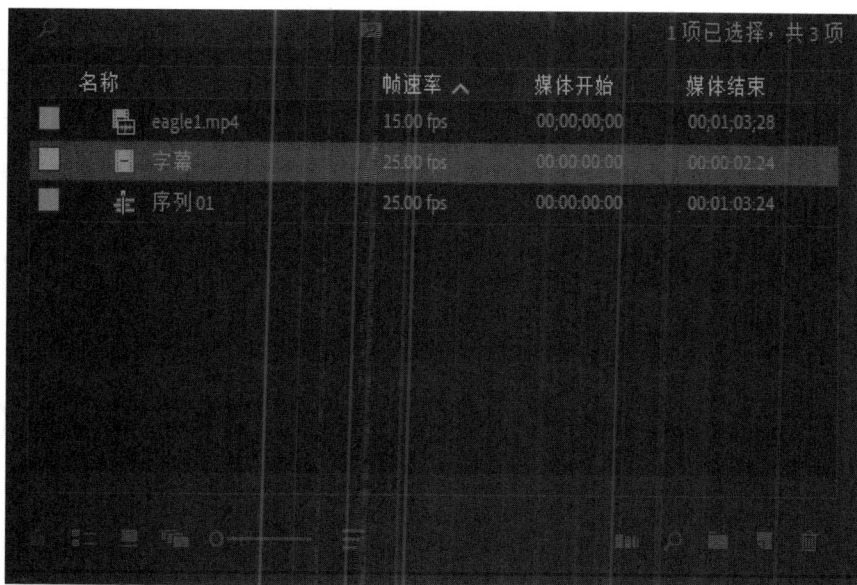

图 7-24　字幕项

(10) 双击字幕项，进入字幕具体设置界面，如图 7-25 所示。

图 7-25　字幕具体设置界面

(11) 输入事先识别好的视频声音内容，见素材文件夹中"直播字幕参考文字.txt"，将第一条内容"syne"复制到"在此处键入字幕文本"处，设置大小为 30、x:9.2%、y:80.04%，入点为 00:00:00:00，出点为 00:00:01:17。确认无误后再单击右下角的"＋"，依次添加后续字幕，并根据视频内容设置每条字幕对应的入点和出点(至少 8 条，确认完全做好上一条再添加下一条，前 5 条如图 7-26 所示。

　　　注意： 在操作过程中要经常使用 Ctrl + S 键进行存盘，养成好习惯。

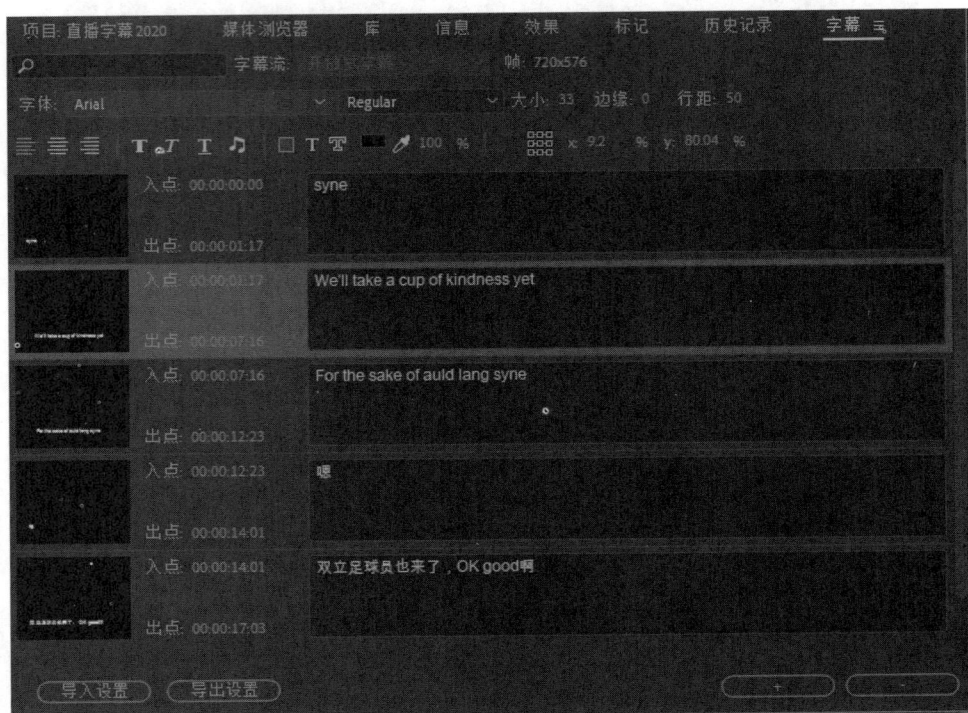

图 7-26　添加后续字幕

(12) 进行浏览，发现字幕背景过黑，如图 7-27 所示。

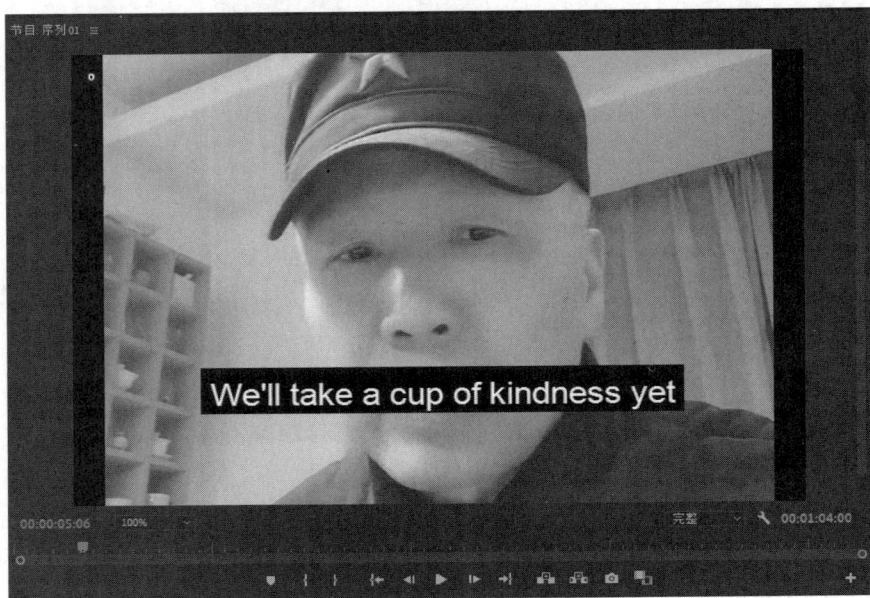

图 7-27　开始效果图

(13) 选中字幕，单击"效果控件"，将"不透明度"调为 30%，如图 7-28 所示。

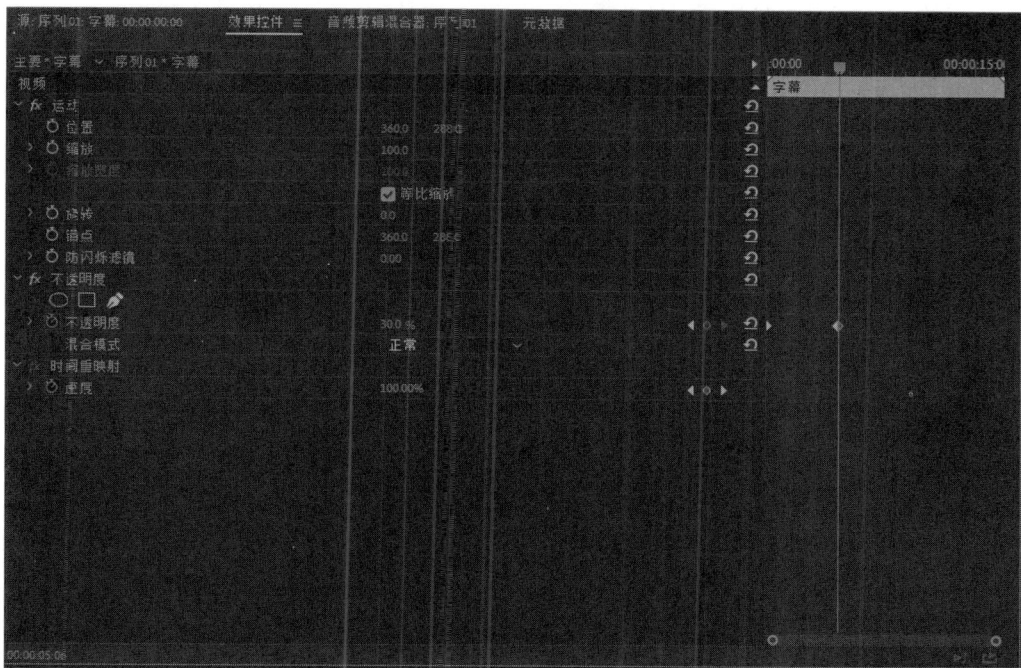

图 7-28　字幕效果选项

(14) 设置后的效果如图 7-29 所示，视觉效果较好一些。

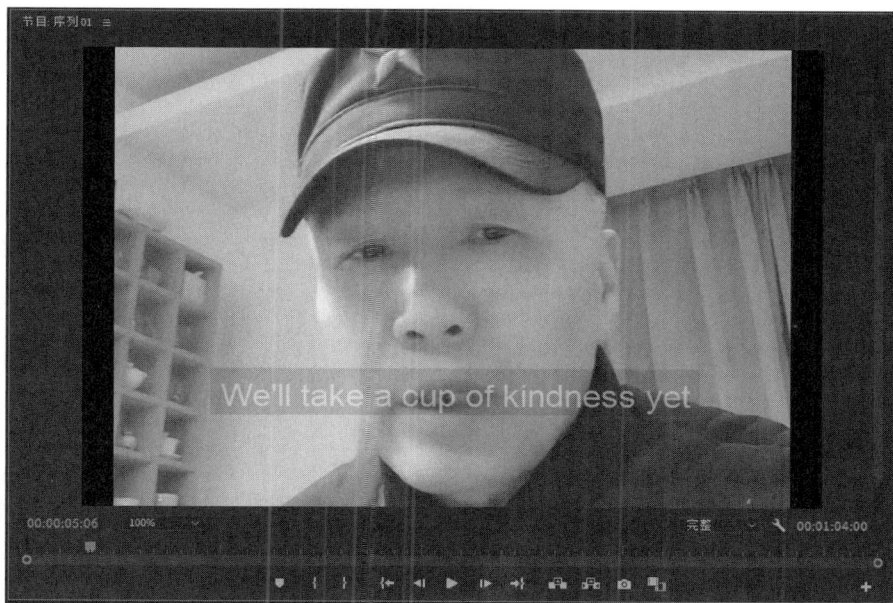

We'll take a cup of kindness yet

图 7-29　不透明效果图

(15) 定位至 00:00:18:00 处，做一个文字路径字幕，选择"文件"→"新建"→"旧版标题"，弹出"新建字幕"对话框，设置"名称"为字幕 01，单击"确定"，如图 7-30 所示。

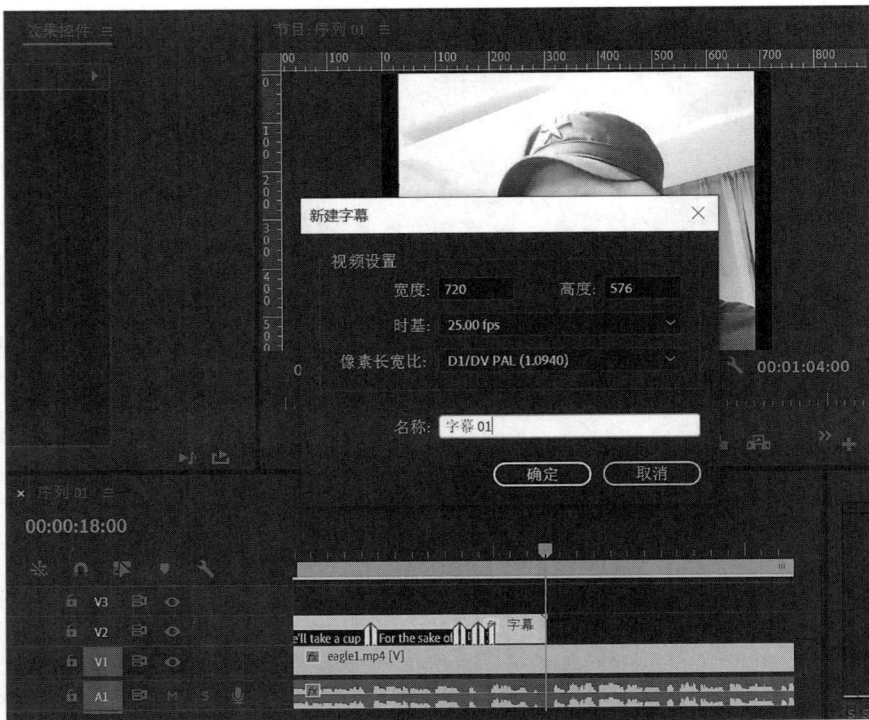

图 7-30　添加文字路径字幕

(16) 弹出"字幕: 字幕 01"设置窗口, 如图 7-31 所示。

图 7-31　字幕设置窗口

(17) 单击"路径文字"工具, 绘制出路径, 调整曲线弧度和位置, 再单击"选择"工具，调整整体位置。单击"路径文字"工具，输入文字"欢迎你们"，设置"字体系列"为幼圆、"字体大小"为89、"颜色"为纯黄色，如图7-32所示。

图 7-32　文字路径设置效果

(18) 拖动字幕 01 到 V3 轨道，从 00:00:18:00 到 00:00:19:02，进行浏览，再次调整，并保存。

(19) 制作弹幕，定位至 00:00:07:16 处，单击"文字工具"，输入"呱唧呱唧"，如图 7-33 所示。

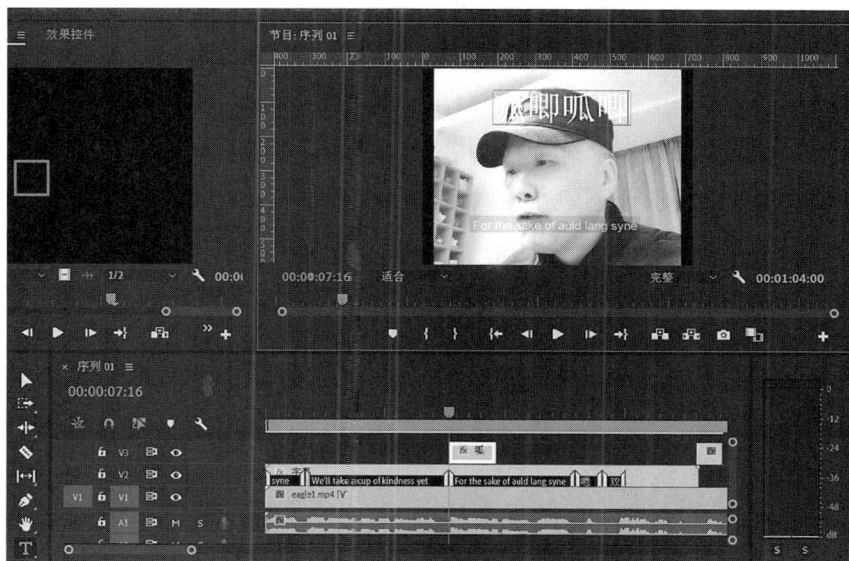

图 7-33　水平弹幕制作

(20) 设置"位置"为(686.8，122.1)，"文本"为 SimSun、100，"外观"中勾选"填充"且为红色，具体参数如图 7-34 所示。

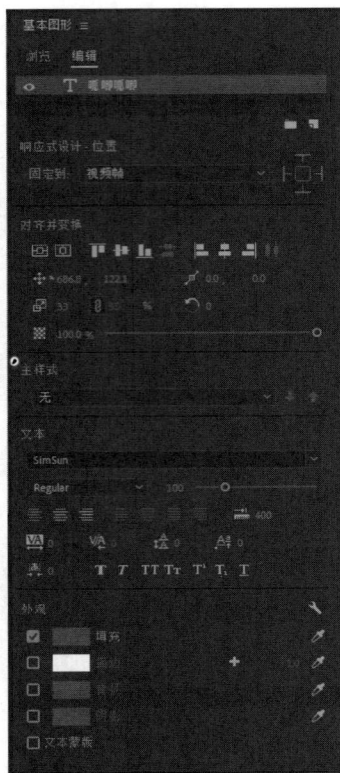

图 7-34　"呱唧呱唧"初始参数图

(21) 定位至 00:00:12:06 处，在 V3 轨道中，将"呱唧呱唧"文本延长拖动至 00:00:12:06 处。定位至 00:00:07:16 处，选中该文本，在"效果控件"中设置关键帧，如图 7-35 所示。

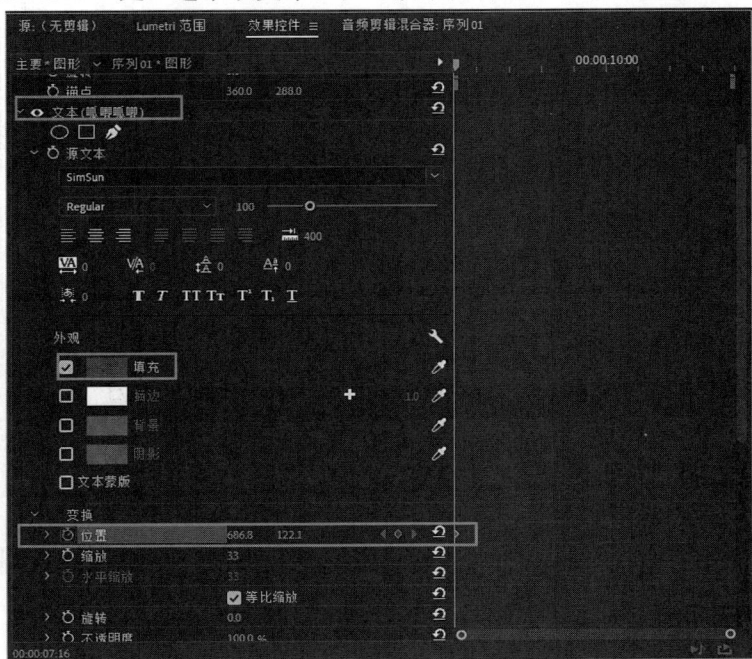

图 7-35　设置关键帧

(22) 定位至 00:00:12:05 处，单击"添加/移除"关键帧按钮 ◀ ◇ ▶，让它由白变蓝，即可设置第二关键帧，然后将 686.8 慢慢减小至-91.2，可以看到该文字随着该数字的减小在节目窗格中慢慢水平向左移动，如图 7-36 所示。定位至 00:00:10:00 处，选中"效果控件"的"文字(呱唧呱唧)"，可看到效果如图 7-37 所示，播放类似水平弹幕。

图 7-36　第二关键帧

图 7-37　拖拽过程图

(23) 进行浏览，可以看到这 4 个红字从右向左水平飘过，如图 7-38 所示。至此，水平弹幕文字添加完成。

图 7-38　水平弹幕效果图

(24) 定位至 00:00:59:00 处，选择"文件"→"新建"→"旧版标题"新建"字幕 02"，如图 7-39 所示，单击"确定"。

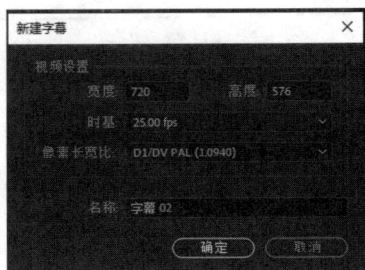

图 7-39　新建字幕 02

(25) 单击左上角的 按钮，参数设置如图 7-40 所示。

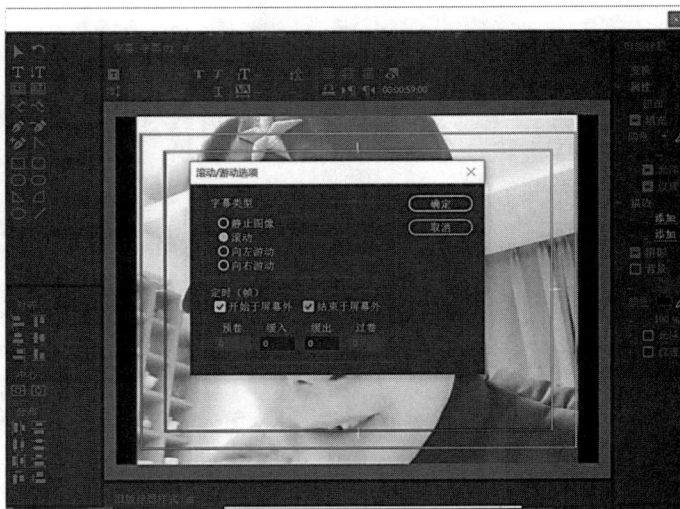

图 7-40　闭幕滚动字幕操作

(26) 设置字体、大小、位置等，如图 7-41 所示。

图 7-41 闭幕滚动字幕设置界面

(27) 将做好的"字幕 02"应用到视频的最后 5 s，如图 7-42 所示。

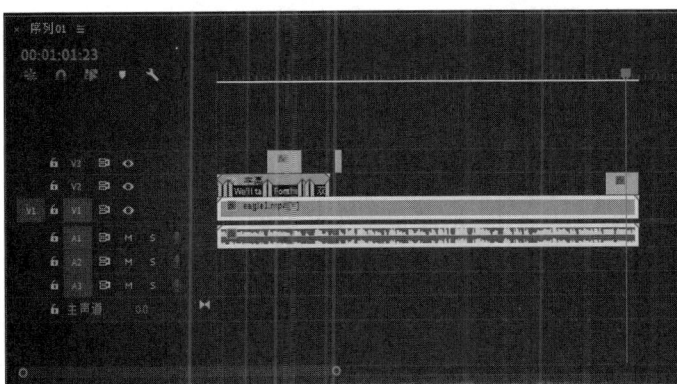

图 7-42 最后 5 s 应用

(28) 最终效果如图 7-43 所示，字幕从下向上滚动，播放浏览整个项目，保存项目文件。

图 7-43 结束滚动字幕效果图

技巧点亮

下面介绍隐藏式字幕显示的操作技巧。

隐藏式字幕的显示需要同时满足以下两个条件：

条件1：在"隐藏字幕显示设置"对话框中设置"标准"和"流"均为"开放字幕"。

条件2：启用"隐藏字幕显示"。

以开放字幕"西湖荷花"为例，选择"文件"→"新建"→"字幕"→"开放字幕"，单击"确定"，设置开放字幕"西湖荷花"，如图7-44所示，

图7-44 开放字幕"西湖荷花"

(1) 单击右下角的"扳手"按钮，如图7-45所示。

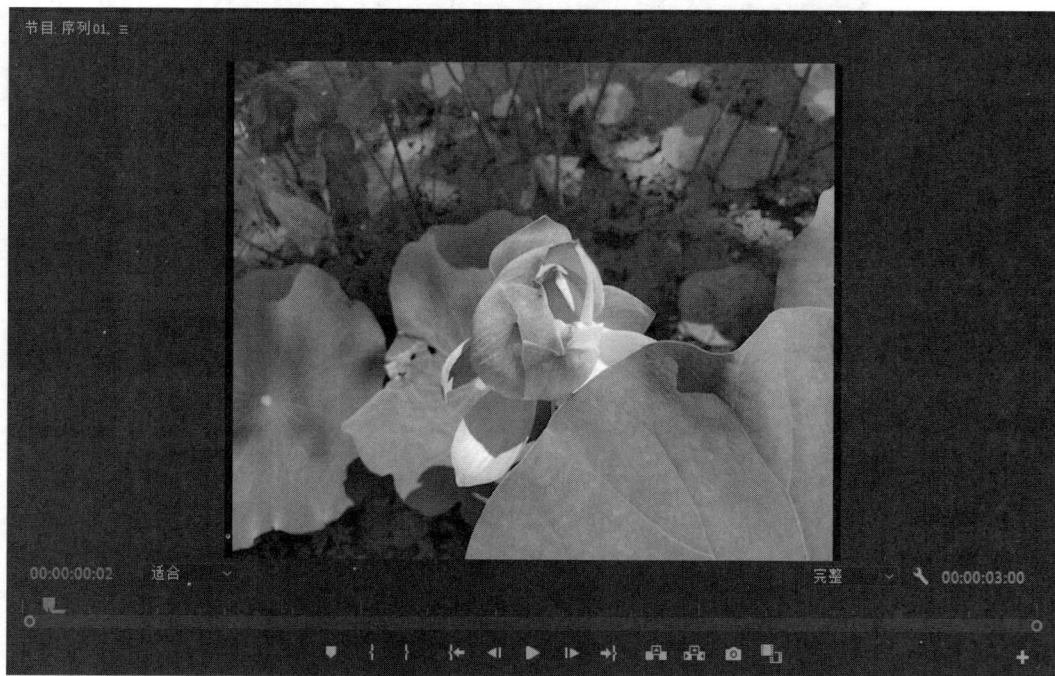

图7-45 设置"扳手"

(2) 选择"隐藏字幕显示"→"设置…",如图 7-46 所示。

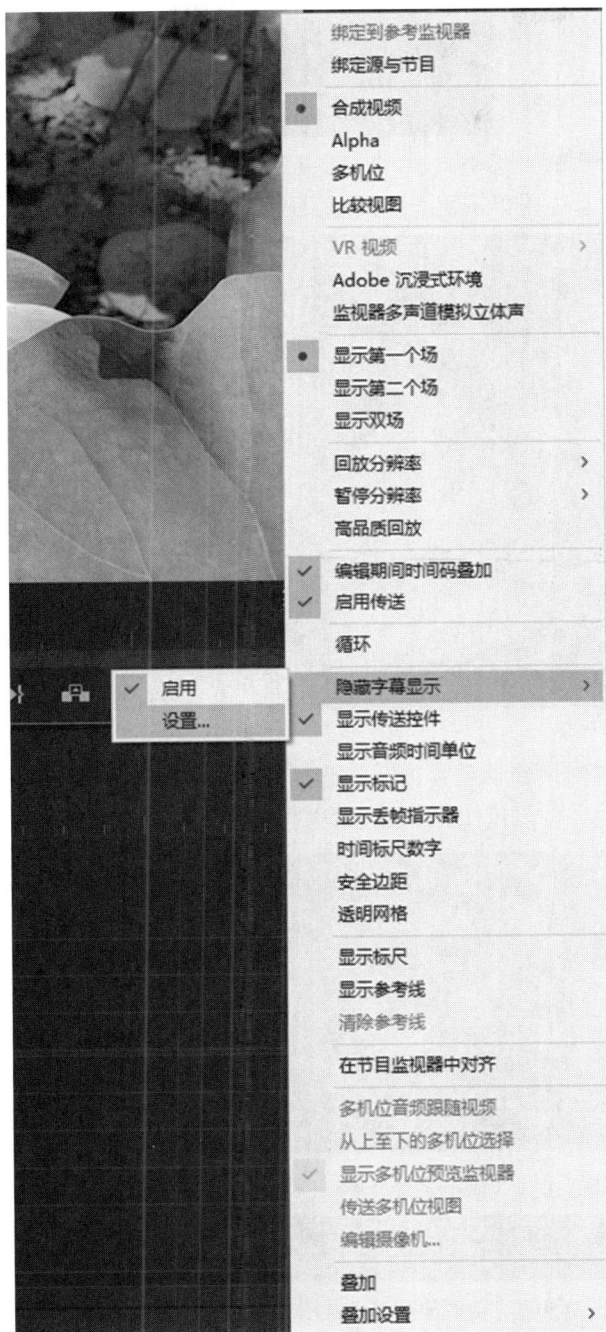

绑定到参考监视器
绑定源与节目

● 合成视频
Alpha
多机位
比较视图

VR 视频　　　　　　　　　　　　>
Adobe 沉浸式环境
监视器多声道模拟立体声

● 显示第一个场
显示第二个场
显示双场

回放分辨率　　　　　　　　　　>
暂停分辨率　　　　　　　　　　>
高品质回放

✓ 编辑期间时间码叠加
✓ 启用传送

循环

　启用　　　隐藏字幕显示　　　　>
　设置…　　显示传送控件
　　　　　　显示音频时间单位
✓ 显示标记
　　　　　　显示丢帧指示器
　　　　　　时间标尺数字
　　　　　　安全边距
　　　　　　透明网格

显示标尺
显示参考线
清除参考线

在节目监视器中对齐

多机位音频跟随视频
从上至下的多机位选择
✓ 显示多机位预览监视器
传送多机位视图
编辑摄像机…

叠加
叠加设置　　　　　　　　　　　>

图 7-46　隐藏字幕显示设置菜单

(3) 在弹出的"隐藏字幕显示设置"对话框中设置"标准"和"流"均为开放字幕,单击"确定",如图 7-47 所示。这时就满足了条件 1。

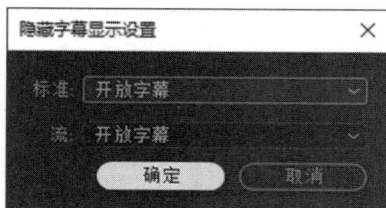

图 7-47　"隐藏字幕显示设置"对话框

(4) 在图 7-48 所示位置单击"＋"按钮。

图 7-48　"＋"按钮

(5) 在弹出的"按钮编辑器"对话框中选择"隐藏字幕显示：(未启用)"按钮，单击"确定"，如图 7-49 所示。将该按钮拖至图 7-50 所示位置。

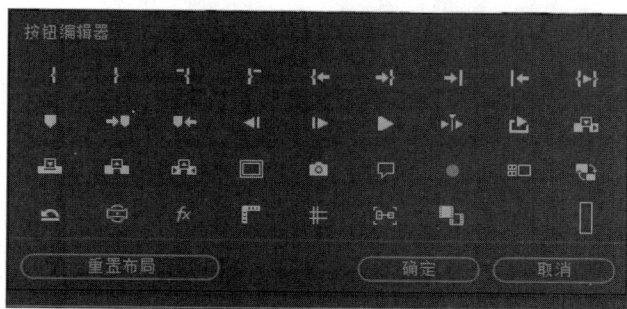

图 7-49　"隐藏字幕显示：(未启用)"按钮调整前位置图

图 7-50　"隐藏字幕显示：(未启用)"按钮调整后位置图

(6) 单击该按钮，启用隐藏字幕显示，该按钮激活后会变色，如图 7-51 所示。

图 7-51　激活"隐藏字幕显示：(启用)"按钮图

(7) 调整"图片显示"比例为100%，可以看到开放字幕"西湖荷花"已经出现在项目窗口中了，如图 7-52 所示。

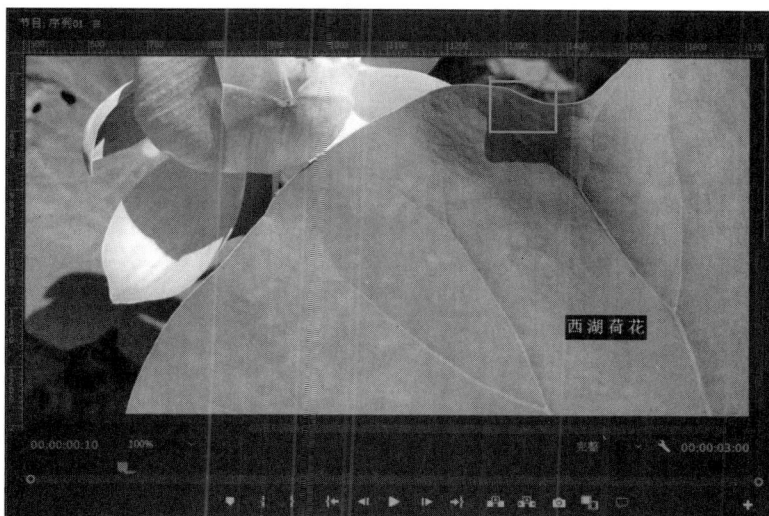

图 7-52　显示开放字幕后的效果图

课外拓展

(1) 观看 mooc 上的对应视频，并完成讨论和习题。

(2) 如果有个静态字幕通过关键帧等技术产生了移动的效果，那么这是动态字幕还是静态字幕？

项目8 视频效果

项目导入

Adobe Premiere Pro 2020 中自带了各种各样的视频和音频效果。其中视频效果可以根据用户需求，修改相对的参数调整视频效果。视频效果既可以弥补前期视频拍摄中存在的一些不足，如拍摄不稳定、曝光不足等问题，也可以借助扭曲、生成、风格化等特殊效果，增强视频的吸引力和艺术表现力。

本项目要求完成颜色校正、抠像、马赛克等任务，会用到镜头光晕、马赛克、镜像、键控等特效。

知识储备

视频效果指的是由 Pr 封装的程序，专门用于处理视频、图像画面，按照指定要求完成各种效果。下面对视频效果进行详细介绍。

一、视频效果介绍

1. 变换

变换类视频效果可以使视频产生二维或三维的形状变化，包括垂直翻转、水平翻转、羽化边缘、自动重新构图和裁剪 5 种效果，如图 8-1 所示。

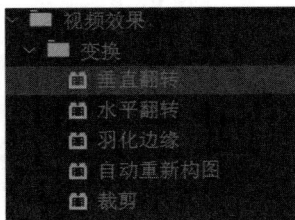

图 8-1 变换类视频效果

(1) 垂直翻转(Vertical Flip)：在素材上应用垂直翻转，可以将画面沿水平中心翻转 180°，该效果没有可设置的参数。

(2) 水平翻转(Horizontal Flip)：在素材上应用水平翻转，可以将画面沿垂直中心翻转180°。该效果没有可设置的参数。

(3) 羽化边缘(Edge Feather)：可以使素材边缘产生羽化效果，可设定 1～100 的羽化数量。

(4) 自动重构(Auto Reframe)：Pr 2020 版新增，可自动重构某个剪辑，非常适用于将视频发布到不同的分享平台。

(5) 裁剪(Crop)：根据需要对素材的周围进行修剪，常用于实现多画面或局部缩放效果。变换类视频效果使用前后对比如图 8-2 所示。

原图   垂直翻转   水平翻转

羽化边缘   裁剪

图 8-2 变换类视频效果使用前后对比

2. 图像控制

图像控制类视频效果的主要作用是调整图像的色彩，弥补素材的画面缺陷，包括灰度系数校正、颜色平衡(RGB)、颜色替换、颜色过滤和黑白 5 种效果，如图 8-3 所示。

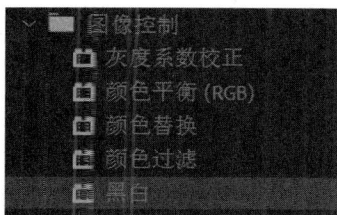

图 8-3 图像控制类视频效果

(1) 灰度系数校正(Gamma Correction)：通过改变素材中间色调的亮度来调节图像的明暗度，其"灰度系数"参数用来调整素材的明暗程度，可以在不显著更改阴影和高光的情况下使画面变亮或变暗。

(2) 颜色平衡(RGB)：通过对素材中红色、绿色和蓝色通道的调整来改变图像色彩。

(3) 颜色替换(Color Replace)：在保持灰度级不变的前提下，用一种新的颜色替代选中的色彩及和它相似的色彩。

(4) 颜色过滤(Color Pass)：将图像中未被选中的范围变为灰色度，指定的或吸管选中的色彩范围保持不变。

(5) 黑白(Black & White)：将彩色画面转换成黑白图像，没有可以调整的参数。

图像控制类视频效果使用对比如图 8-4 所示。

原图　　　　　　　　　　灰度系数校正　　　　　　　　　颜色平衡

颜色替换　　　　　　　　　颜色过滤　　　　　　　　　黑白

图 8-4　图像控制类视频效果使用前后对比

3. 实用程序

实用类视频效果只有"Cineon 转换器(Cineon Converter)"一种效果，可以增强素材的明暗及对比度，让亮的部分更亮，暗的部分更暗。其使用效果如图 8-5 所示。

原图　　　　　　　　　　转换器

图 8-5　Cineon 转换器视频特效使用前后对比

4. 扭曲

扭曲类视频效果可以创建出多种变形效果，包括 12 种视频效果，主要用于对图像进行几何变形，如图 8-6 所示。

图 8-6　扭曲类视频效果

(1) 偏移(Offset)：可以根据设置的偏移中心位置对素材进行任意位置的偏移。

(2) 变形稳定器(Warp Stabilizer)：消除由拍摄时出现的素材画面抖动问题，可以使运动画面更加稳定。

(3) 变换(Transform)：可以对素材进行二维几何转换，使画面歪斜。

(4) 放大(Magnify)：产生类似放大镜的放大效果，可以将图像局部呈现圆形或正方形放大。例如实现"大头"等综艺节目效果。

(5) 旋转扭曲(Twirl)：可以使素材沿指定中心产生旋涡变形效果。

(6) 果冻效应修复(Rolling Shutter Repair)：可以对视频素材的场序类型进行修改，有效地减少或消除因"果冻效应"产生的失真效果。

(7) 波形变形(Wave Warp)：可以使素材产生弯曲的波形效果，可对波纹的形状、方向、宽度等进行设置。

(8) 湍流置换(Turbulent Displace)：使素材画面随机产生扭曲效应。

(9) 球面化(Spherize)：可以使素材产生球面凸起变形效果，类似于用鱼眼镜头拍摄的效果。

(10) 边角定位(Corner Pin)：通过更改素材四个角点的位置来扭曲图像。

(11) 镜像(Mirror)：可以将素材沿指定角度进行反射，制作出镜像效果。

(12) 镜头扭曲(Lens Distortion)：可以令图像的四角进行弯折，模拟透过扭曲镜头观看画面。

扭曲类视频效果使用前后对比如图 8-7 所示。

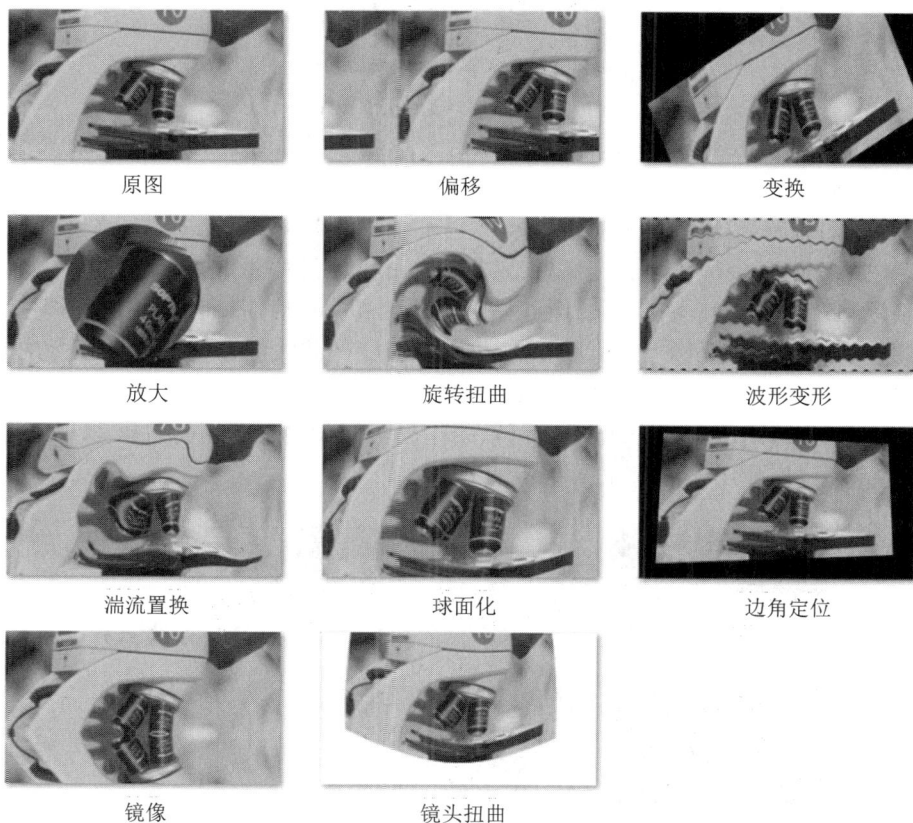

原图	偏移	变换
放大	旋转扭曲	波形变形
湍流置换	球面化	边角定位
镜像	镜头扭曲	

图 8-7　扭曲类视频效果使用前后对比

5. 时间

时间类视频效果可以控制素材的时间特效，产生跳帧和重影效果等特殊的视频效果，包括残影和色调分离时间两种效果，如图 8-8 所示。

图 8-8　视频类视频效果

(1) 残影(Echo)：可以使动态视频素材中不同时间的多个帧同时播放，使视频运动画面产生重影效果。

(2) 色调分离时间(Posterize Time)：可以指定一个新的帧速率进行播放，产生跳帧效果。常用于抽出指定的帧数且保持剪辑时长不变，从而产生慢放效果。

6. 杂色与颗粒

杂色与颗粒类视频效果主要用于对素材进行柔和处理，去除或增加图像中的噪点或杂色效果等，包括中间值(旧版)、杂色、杂色 Alpha 等 6 种效果，如图 8-9 所示。

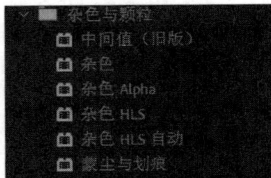

图 8-9　杂色与颗粒类视频效果

(1) 中间值(旧版 Median)：可以将素材中的每一个像素都用 RGB 的平均值来替代，以减轻图像上的杂色。

(2) 杂色(Noise)：可以添加模拟的噪点效果，使图像看起来像被弄脏一样。

(3) 杂色 Alpha(Noise Alpha)：可以在素材的 Alpha 通道中生成杂色。

(4) 杂色 HLS(Noise HLS)：可以通过亮度、色调和饱和度对杂色效果进行调整。

(5) 杂色 HLS 自动(Noise HLS Auto)：与杂色 HLS 效果相似，但多了杂色动画速度选项，可以调整杂色的运动速度，形成动态效果。

(6) 蒙尘与划痕(Dust & Scratches)：可以制作出类似蒙尘与划痕的效果。

扭曲类视频效果使用前后对比如图 8-10 所示。

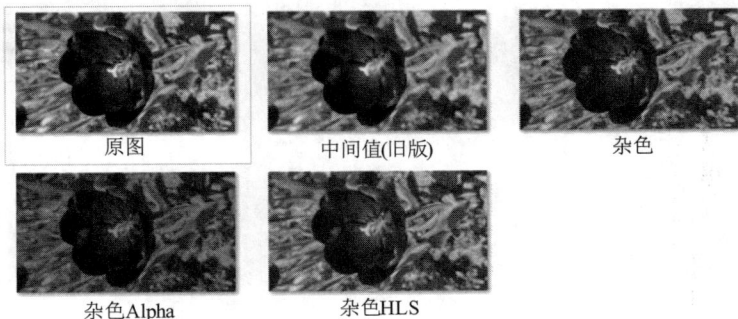

原图　　　　　　　　中间值(旧版)　　　　　　　　杂色

杂色Alpha　　　　　　杂色HLS

图 8-10　杂色与颗粒类视频效果使用前后对比

7. 模糊与锐化

模糊与锐化类视频效果可以使图像变得模糊或者清晰。模糊类特效可以使图像模糊，而锐化类特效可以锐化图片，显现图像的边缘效果，包括减少交错闪烁、复合模糊、方向模糊等 8 种效果，如图 8-11 所示。

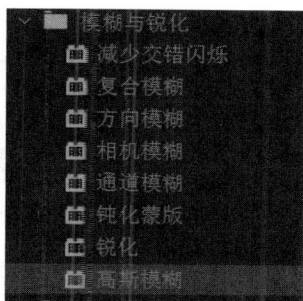

图 8-11 模糊与锐化类视频效果

(1) 减少交错闪烁(Reduce Interlace Flicker)：减少因隔行扫描素材带来的交错闪烁问题。

(2) 复合模糊(Compound Blur)：可以使素材产生柔和模糊的效果。

(3) 方向模糊(Directional Blur)：可以把素材在指定的方向上做模糊处理。

(4) 相机模糊(Camera Blur)：模仿相机焦距对焦不准确时产生的模糊效果。

(5) 通道模糊(Channel Blur)：对红、绿、蓝或者 Alpha 通道单独进行模糊。

(6) 钝化蒙版(Unsharp Mask)：可以减少定义边缘的颜色之间的对比度，将模糊的地方变亮。

(7) 锐化(Sharpen)：增强相邻像素的对比度，提高画面的清晰度。

(8) 高斯模糊(Gaussian Blur)：最常用的模糊效果之一。可以模糊或柔化图像并消除噪声。

模糊与锐化类视频效果使用前后对比如图 8-12 所示。

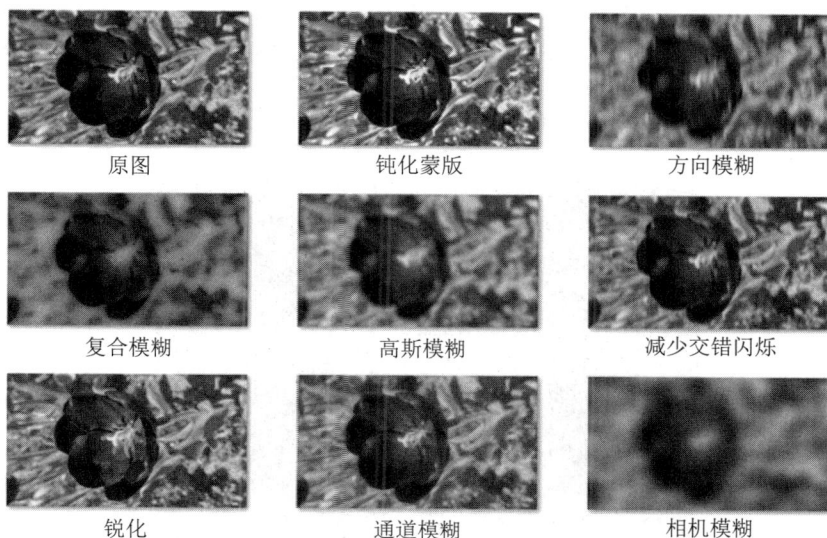

原图	钝化蒙版	方向模糊
复合模糊	高斯模糊	减少交错闪烁
锐化	通道模糊	相机模糊

图 8-12 模糊与锐化类视频效果使用前后对比

8. 沉浸式视频

沉浸式视频类效果是相对普通的视频效果，是专门处理 VR 视频的效果，运用在 VR 视频剪辑上有更好的效果。每种效果在视频效果面板中已经描述得很清晰，故不再一一讲解，仅展示部分效果。沉浸式视频类效果如图 8-13 所示，使用前后对比如图 8-14 所示。

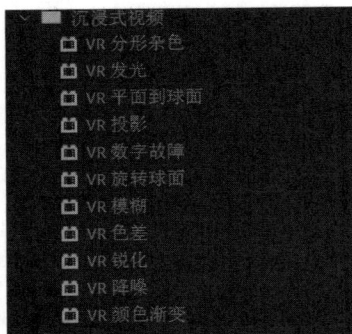

图 8-13　沉浸式视频类效果

原图　　　　　　VR分形杂色　　　　　　VR色差

VR模糊　　　　　　VR颜色渐变

图 8-14　沉浸式视频类效果使用前后对比

9. 生成

生成类视频效果主要是对光和填充色的处理应用，用来创建一些特殊的画面效果，包括书写、单元格图案、吸管填充等 12 种效果，如图 8-15 所示。

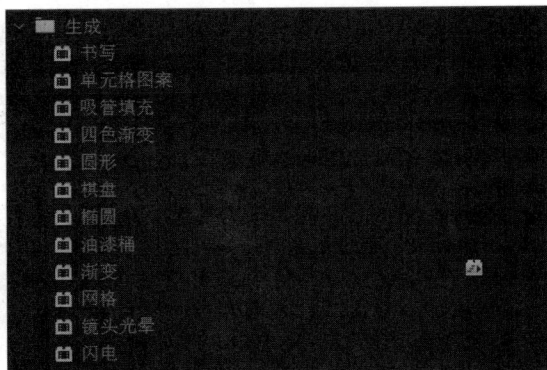

图 8-15　生成类视频效果

(1) 书写(Write-on)：可实现画笔描绘的动态书写效果。

(2) 单元格图案(Cell Pattern)：可生成基于单元格图案，如管状、晶格、气泡、印版等的随机图案填充效果。

(3) 吸管填充(Eyedropper Fill)：将采样的颜色应用于素材，通过设置混合模式改变整体画面效果。

(4) 四色渐变(4-Color Gradient)：可在画面上产生四色混合渐变，应用关键帧可产生动态四色渐变效果。

(5) 圆形(Circle)：可自定义的实心圆或环，通过混合模式的设定形成不同的画面效果。

(6) 棋盘(Checkerboard))：可以在素材上创建一个棋盘格图案效果。

(7) 椭圆

(8) 油漆桶(Paint Bucket)：可以将素材上指定区域的颜色替换成另一种颜色。

(9) 渐变(Ramp)：可以在素材上生成线性或径向渐变。

(10) 网格(Grid)：可以在素材上创建可自定义的网格。

(11) 镜头光晕(Lens Flare)：可以在素材上模拟强光照进摄像机镜头时产生的折射。

(12) 闪电(Lightning)：可以在素材上产生类似闪电或电火花的光电效果。

生成类视频效果使用前后对比如图 8-16 所示。

图 8-16　部分生成类视频效果使用前后对比

10. 视频

视频类视频效果主要用于在合成序列中显示素材剪辑的名称、时间码等信息，包含 SDR 遵从情况、剪辑名称、时间码、简单文本 4 种效果。

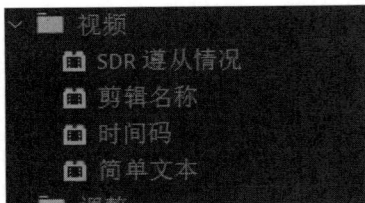

图 8-17 视频类视频效果

(1) SDR 遵从情况(SDR Conform)：将 HDR(高动态范围图像)媒体转换为 SDR(标准动态范围图像)时使用本效果，可调亮度、对比度、软阈值等参数。

(2) 剪辑名称(Clip Name)：在画面上实时显示素材的名称。

(3) 时间码(Time Code)：在画面上实时显示时间码。

(4) 简单文本(Simple Text)：在画面上实时显示简单文本内容。

视频类视频效果使用前后对比如图 8-18 所示。

原图	SDR遵从情况	剪辑名称

时间码	简单文本

图 8-18 视频类视频效果使用前后对比

11. 调整

调整类视频效果主要用于对剪辑进行颜色、明暗度及光照效果方面的调整，修正存在的颜色缺陷，或增强某些特殊效果，包括 ProcAmp、光照效果、卷积内核、提取和色阶 5 种效果，如图 8-19 所示。

图 8-19 调整类视频效果

(1) ProcAmp：模仿标准电视设备上的处理放大器，可同时调整亮度、对比度、色相和饱和度。

(2) 光照效果(Lighting Effects)：可以在素材上添加灯光效果，通过对灯光的类型、数量、光照等设置来产生创意的效果。

(3) 卷积内核(Convolution Kernel)：根据卷积运算来更改素材中每个像素的亮度级别。

(4) 提取(Extract)：可以在视频素材中提取颜色，生成一个有纹理的灰度蒙版，通过定义灰度级别来控制应用效果。

(5) 色阶(Levels)：可以通过对素材进行明度、阴暗层次和中间色的调节来修改图像效果。

调整类视频效果使用前后对比如图 8-20 所示。

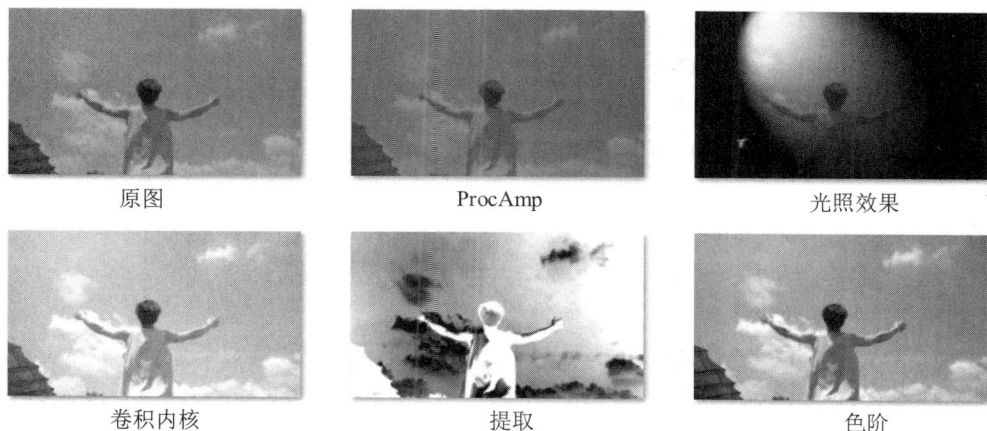

| 原图 | ProcAmp | 光照效果 |
| 卷积内核 | 提取 | 色阶 |

图 8-20　调整类视频效果使用前后对比

12. 过时

过时类视频效果主要用于对剪辑视频进行专业质量的颜色分级和颜色校正，大多数效果都来自旧版 Premiere，且都可以通过 Lumetri 颜色面板等来实现，故放在过时效果组中，包括 RGB 曲线、亮度曲线、快速模糊等 12 种效果，如图 8-21 所示。

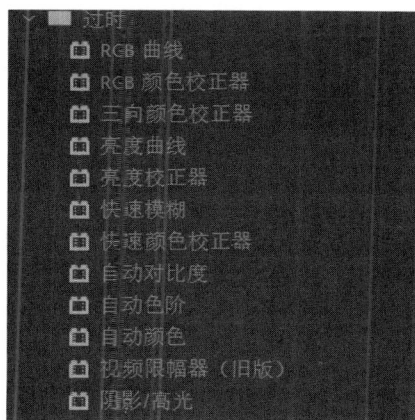

图 8-21　过时类视频效果

(1) RGB 曲线(RGB Curves)：最传统的调色效果控件。可以针对每个颜色通道使用曲线来调整颜色。

(2) RGB 颜色校正器(RGB Color Corrector)：从高光、中间调和阴影定义的色调范围调整颜色。

(3) 三向颜色校正器(Three-Way Color Corrector)：通过色轮调整高光、阴影、中间调整色相、饱和度和亮度。

(4) 亮度曲线(Luma Curve)：使用曲线调整素材的亮度和对比度。

(5) 亮度校正器(Luma Corrector)：用于调整图像中的高光、阴影、中间调的亮度和对比度。

(6) 快速模糊(Fast Blur)：可以使图像实现水平、垂直或综合方向上的模糊效果。

(7) 快速颜色校正器(Fast Color Corrector)：可用来调整白平衡、色相、饱和度、明暗对比度等，进行快速色彩校正。

(8) 自动对比度(Auto Contrast)：可以对素材进行自动对比调节。

(9) 自动色阶(Auto Levels)：可以对素材进行自动的色阶调节。

(10) 自动颜色(Auto Color)：可以对素材进行自动的色彩调节。

(11) 视频限幅器(旧版)(Video Limiter(Legacy))：可以对素材的色彩值进行调整，设置视频限制范围，以便在电视中可以更精确地显示。

(12) 阴影/高光(Shadow/Highlight)：可以调整阴影、高光部分。

过时类视频效果部分使用前后对比如图 8-22 所示。

原图　　　　　　　　　　RGB曲线　　　　　　　　三向颜色校正器

快速模糊　　　　　　　　自动色阶

图 8-22　部分过时类视频效果使用前后对比

13. 过渡

过渡类视频效果与"视频过渡"中对应的过渡效果在表现上相似。不同的是前者可以单独对整个素材进行处理，也可以通过关键帧动画来编辑素材之间的过渡效果，后者是在前后两段素材的连接处制造转场效果，包括块溶解、径向擦除、渐变擦除、百叶窗和线性擦除 5 种效果，如图 8-23 所示。

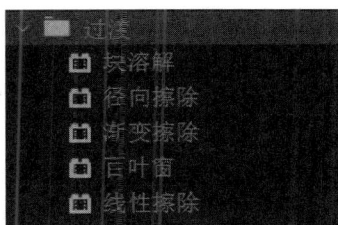

图 8-23　过渡类视频效果

(1) 块溶解(Block Dissolve)：可以使素材产生随机的方块对图像进行溶解。

(2) 径向擦除(Radial Wipe)：可以使用环绕指定点的旋转方式擦除图像。

(3) 渐变擦除(Gradient Wipe)：可以根据两个图层之间的亮度建立一个渐变层，在指定层和原图层之间进行渐变切换。

(4) 百叶窗(Venetian Blinds)：可以用指定方向和宽度的百叶窗对素材进行分割，形成图层间的过渡。

(5) 线性擦除(Linear Wipe)：可以按指定方向对图像执行简单的线性擦除。

过渡类视频效果使用前后对比如图 8-24 所示。

原图　　　　　　　　　　线性擦除　　　　　　　　　　块溶解

径向擦除　　　　　　　　渐变擦除　　　　　　　　　　百叶窗

图 8-24　过渡类视频效果使用前后对比

14. 透视

透视类视频效果可以对图像进行空间变形，使图像看起来具有立体空间的效果，包括基本 3D、径向阴影、投影、斜面 Alpha、边缘斜面 5 种效果，如图 8-25 所示。

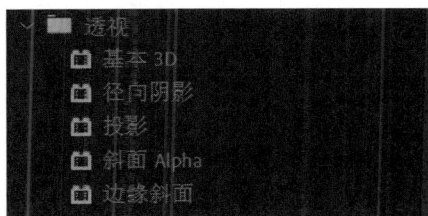

图 8-25　透视类视频效果

(1) 基本 3D(Basic 3D)：可以围绕水平和垂直轴旋转素材，可用于创建简单的 3D 动画效果。

(2) 径向阴影(Radial Shadow)：可以通过改变光源位置以及投影距离等添加阴影效果。

(3) 投影(Drop Shadow)：可以为素材添加阴影效果。

(4) 斜面 Alpha(Bevel Alpha)：可以使素材中的 Alpha 通道产生斜面效果。

(5) 边缘斜面(Bevel Edges)：可以为素材边缘提供凿刻和光亮的 3D 外观。

透视类视频效果使用前后对比如图 8-26 所示。

原图　　　　　　　　　　边缘斜面　　　　　　　　　基本3D

径向阴影　　　　　　　　投影　　　　　　　　　斜面Alpha

图 8-26　透视类视频效果使用前后对比

15. 通道

通道类视频效果可以用于素材的通道处理，实现色调、饱和度、亮度等颜色特征的改变，包括反转、混合、算术等 7 种效果，如图 8-27 所示。

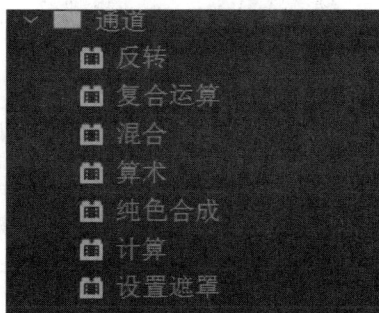

图 8-27　通道类视频效果

(1) 反转(Invert)：可以将指定通道中的颜色反转成互补色，对图像的颜色信息进行反相处理。

(2) 复合运算(Compound Arithmetic)：可以用数学运算的方式，与其他轨道上的图像进行混合。

(3) 混合(Blend)：可以与其他轨道上的图形或自身进行混合。其中"交叉淡化"模式较为常用。

(4) 算术(Arithmetic)：可以对图像的色彩通道进行简单的数学运算。

(5) 纯色合成(Solid Composite)：可以使一种颜色快速与素材混合。

(6) 计算(Calculations)：可以混合指定的通道来进行颜色的调整。

(7) 设置遮罩(Set Matte)：可以由指定轨道的 Alpha 通道取代当前的通道，产生屏蔽效果。

通道类视频效果使用前后对比如图 8-28 所示。

| 原图 | 设置遮罩 | 计算 |

| 纯色合成 | 算术 | 混合 |

| 复合运算 | 反转 |

图 8-28　通道类视频效果使用前后对比

16. 键控

键控类视频效果主要用于视频抠像及合成，可以使两个重叠素材图像产生各种叠加效果，可以清除图像中指定部分的内容，包括 Alpha 调整、亮度键、超级键等 9 种效果，如图 8-29 所示。

图 8-29　键控类视频效果

(1) Alpha 调整(Alpha Adjust)：可以对素材上已有的 Alpha 通道进行忽略、反转，或者仅作为蒙版使用。

(2) 亮度键(Luma Key)：可以将素材中的灰色像素设置为透明，并且保持色度不变。当主体与背景有显著不同的亮度时，如黑色背景时，可使用此效果。

(3) 图像遮罩键(Image Matte Key)：可以单击该效果后面的"设置"，选择一个外部素材作为遮罩，控制两个图层中的素材叠加效果。

(4) 差值遮罩(Difference Matte)：可以叠加多个图像中互不相同的纹理，保留对方的颜色，而将无差异的部分设置为透明。

(5) 移除遮罩(Remove Matte)：可以用于清除图像遮罩边缘的白色或黑色残留。

(6) 超级键(Ultra Key)：也称"极致键"，可将指定颜色的像素设置为透明。

(7) 轨道遮罩键(Track Matte Key)：可以将当前图层之上的某个轨道的图像作为遮罩，完成图像合成效果。

(8) 非红色键(Non Red Key)：用来去除素材中除了红色以外的其他颜色，如绿色或蓝色。

(9) 颜色键(Color Key)：用于抠除素材中指定颜色的像素。

部分键控类视频效果使用前后对比如图 8-30 所示。

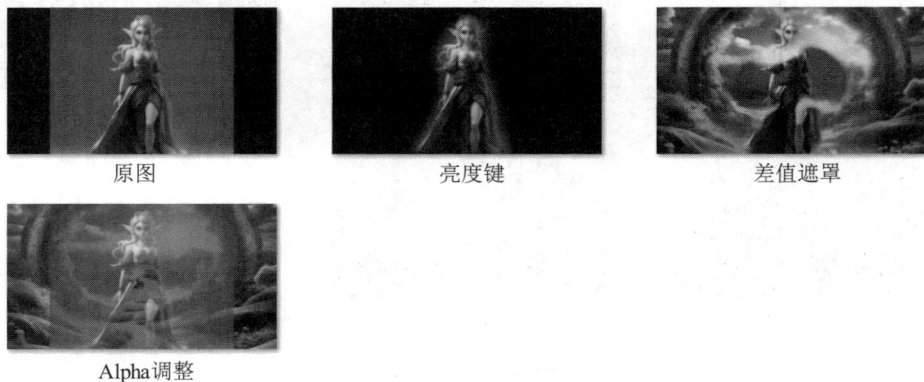

原图　　　　　　　　　　　　　亮度键　　　　　　　　　　　　　差值遮罩

Alpha调整

图 8-30　部分键控类视频效果使用前后对比

17. 颜色校正

颜色校正类视频效果主要用于对素材图像进行颜色校正，包括 ASC CDL、均衡、色彩等 12 种效果，如图 8-31 所示。

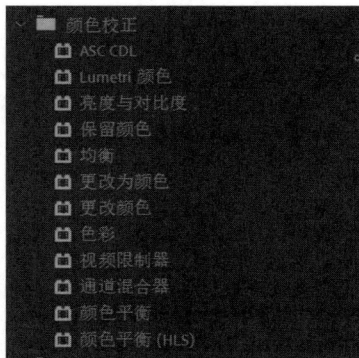

图 8-31　颜色校正类视频效果

(1) ASC CDL：CDL Color Decision List 是美国电影摄影师协会(ASC)创建的用于基本

颜色校正数据交换的规范。可以对素材图像的饱和度和颜色进行调节。

(2) Lumetri 颜色(Lumetri Color)：功能强大的调色控件，可以对素材图像颜色进行基本校正。

(3) 亮度与对比度(Brightness & Contras)：可以调整素材图像的亮度与对比度。

(4) 保留颜色(Leave Color)：又称"分色"，保留指定颜色，而将素材上的其他颜色转换为灰度效果。

(5) 均衡(Equalize)：可以对素材中的像素的颜色值或亮度进行均衡化处理。

(6) 更改为颜色(Change to Color)：可以将素材中的一种颜色更换为另一种颜色。

(7) 更改颜色(Change Color)：可以通过调整色相、饱和度或亮度来更改素材中的指定颜色。

(8) 色彩(Tint)：也称"色调"，可以将素材中的黑色调和白色调转换为其他颜色。

(9) 视频限制器(Video Limiter)：可以限制视频中的亮度和颜色，使其满足广播级标准的范围；可显示色域警告。

(10) 通道混合器(Channel Mixer)：可以通过图像中 R、G、B 颜色通道分别进行彩色通道转换，实现颜色的调整。

(11) 颜色平衡(Color Balance)：可以对素材中的阴影、中间调、高光范围中的 R、G、B 颜色通道进行调整，完成图像的颜色校正。

(12) 颜色平衡(HLS)(Color Balance(HLS))：可以通过调整素材的色相、亮度、饱和度等进行图像颜色的调整。

颜色校正类视频效果使用前后对比如图 8-32 所示。

原图	ASC CDL	Lumetri颜色
亮度与对比度	保留颜色	均衡
更改为颜色	更改颜色	色彩
通道混合器	颜色平衡	颜色平衡HLS

图 8-32　颜色校正类视频效果使用前后对比

18. 风格化

风格化类视频效果用于在剪辑上制作辉光、浮雕、马赛克、纹理等特殊效果，使素材产生丰富的视觉效果，包括 Alpha 发光、复制、浮雕等 13 种效果，如图 8-33 所示。

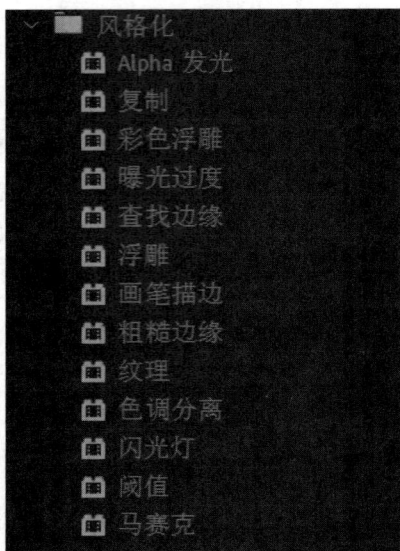

图 8-33　风格化类视频效果

(1) Alpha 发光(Alpha Glow)：可以使带有 Alpha 通道的图像边缘产生辉光效果。

(2) 复制(Replicate)：可以将一个素材复制为多个并同时平铺显示整个画面。

(3) 彩色浮雕(Color Emboss)：可以将素材处理成浮雕效果，但不抑制素材的原始颜色。

(4) 曝光过度(Solarize)：使素材产生相机底片曝光的效果。

(5) 查找边缘(Find Edges)：可以识别有明显过渡的图像区域并勾勒出边缘。

(6) 浮雕(Emboss)：可以在素材上产生浮雕效果，同时去掉原有的颜色，只在浮雕效果的凸起边缘保留高光颜色。

(7) 画笔描边(Brush Strokes)：可以模拟出画笔绘制的粗糙外观，得到类似油画的效果。

(8) 粗糙边缘(Roughen Edges)：可以使素材边缘产生类似腐蚀、溶解、锈迹等粗糙化效果。

(9) 纹理(Texturize)：可以把某轨道上的画面纹理映射到当前剪辑上，产生类似浮雕效果的画面。

(10) 色调分离(Posterize)：通过调整色阶量，产生海报效果的画面。

(11) 闪光灯(Strobe Light)：可以模拟闪光效果。改变"随机闪光概率"，可实现随机频闪效果。

(12) 阈值(Threshold)：可以将素材变为黑白模式。

(13) 马赛克(Mosaic)：可以在素材上产生马赛克效果。

风格化类视频效果使用前后对比如图 8-34 所示。

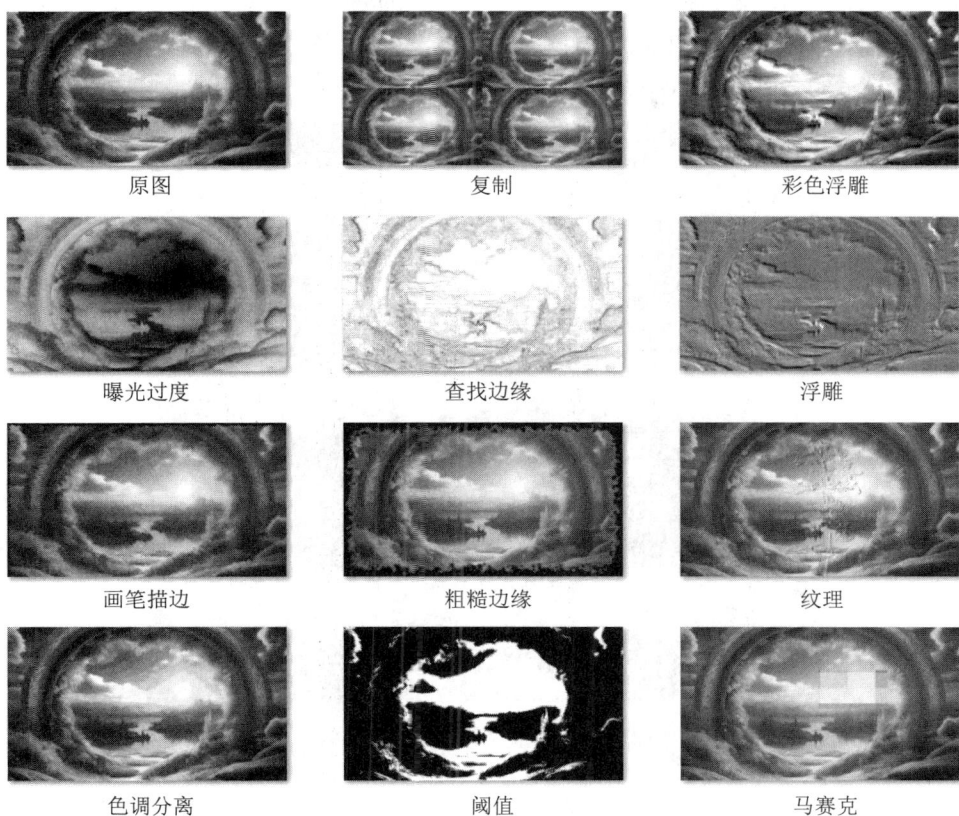

原图　　　　　　　　　复制　　　　　　　　　彩色浮雕

曝光过度　　　　　　　查找边缘　　　　　　　浮雕

画笔描边　　　　　　　粗糙边缘　　　　　　　纹理

色调分离　　　　　　　阈值　　　　　　　　　马赛克

图 8-34　风栺化类视频效果使用前后对比

二、视频效果应用

1. 查找、添加视频效果

Adobe Premiere Pro 2020 中提供了 130 余种视频效果,按类别分别放在 18 个文件夹中。如果知道效果名称,可以使用搜索功能直接查询效果。找到需要的效果后,按住鼠标左键将其拖到相应轨道的素材中即可,如图 8-35 所示。也可以在选中素材后,双击要添加的视频效果完成效果设置。

图 8-35　视频效果的添加

2. 设置视频效果参数

选择已经添加视频效果的素材文件，在"效果控件"面板中对其参数进行设置。如图 8-36 所示，显示的是裁剪特效的参数设置，画面效果可以在节目监视器窗口查看。

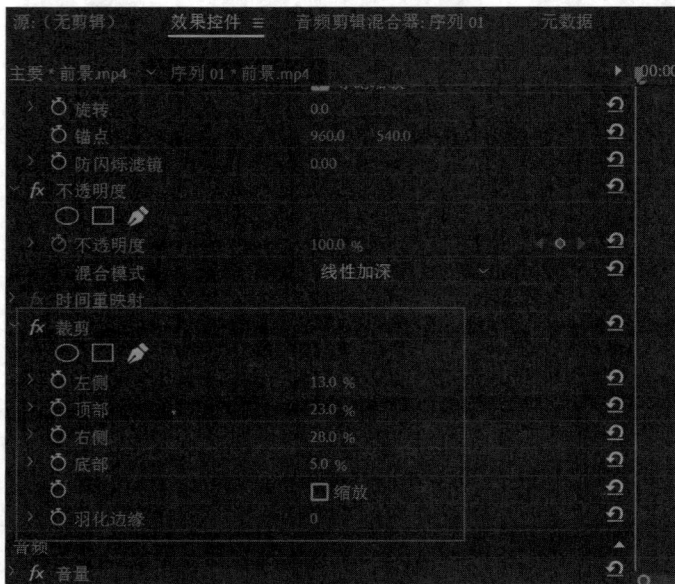

图 8-36　效果控件面板修改参数

3. 复制、清除、关闭视频效果

(1) 复制视频效果：在"效果控件"面板中，选中视频效果，单击鼠标右键，可以复制、粘贴多个效果。

(2) 清除视频效果：在"时间轴轨道"上选中需要清除视频效果的素材，在效果控件面板中选择要清除的效果，单击鼠标右键，选择清除命令。

(3) 关闭视频效果：在"效果控件"面板单击视频效果前的切换效果开关 fx，即可完成关闭视频效果。再次单击，可以重新打开效果。

4. 设置视频效果关键帧

在素材上应用视频效果后，可以通过时间的变化来改变视频画面，即在某个确定的时间点设置属性关键帧。由于多个关键帧都被设置了不同的属性，软件会自动计算出关键帧之间的变化值，进行插补处理，完成动态效果变化。如图 8-37 所示，设定"脱色量"关键帧，形成素材颜色的变化。

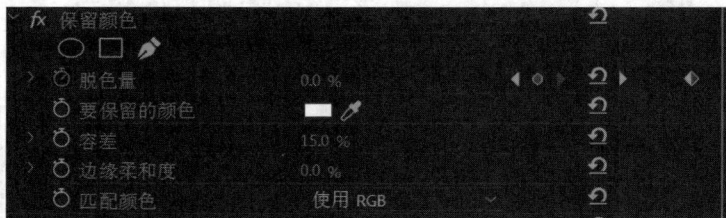

图 8-37　脱色量关键帧设定

任务实训

任务 1　美丽西湖——颜色校正

美丽西湖——
颜色校正

任务目标

在日常拍摄中，由于光线、季节等环境因素的影响，拍摄出来的作品会出现曝光不足、颜色饱和度不够等问题。本次任务通过对"美丽西湖"视频素材进行后期调整，优化视频的饱和度、对比度，调整颜色，增加整体氛围，要求掌握为素材添加、删除视频特效的方法，Lumetri 颜色、光晕特效的使用方法以及为特效设置关键帧的方法。

任务实施

"我爱你，中国；我爱你，雄伟的泰山；我爱你，奔腾的黄河；我爱你，柔美的西湖；我爱你，每一寸土地。"沐浴在冬日阳光下的西湖静谧多彩，美不胜收。如何让美丽的西湖在镜头下恢复她的魅力，让我们拭目以待吧！

(1) 新建项目，命名为"颜色校正"，存到 D 盘的学号姓名首字母缩写文件夹中(如 99zs)。

(2) 新建序列。本次选择的是 HD 素材，在设置序列时可选择"序列预设"中的 Digital SLR，这是目前较为主流的预设，如图 8-38 所示。

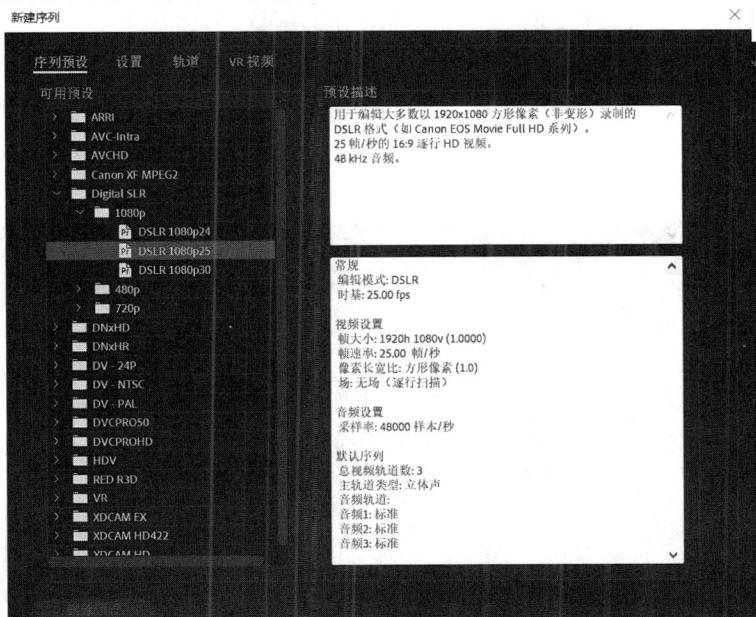

图 8-38　新建序列参数设置

（3）导入视频素材"湖面素材.mp4"，并将其拖入 V1 轨道上。

（4）选中 V1 轨道上的湖面素材，展开视频"效果"面板中的"颜色校正"，选择 Lumetri 颜色，并将该效果拖到素材上，如图 8-39 所示。在"效果控件"面板查看 Lumetri 颜色，可修改参数，如图 8-40 所示。

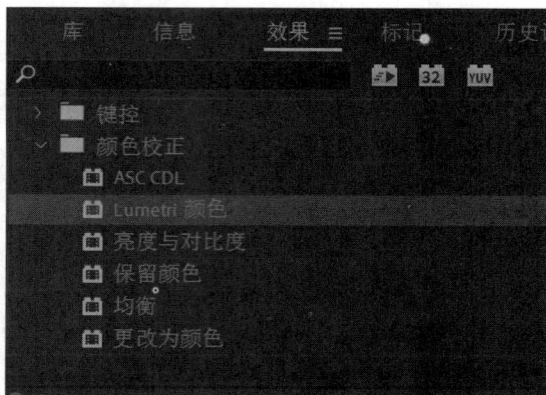

图 8-39　颜色校正

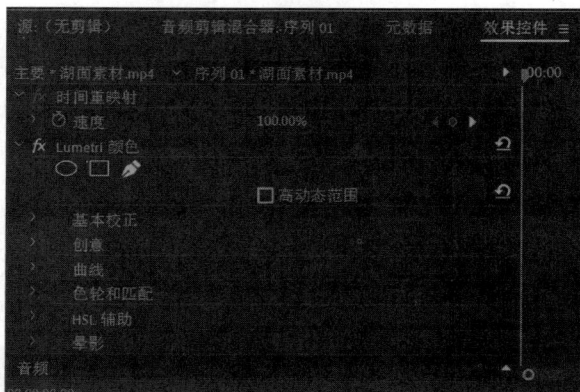

图 8-40　Lumetri 颜色参数设置

（5）素材画面的颜色不够饱满，先对素材进行颜色校正。将工作模式切换为"颜色"模式，打开 Lumetri 颜色范围以方便调整，如图 8-41 所示。

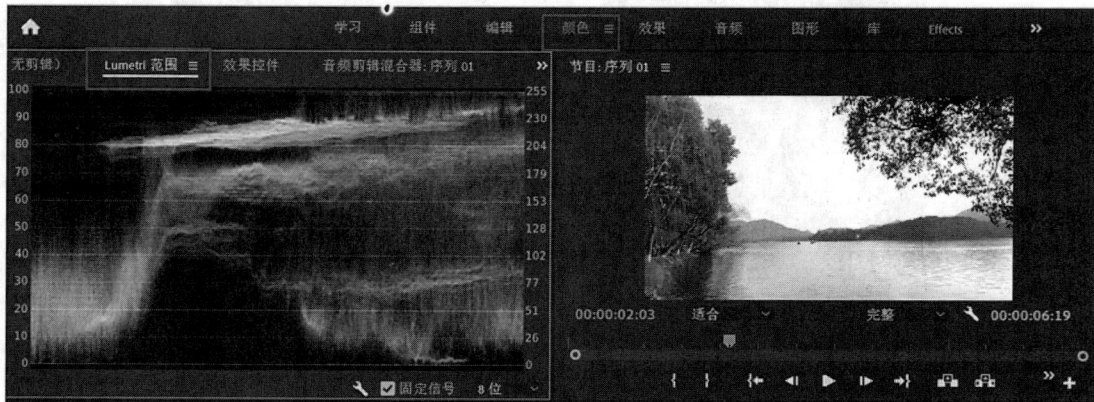

图 8-41　颜色模式

（6）展开右侧的"Lumetri 颜色"面板，对素材进行基本校正，校正参数如图 8-42 所示。

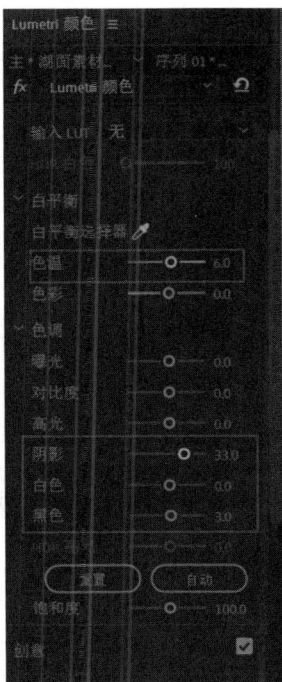

图 8-42　　Lumetri 颜色面板

（7）展开"Lumetri 颜色"面板中的创意调节区域中的"调整"选项，设置淡化胶片、锐化、自然饱和度、饱和度的参数值。将阴影色彩设置为绿色，高光色彩设置为蓝色，如图 8-43 所示。

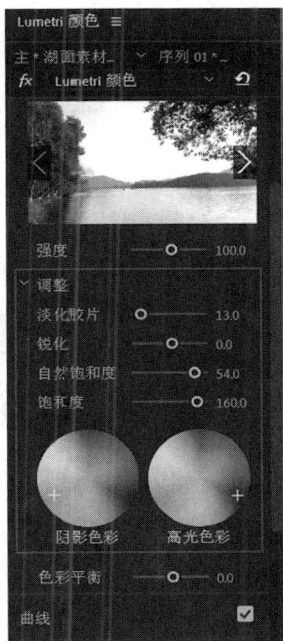

图 8-43　创意选项参数设定

(8) 通过监视器窗口查看校正后的效果，比较调整前的差异，可以适当再对素材进行微调。调整效果如图 8-44 所示。

图 8-44　Lumetri 颜色视频效果校正前后比较

(9) 颜色校正完成后，将工作模式切换回"编辑"模式，如图 8-45 所示。

| 学习 | 组件 | 编辑 ≡ | 颜色 | 效果 | 音频 | 图形 | 库 | Effects | » |

图 8-45　返回编辑工作模式

(10) 打开"效果控件"面板，选择"效果"→"生成"→"镜头光晕"，将其拖拽到 V1 轨道的素材上，如图 8-46 所示。

图 8-46　镜头光晕视频效果添加

(11) 打开"效果控件"面板，将时间指针调到起始位置(00:00:00:00)，添加"光晕中心"关键帧，参数为(300.0，−200.0)，如图 8-47 所示。

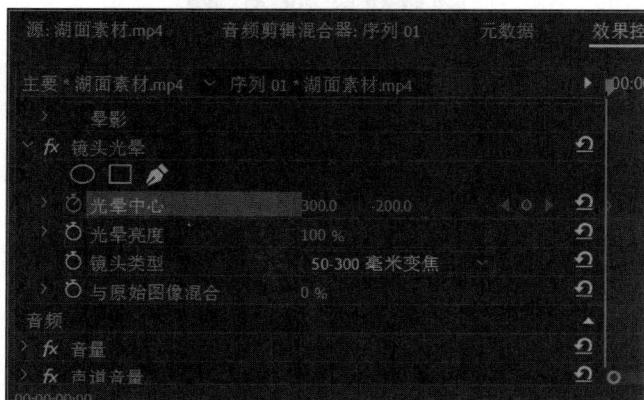

图 8-47　设置起始位置光晕中心关键帧

(12) 将时间指针调到结束位置(00:00:06:18)，继续添加"光晕中心"关键帧，参数为(1600.0，−200.0)，如图 8-48 所示。

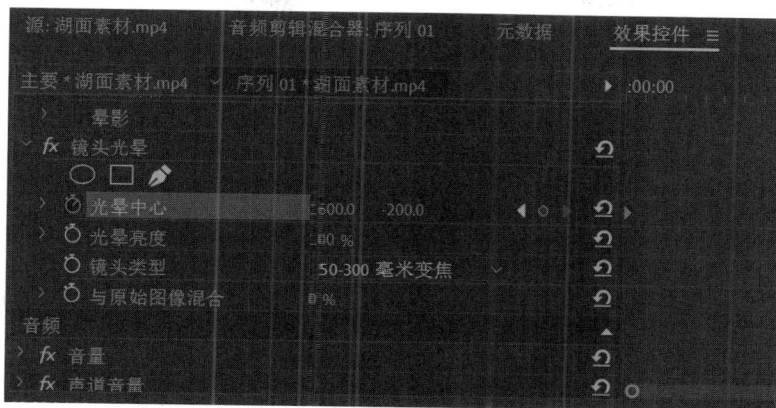

图 8-48　设置结束位置光晕中心关键帧

(13) 浏览整体视频效果，按 Enter 键进行渲染。保存项目，导出 MP4 格式的作品即可，如图 8-49 所示。

图 8-49　导出 MP4 格式

任务 2　"春"片头制作

"春"片头制作

任务目标

微风吹过，带来了春的气息。本任务通过对素材视频的后期处理，完成"春"的片头制作，要求掌握创建自定义序列设置的方法，保留颜色、镜像、球面化、查找边缘等视频效果的使用方法以及旧版标题的创建方法。

任务实施

(1) 新建项目，命名为"春"，存到 D 盘的学号姓名首字母缩写文件夹中(如 99zs)。

(2) 导入素材，在项目面板中选中"花"，通过单击右键查看其属性，如图 8-50 所示。

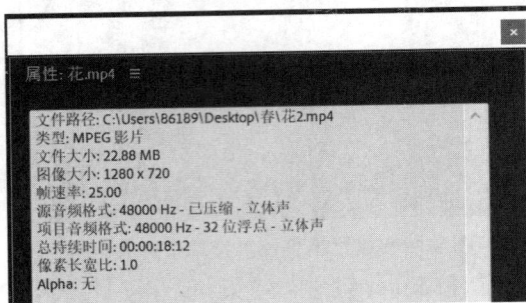

图 8-50　查看素材属性

(3) 新建序列，根据素材的属性创建序列。在"新建序列"对话框中选择"设置"，输入视频参数，单击"保存预设..."，如图 8-51 所示。

(4) 在项目面板中选择视频素材"花.mp4"，并将其拖入 V1 轨道上。

(5) 设定视频前 5 s 的颜色变化效果。打开"效果控件"面板，选择视频"效果"→"颜色"→"保留颜色"，将其拖到 V1 轨道的素材上。打开"效果控件"面板，单击"要保留的颜色"右侧的吸管工具，吸取花瓣上的白色，将要保留的颜色设置为白色，如图 8-52 所示。

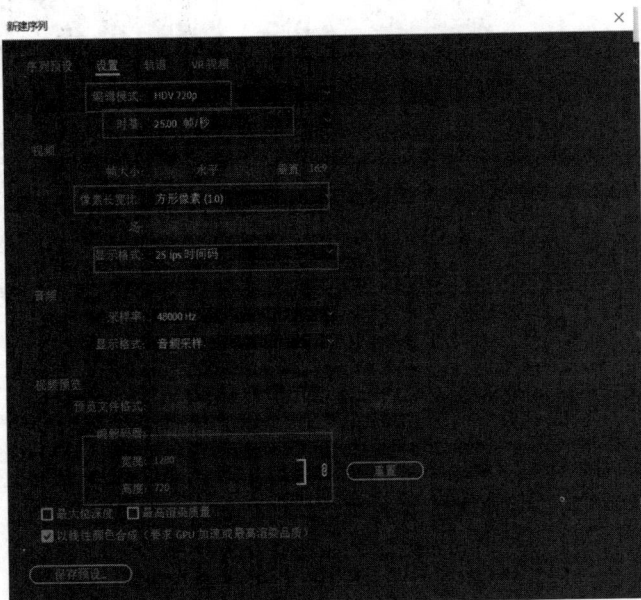

图 8-51　新建序列参数设置

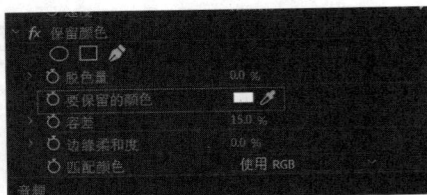

图 8-52　保留颜色设置

(6) 将时间指针移动到起始位置(00 00:00:00)，设置脱色量关键帧，设置数值为 100%；将时间指针移动到 5 s 后(00:00:05:00)，创建脱色量关键帧，设置数值为 0%，形成视频由灰色变为彩色的动态效果，如图 8-53 所示。

图 8-53 创建脱色量关键帧动画

(7) 设置文字"春"效果。选择"文件"→"新建"→"旧版标题"，如图 8-54 所示。在"新建字幕"对话框中创建字幕"春"，单击"确定"，如图 8-55 所示。

图 8-54 新建旧版标题

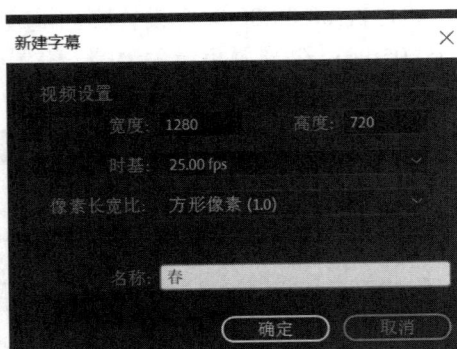

图 8-55　新建字幕"春"

(8) 选择文字工具，输入"春"。在"旧版标题样式"中选择最后一个红色发光字体，在右侧"属性"栏中将字体设置为华文琥珀，字体大小为 150%，调整文字的中心位置，如图 8-56 所示。关闭字幕面板。

图 8-56　设置字幕属性

(9) 将时间指针定位到 5 s(00:00:05:00)，选中项目面板中的字幕"春"，将其拖入 V2 轨道时间指针的右侧，如图 8-57 所示。

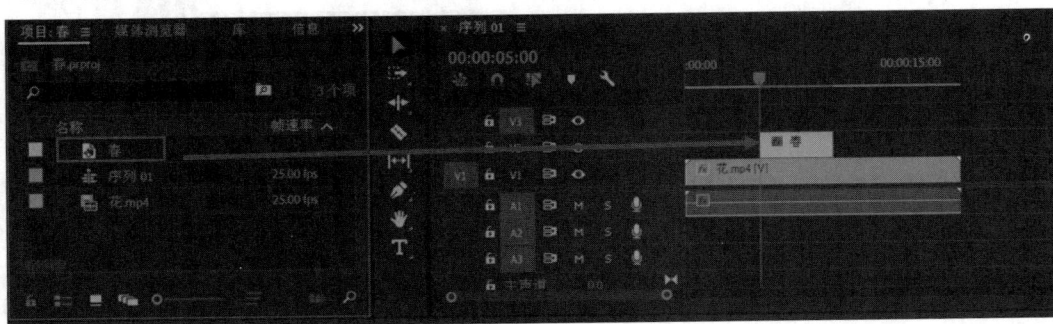

图 8-57　添加字幕"春"到 V2 轨道

(10) 打开"效果"面板,选择"视频效果→扭曲→球面化",将其拖入 V2 轨道的字幕"春"上。

(11) 打开"效果控件"面板,设置半径参数为 250,如图 8-58 所示。

图 8-58 修改球面化效果半径属性

(12) 选中 V2 轨道上的"春"字幕,按右键进行复制。选择 V3 轨道,将时间指针定位到 5 s(00:00:05:00),使用 Ctrl+V 键进行粘贴,如图 8-59 所示。

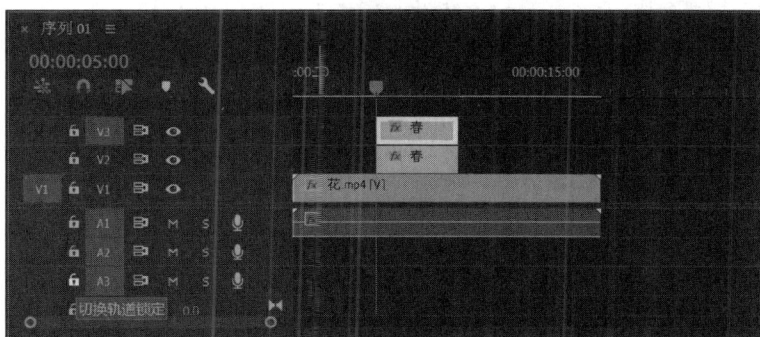

图 8-59 将字幕"春"复制到 V3 轨道

(13) 打开"效果"面板,选择"视频效果"→"扭曲"→"镜像",将其拖入 V2 轨道的字幕"春"上。

(14) 打开"效果控件"面板,设置镜像参数。将"反射角度"设置为 90°,"反射中心"位置设为(1280.0,450.0),如图 8-60 所示。

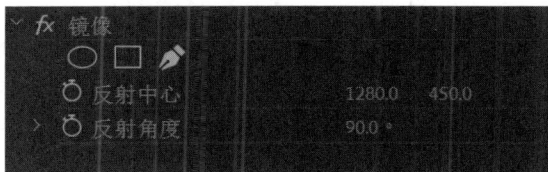

图 8-60 镜像参数设置

(15) 展开"效果控件"面板,选择"视频"→"不透明度",将"不透明度"改为 40%,如图 8-61 所示。

图 8-61 不透明度参数设置

(16) 打开"效果"面板，选择"视频过渡"→"溶解"→"交叉溶解"，将其拖到 V2 轨道、V3 轨道的字幕"春"的入点、出点 4 个位置。

(17) 打开"效果"面板，选择"视频效果"→"风格化"→"查找边缘"，将其拖到 V1 轨道的素材上。

(18) 打开"效果控件"面板，将时间指针定位到 10 s(00:00:10:00)，创建与原始图像混合关键帧，数值为 100%；将时间指针定位到 18 s 05(00:00:18:05)，创建与原始图像混合关键帧，数值为 0%。如图 8-62 所示。

(19) 浏览整体视频效果，按 Enter 键进行渲染。保存项目，导出 MP4 格式的作品即可。

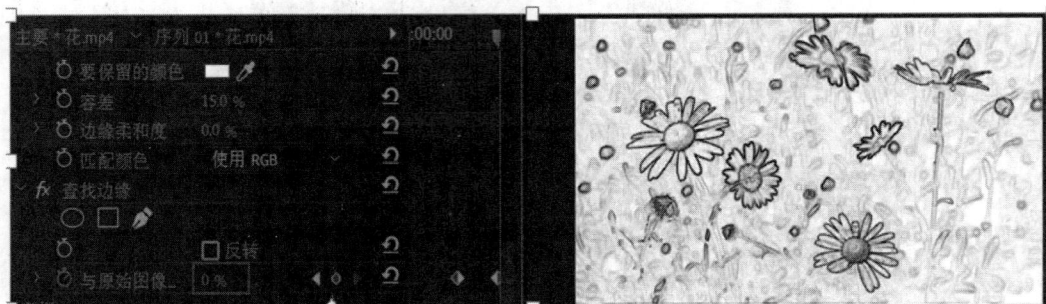

图 8-62　脱色量关键帧设置及效果

任务 3　马赛克效果

马赛克效果

任务目标

马赛克效果可以隐藏或模糊视频中的某些部分，实现保护隐私、遮挡水印等效果。本次任务主要完成动态马赛克效果的制作，实现马赛克的动态跟踪、局部遮挡功能，要求掌握马赛克效果的设置方法、蒙版的绘制方法以及蒙版路径跟踪方式的设定方法。

任务实施

在生活中，每个人都有不愿让他人知道的秘密，这个秘密与其他人的合法利益无关，这个秘密在法律上称为隐私，如个人的私生活、日记、照相簿等。隐私权是自然人享有的对其个人的、与他人及社会利益无关的个人信息、私人活动和私有领域进行支配的一种人格权。我们可以在社交媒体等平台上合理设置隐私权限，设置强密码，保护好个人隐私，谨慎分享个人信息，警惕网络诈骗。

(1) 新建项目，命名为"马赛克"，存到 D 盘的学号姓名首字母缩写文件夹中(如 99zs)。

(2) 新建序列，在不知道素材信息的前提下，先选择序列预设中的 DV-PAL 制式下的标准 48 kHz，创建序列，如图 8-63 所示。

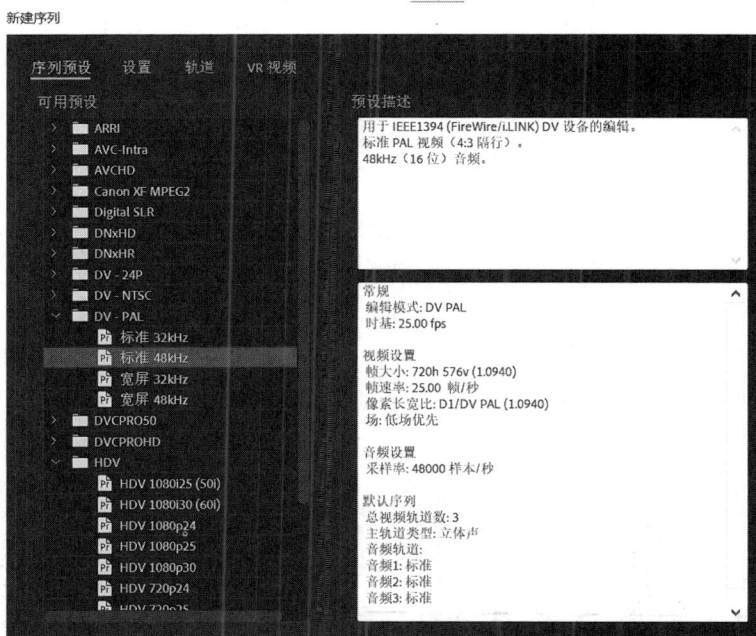

图 8-63　新建序列

(3) 导入马赛克素材，并将素材拖入 V1 视频轨道。由于素材与新建的序列不匹配，会提示更改序列。在弹出的"剪辑不匹配警告"对话框中选择"更改序列设置"，序列的设置会随素材的相关属性做更新，如图 8-64 所示。

图 8-64　更改序列设置

(4) 打开"效果"面板，选择"视频效果"→"风格化"→"马赛克"，将其拖到 V1 的马赛克素材上，如图 8-65 所示。

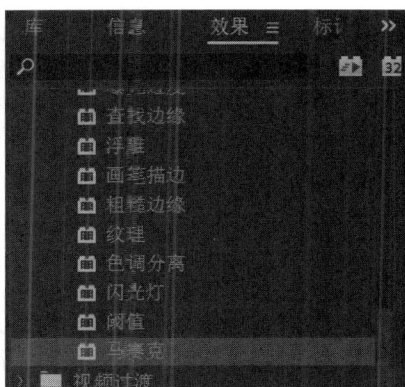

图 8-65　马赛克视频效果

(5) 打开"效果控件"面板，单击"马赛克"→"创建四点多边形蒙版工具" ，完成第一个蒙版的创建。

(6) 将时间指针定位到 0 s(00:00:00:00)，选择蒙版(1)，在节目监视器窗口调整蒙版的大小、位置，使其可以覆盖前面一位女生的头部，如图 8-66 所示。

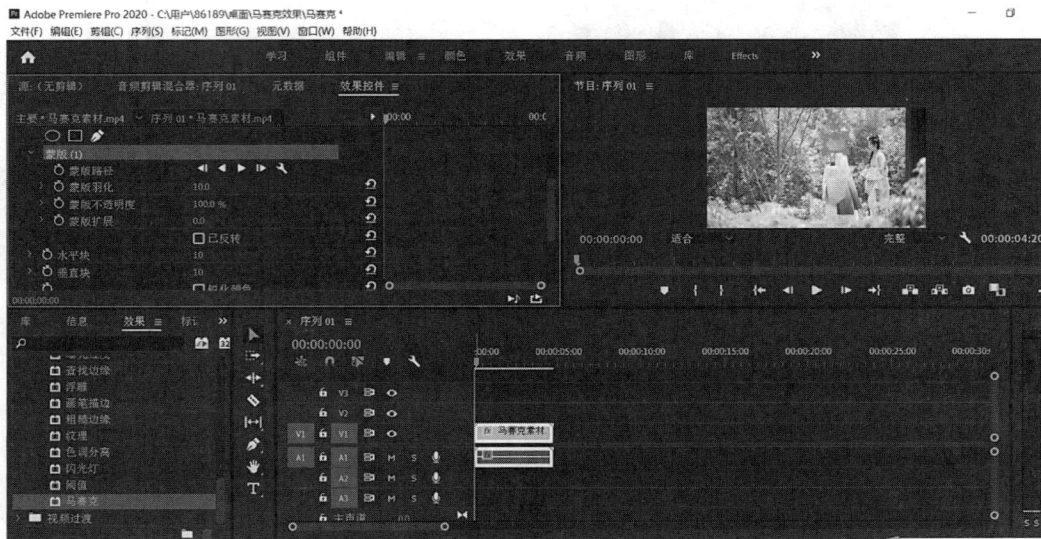

图 8-66　调整蒙版大小和位置

(7) 将马赛克的水平块、垂直块均调整为 50，如图 8-67 所示。

图 8-67　调整马赛克尺寸

(8) 在蒙版(1)中设定蒙版路径的跟踪方法，将其设置为"位置、缩放及旋转"。设置完成后，单击"向前跟踪所选蒙版"，创建马赛克的跟踪路径，如图 8-68、图 8-69 所示。

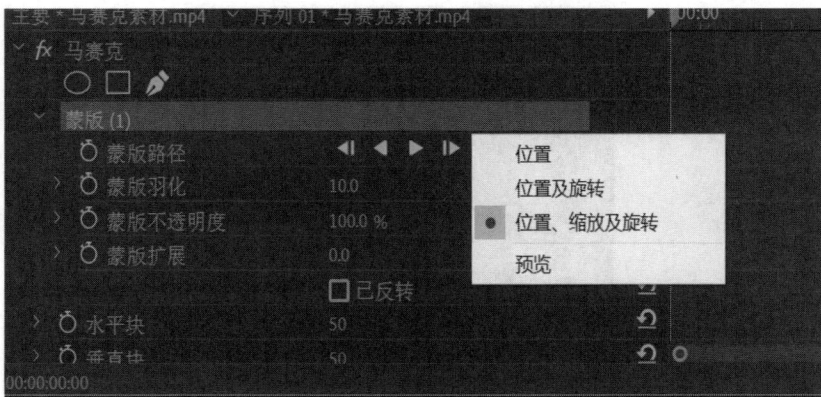

图 8-68　设定蒙版路径的跟踪方法

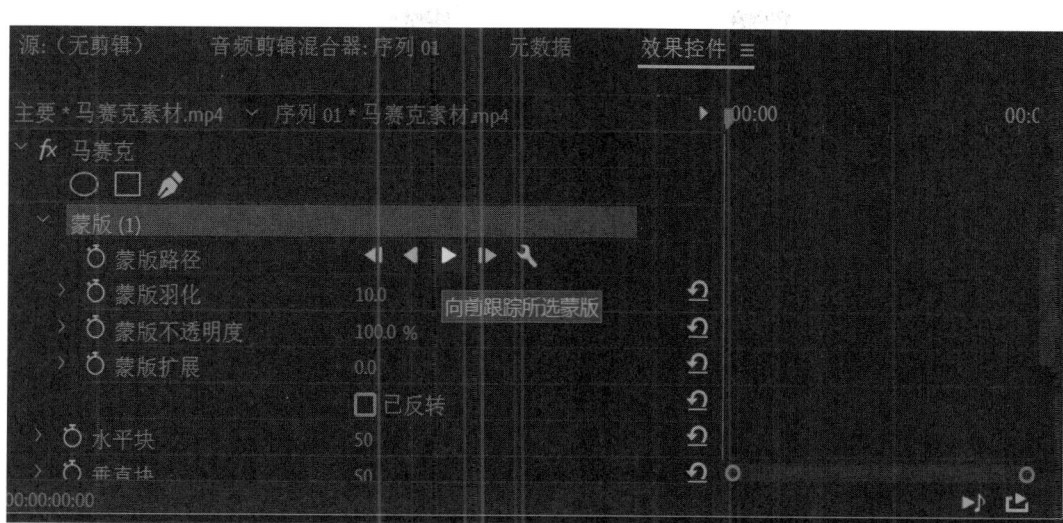

图 8-69 设定跟踪方式

(9) 跟踪完成后，系统自动创建关键帧。检查跟踪效果，如果不满意，可以在任意关键帧调整马赛克位置，重新向前或向后跟踪所选蒙版。

(10) 再次单击"马赛克"→"创建四点多边形蒙版工具"，完成第二个蒙版的创建。这次换种方法完成，通过设置蒙版(2)的"蒙版路径"关键帧来完成马赛克位置的调整，如图 8-70 所示。

图 8-70 创建第二个蒙版的蒙版路径关键帧

(11) 浏览整体视频效果，按 Enter 键进行渲染。保存项目，导出 MP4 格式的作品即可。

任务 4　抠 像 效 果

抠像效果

任务目标

借助 Pr 视频效果里的键控特效，可以完成神奇的抠像效果。抠像效果可以轻松地将目标人物或物体从背景中分离出来，再与新的背景视频叠加合成，呈现更加完美的视觉效果。本次任务通过抠像技术，将人物与校园环境叠加，体现现代感，要求掌握帧定格效果的制作方法及超级键的使用方法。

任务实施

抠像技术是后期剪辑的常用技巧，在早期的电视制作中，抠像需要昂贵的硬件条件支持，对拍摄背景要求严格。如今各种非线编软件大都能完成抠像技术，对背景颜色要求并不严格。目前应用最广泛的是绿屏抠像技术。2024 年 9 月，丝路视觉注册了最新软件——无绿屏抠人像软件 V1.0，该软件采用了一系列先进的 AI 算法，能够实时分析前景与背景，实现对人像的精准提取。技术的更新日新月异，要时刻保持学习的状态，不断更新知识和技术。

(1) 新建项目，命名为"抠像"，存到 D 盘的学号姓名首字母缩写文件夹中(如 99zs)。

(2) 新建序列，选择"序列预设"中的 DV-PAL 制式下的标准 48 kHz，创建序列，如图 8-71 所示。

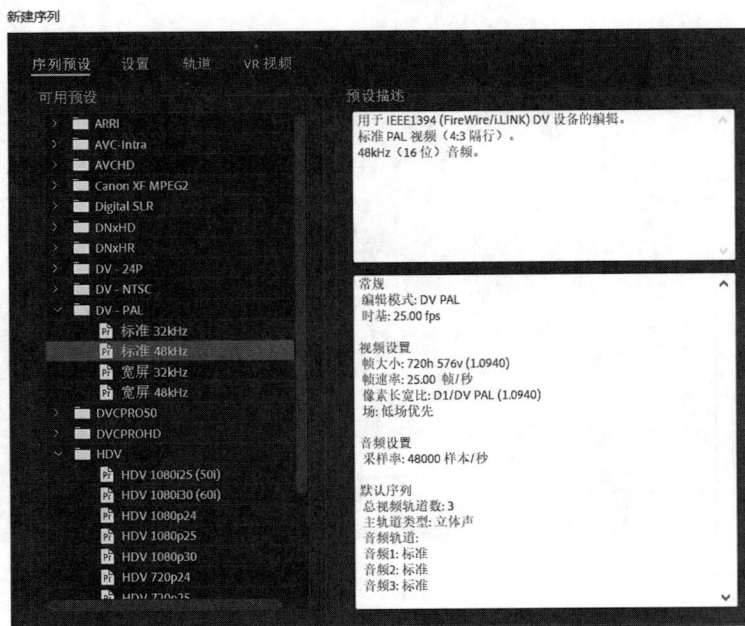

图 8-71　新建序列

(3) 导入前景、背景两个视频素材，将背景素材拖入 V1 视频轨道。此时，由于素材与新建的序列不匹配，会提示更改序列，选择"更改序列设置"。序列的设置会随素材的相关属性做更新(可参考图 8-64)。

(4) 将前景素材拖入 V2 轨道，此时 V1、V2 两个视频轨道播放时长不一致，将项目面板里的前景素材再一次拖入 V2 轨道第一段素材的右侧，如图 8-72 所示。

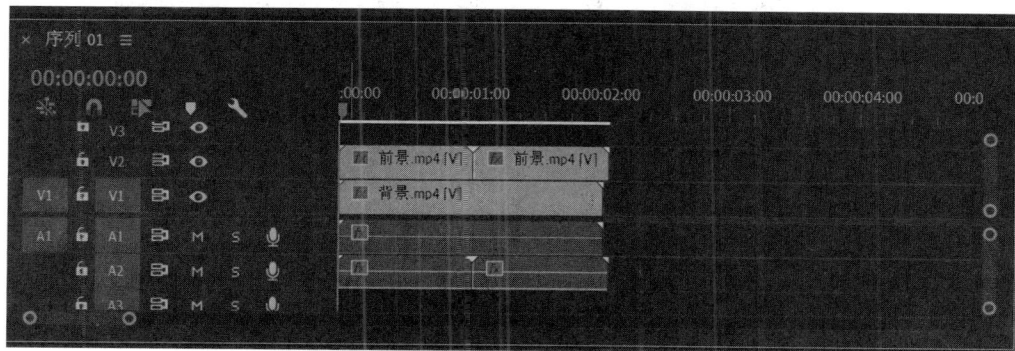

图 8-72　将素材拖入时间轴面板

(5) 选中第二段前景素材，单击右键，选择"帧定格选项…"，如图 8-73 所示。

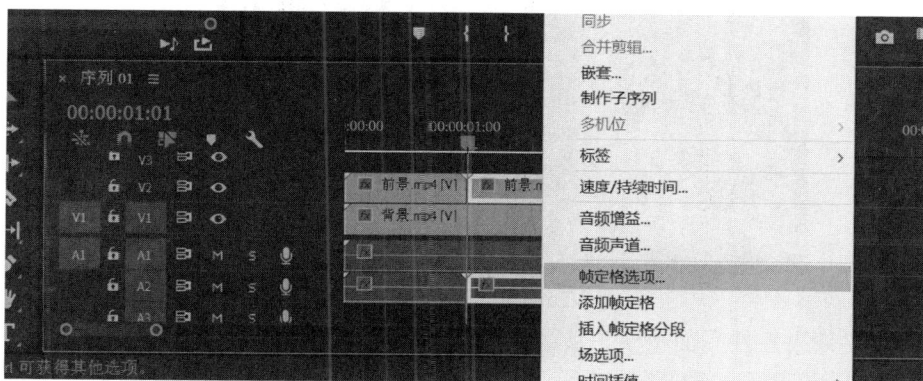

图 8-73　打开帧定格选项面板

(6) 打开"帧定格选项"，将定格位置改为出点，单击"确定"，如图 8-74 所示。

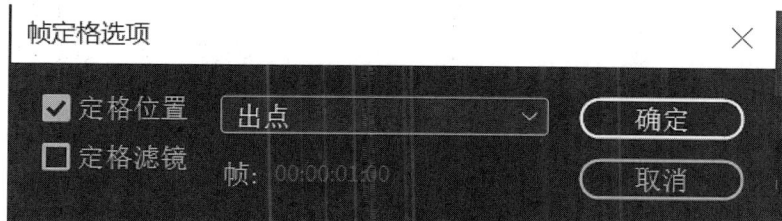

图 8-74　设置定格位置

(7) 将时间指针定位到 2 s 处(00:00:02:00)，将 V2 轨道上的第二段素材视频出点位置调整到时间指针处，与 V1 轨道视频时间等长。

(8) 打开"效果"面板，选择"视频效果"→"键控"→"超级键"，将其拖入 V2 轨道的第二段素材视频上，如图 8-75 所示。

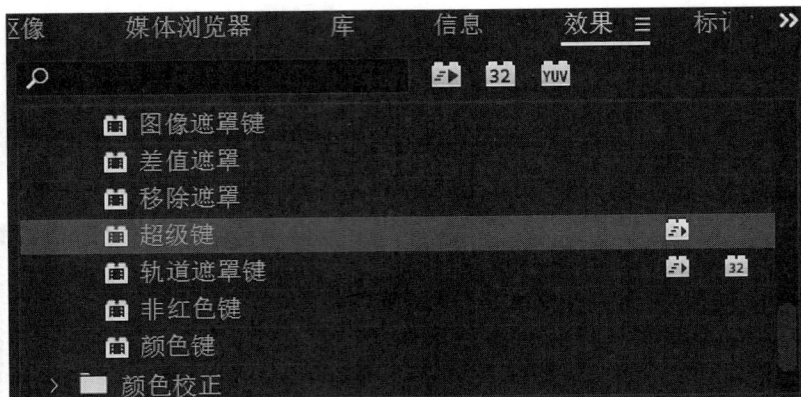

图 8-75　超级键视频效果

(9) 将时间指针定位到 1 s 以后的位置，打开"效果控件"面板，利用"超级键"的"主要颜色"右侧的吸管工具，吸取前景视频的背景颜色蓝色，将主要颜色由黑色改为吸取的颜色，效果如图 8-76 所示。

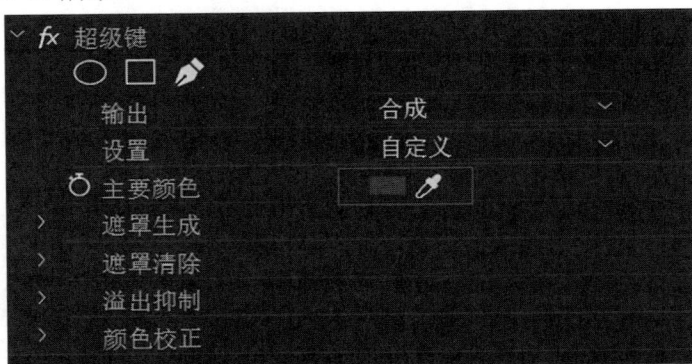

图 8-76　超级键主要颜色设定

(10) 在"效果控件"面板中，展开"溢出抑制"选项，将"溢出"改为 100，就可以将人物边缘的蓝色消除，如图 8-77 所示。

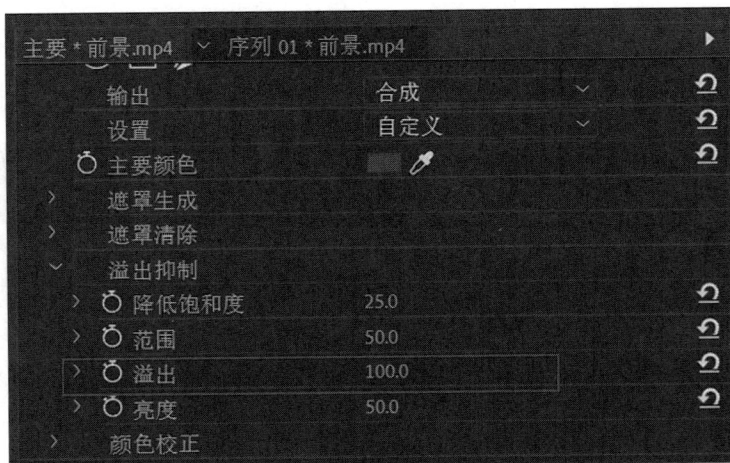

图 8-77　溢出值设定

（11）在"效果控件"面板中，展开"遮罩生成"选项，将"透明度"调整为 15.0，展开"遮罩清除"选项，修改"抑制"为 30.0、"柔化"为 30.0，可以优化人物的面部线条，如图 8-78 所示。

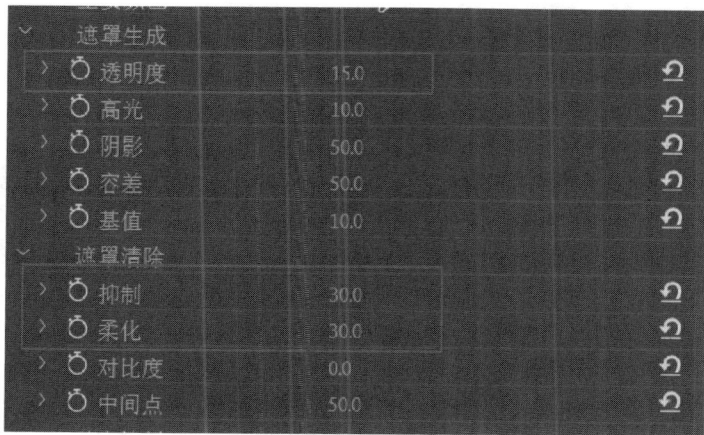

图 8-78　其他参数设定

（12）浏览整体视频效果，按 Enter 键进行渲染。保存项目，导出 MP4 格式的作品即可。

技巧点亮

一、预设效果

（1）用户除了可以直接为素材添加内置的特效外，系统还提供了已经设置好各种参数的预设效果或预设颜色校正。"预设"文件夹存放预设效果，"Lumetri 预设"文件夹存放预设颜色校正效果。如图 8-79、图 8-80 所示。

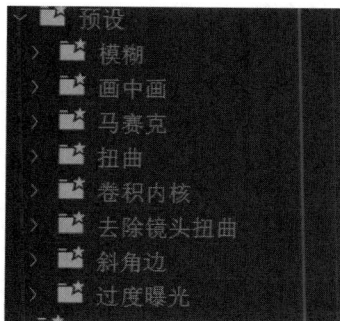

图 8-79　预设文件夹图

图 8-80　Lumetri 预设文件夹

（2）用户使用预设效果时，与普通的视频效果使用方法一致。可以选中预设效果将其拖入时间轴面板中相应轨道的素材上即可。参数的调整也是在"效果控件"面板中进行的。如图 8-81 所示，使用了预设中的快速模糊入点效果。

图 8-81　预设效果的使用

二、创建、保存新的预设效果

在视频剪辑过程中，可能会频繁用到某种特效，甚至参数的设置、关键帧的设置都大同小异，在此情况下，可以将自定义的视频效果保存为预设效果，方便后期调用。

(1) 以设置模糊效果为例，完成创建新预设的操作。如图 8-82 所示，将高斯模糊特效添加到 V1 轨道的素材上。

图 8-82　添加高斯模糊效果

(2) 将时间指针定位到 0 s(00:00:00:00)，将"模糊度"参数改为 200，创建第一个关键帧，如图 8-83 所示。

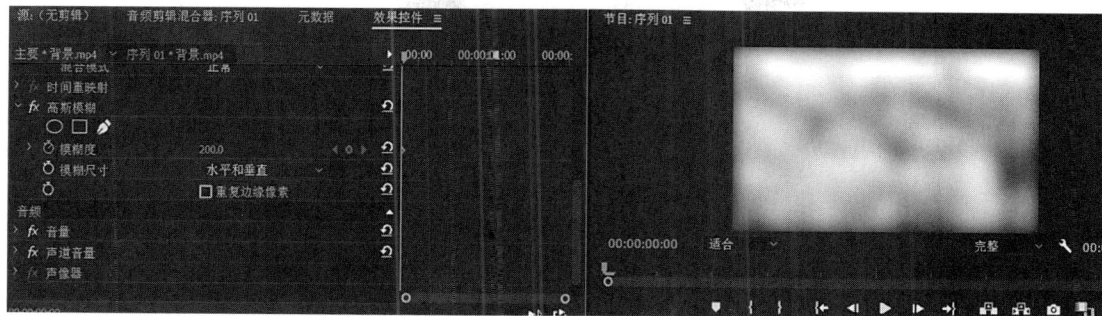

图 8-83　创建第一个模糊度关键帧

(3) 将时间指针定位到 1 s 15(00:00:01:15)，将"模糊度"参数改为 0，创建第二个关键帧，如图 8-84 所示。

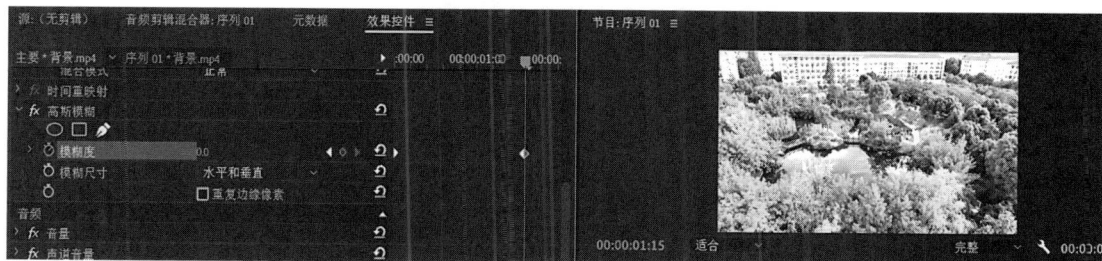

图 8-84　创建第二个模糊度关键帧

(4) 此时视频效果设置完成。在"效果控件"面板中选择"高斯模糊"效果，单击右键，选择"保存预设…"选项，如图 8-85 所示。

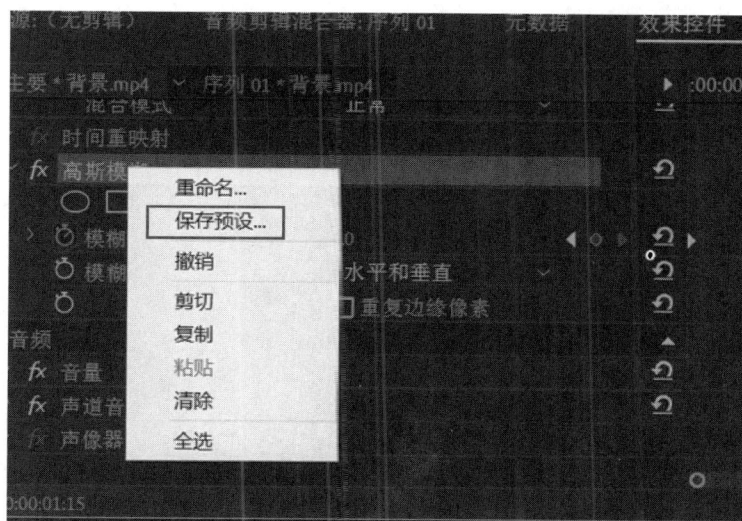

图 8-85　保存预设

(5) 在"保存预设"选项卡中，根据视频效果的分类，修改名称、类型，如需要也可以完善效果描述，单击"确定"进行保存，如图 8-86 所示。

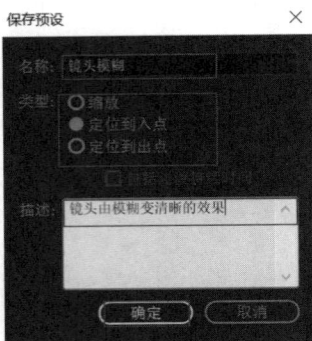

图 8-86　保存预设选项卡

(6) 打开"效果"面板，可以在"预设"文件夹中找到刚才保存的"镜头模糊"效果预设，如图 8-87 所示。保存项目，关闭软件。

图 8-87　镜头模糊预设

(7) 打开 Pr 软件，创建新的项目、序列。将素材拖入 V1 轨道上，如图 8-88 所示。

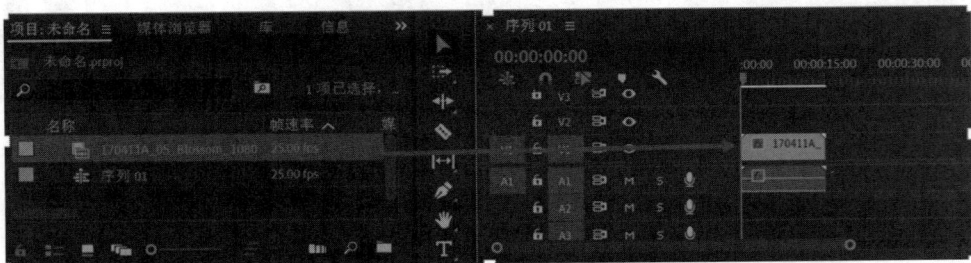

图 8-88　创建新剪辑

(8) 打开"效果"面板，将"预设"→"镜头模糊"效果拖入 V1 的素材中，如图 8-89 所示。

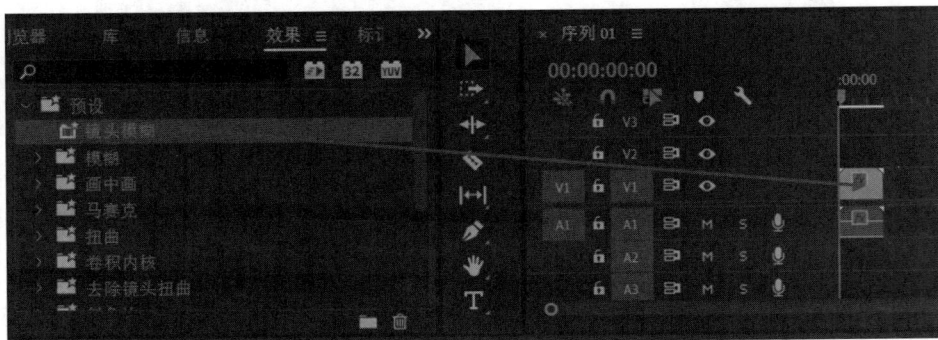

图 8-89　添加镜头模糊预设效果

(9) 打开"效果控件"面板，参数设定与原来创建镜头模糊效果设定的参数、关键帧保持一致，如图 8-90 所示。创建新的预设效果成功。

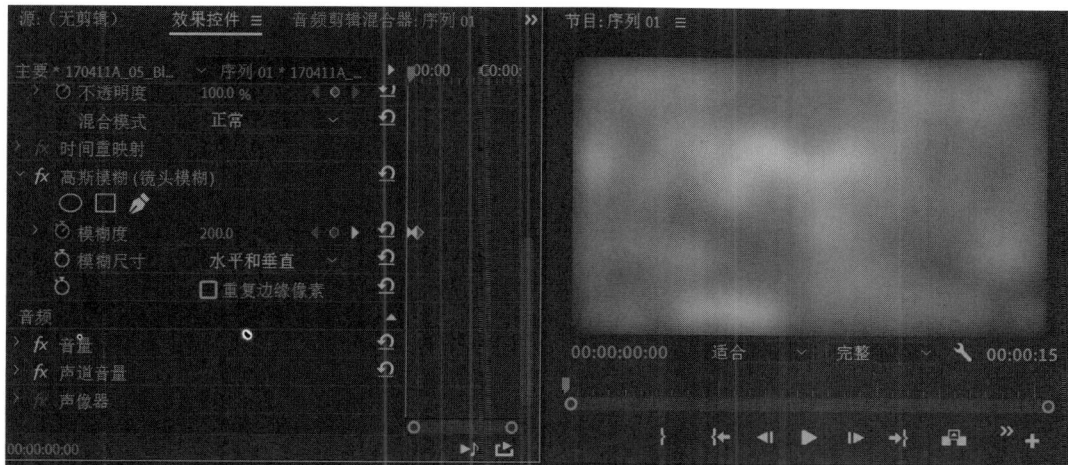

图 8-90　镜头模糊效果展示

课外拓展

(1) 观看 mooc 上的对应视频，并完成讨论和习题。

(2) Pr 除了内置的视频效果外，还有很多外置的视频特效，视频插件是必不可少的辅助工具。当 Pr 装上第三方插件，可省去许多时间与步骤，大大提升效率。请试着去搜索、安装更多的视频插件。

(3) 根据提供的素材，完成"书写"效果制作。

项目 9　音　　频

备注：本项目所有素材均为编者原创拍摄完成，涵盖视频短片及图片素材等多元化内容。

项目导入

音频同视频一样是多样化的，在电影、电视剧上听到的背景音乐、歌曲、MV 音乐作品都属于音频。采用不同种类的素材对音频进行多样性操作，使音频"活"起来。

本项目综合了用特效制作音频过渡，降噪处理音频，动态调整声音，创意调整声音，制作音频回声等操作，将音频的应用综合到一起。

知识储备

一、音频的定义

音频(Audio)是指通过电子设备记录、传输、处理或播放的声音信号，本质上是声波的电子化表现形式，涵盖人类可听频率范围(20 Hz～20 kHz)内的所有声音形式，包括自然声、人声、音乐和人工合成声等。其物理本质是将空气振动转化为电信号或数字信号，例如模拟音频(如磁带)通过连续电流记录声波，而数字音频(如 MP3 文件)则以二进制数据存储声音。音频质量由采样率(每秒采集声波的次数)、位深度(动态范围精度)和声道数(空间呈现方式)等技术参数决定，广泛应用于通信(电话、视频会议)、娱乐(音乐、播客)、多媒体(电影配乐、游戏音效)及科研工业(声呐探测)等领域。

音频具备可存储与编辑的特性，能通过软件进行剪辑、降噪等处理，但其传播需依赖扬声器或耳机等设备才能被人耳感知，且最终效果受听众听力范围、情感联想及环境干扰等多重因素影响。从鸟鸣录音到电子合成音乐，再到功能性提示音(如闹钟铃声)，音频作为声学现象的技术延伸，不仅突破了声音的时空限制，更成为人类传递信息、艺术创作与科学探索的核心工具。

二、音频常见格式

音频有以下几种常见的格式。

1. CD

CD 是音质比较高的音频格式。在大多数播放软件的"打开文件类型中"都可以看到 *.cda 格式，就是 CD 音轨。CD 音轨近似无损，忠于原音。

2. MP3

MP3 的全称是 MPEG-1 Audio Layer 3。MP3 的压缩率高达 10:1～12:1，相当于 1 min CD 音质的音乐未压缩时需要 20 MB 的存储空间，压缩后只需要 2 MB 左右，因此 MP3 格式是一种有损压缩音频文件。目前，MP3 是最普及的音频压缩格式，其体积小，音质相对不错，在市面上比较流行。

3. WAV

WAV 是 Microsoft Windows 提供的音频格式，用 .wav 作为扩展名，其文件格式称为波形文件格式。在 Windows 平台下，WAV 是最广泛的音频格式，成为通用的音频格式。WAV 本身可以达到较高的音质要求，适合保存音乐素材。

4. MIDI

MIDI(Musical Instrument Digital Interface)是数字音乐设备通信协议标准，其衍生的标准 MIDI 文件(SMF)因存储音符事件而非音频数据，具有体积小(典型文件仅数十千字节)、可编辑性强(支持音符级参数修改)的特点。作为现代数字音乐制作的核心技术，MIDI 不仅应用于音乐创作(DAW 制作、虚拟乐器控制)，还广泛服务于舞台设备同步、影视配乐工程、智能乐器互联等领域，其 2.0 版本更实现了纳米级时序精度和动态音色交互功能。

5. OGG

OGG 是一种新生代的音频格式，完全开源，完全免费，与 MP3 类似。目前虽然不普及，但在音乐软件、游戏音效、便携播放器、网络浏览器上都得到广泛支持。

6. APE

APE 是目前流行数字音乐文件格式之一。采用无损压缩技术，文件大小为 CD 的一半，节约了大量资源，是最有前途的网络无损格式。

三、声音分类

在视频剪辑软件(如 Adobe Premide Pro)中，声音分类是音频管理和剪辑的重要基础。合理的声音分类能帮助用户高效组织素材、优化混音流程，提升成片质量。以下是 9 类常见声音分类及其在 Pr 中的应用场景。

1. 对话(Dialogue)

对话(Dialogue)是以人声为核心的音频类型，通常包含人物对白、采访录音等语言表达内容，主要应用于纪录片、访谈节目及剧情类影片中，承担推动情节发展、传递关键信息等核心叙事功能，是视频作品中构建故事逻辑与情感共鸣的基础声轨。

2. 音乐(Music)

音乐(Music)通常涵盖背景音乐(BGM)、主题曲和配乐等类型，广泛应用于影视、广告及短视频中，通过渲染情绪氛围、填补音频空白或增强动态节奏感，为画面赋予情感张力和叙事连贯性。

3. 音效(Sound Effects, SFX)

音效(Sound Effects, SFX)是通过短音频(如开门声、脚步声等)增强画面真实感的听觉元素，常用于动作片、广告或 Vlog 中，通过细节化呈现动作动态，强化画面与声音的精准呼应，从而提升场景可信度与观众的沉浸体验。

4. 环境音(Ambience)

环境音(Ambience)指背景环境中的持续声音元素(如咖啡馆嘈杂声、风声等)，通过模拟真实空间的听觉特征，常用于影视、广告或 Vlog 中，旨在营造场景沉浸感或填补画面无声片段的空白，使观众在视觉与听觉的同步中感知空间维度和叙事完整性。

5. 旁白(Voiceover/Narration)

旁白(Voiceover/Narration)是以解说性画外音形式呈现的音频内容，常见于教程视频、宣传片或纪录片中，通过引导观众理解核心信息与叙事脉络，确保逻辑清晰，同时增强内容的专业性与观众的沉浸式体验。

6. 无声(Silence)

无声(Silence)是视频剪辑中刻意保留的无声段落，通过主动制造声音空白，常应用于悬念营造、情感留白或转场过渡等场景，以静态的听觉反差强化叙事节奏，或为观众预留想象空间，从而在动态画面与静默音轨的对比中提升视觉冲击与情感张力。

7. 拟音(Foley)

拟音(Foley)是后期专门录制模拟真实动作细节的声音(如衣物摩擦声、脚步声等)，常见于电影、动画等视听作品中，通过精准补充拍摄时难以捕捉的细微声响，增强画面的细节真实感与物理质感，使观众在声画同步的沉浸体验中感知更立体的场景与角色动态。

8. 混音(Mix)

混音(Mix)是对多轨道音频进行最终整合的关键流程，涵盖音量平衡、空间定位及效果叠加等操作，应用于所有视频项目的音频收尾阶段，通过协调人声、音乐、音效等元素的层次关系与动态范围，确保多轨音频的和谐统一，从而提升成片整体听觉体验的专业度与一致性。

9. 立体声/环绕声(Stereo/Surround)

立体声/环绕声(Stereo/Surround)是通过多声道技术实现空间化定位的音频形式，常见于电影、VR 视频等场景中，利用声道分布模拟三维声场环境，为观众营造身临其境的沉浸式听觉体验，同时通过动态混音增强画面与声音联动的真实感与空间层次感。

四、常见术语

1. 音频采样率

音频采样率是指录音设备在单位时间内对模拟信号采样的多少，采样频率越高，机械波的波形就越真实越自然，音质越好。Pr 中常用的采样率为 48 kHz。

2. 音频单位

音频单位为赫兹(Hz)，是国际单位中频率的单位，可以简化理解为声波 1 s 振动了多少次。声波每秒振动(或振荡、波动)1 次 = 1 Hz。

任务实训

任务 1   用特效制作音频过渡

用特效制作
音频过渡

任务目标

本任务的剪辑由 2 段"海浪声"音频组成。通过对本段音频的剪辑，我们可以了解导入音频的流程，掌握音频特效的使用，并合理使用音频过渡特效。通过学习使用音频特效，我们可以熟练地使用音频特效解决日常收集的各种原始素材，培养勤于动手的习惯，享受运用知识成功解决问题的愉悦，并增强学好剪辑视频的信心。

任务实施

在现实中拍摄、录制作品时，音频的流畅过渡能够极大地增强作品的整体连贯性与节奏感。例如，以"海浪声"为主题的拍摄，其不同镜头切换的恰到好处，能够吸引读者的注意力，强化美感，实现作品的思想性和艺术性的统一，培养精益求精的工匠精神。

(1) 新建文件夹，命名为学号姓名(如 99 张三)。新建项目名称为"音频特效"，存储到新建文件夹中，如图 9-1 所示。

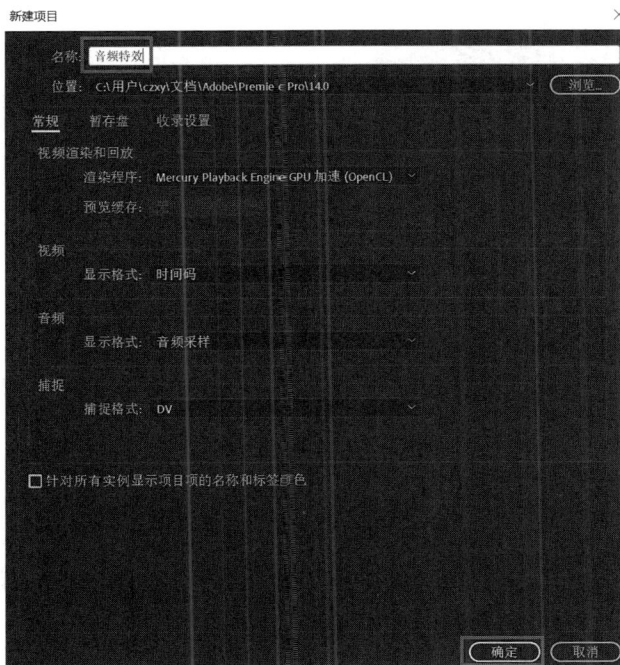

图 9-1   新建项目

（2）新建序列，序列名称为音频特效。选择菜单栏的"文件"→"新建"→"序列"，在打开的"新建序列"窗口中，选择"可用预设"为"DV-PAL"→"标准 48 kHz"，切换至"设置"选项卡并确认音频采样率为 48 kHz，在"序列名称"栏输入"音频特效"，最后单击"确定"完成创建并进入序列编辑界面，如图 9-2 所示。

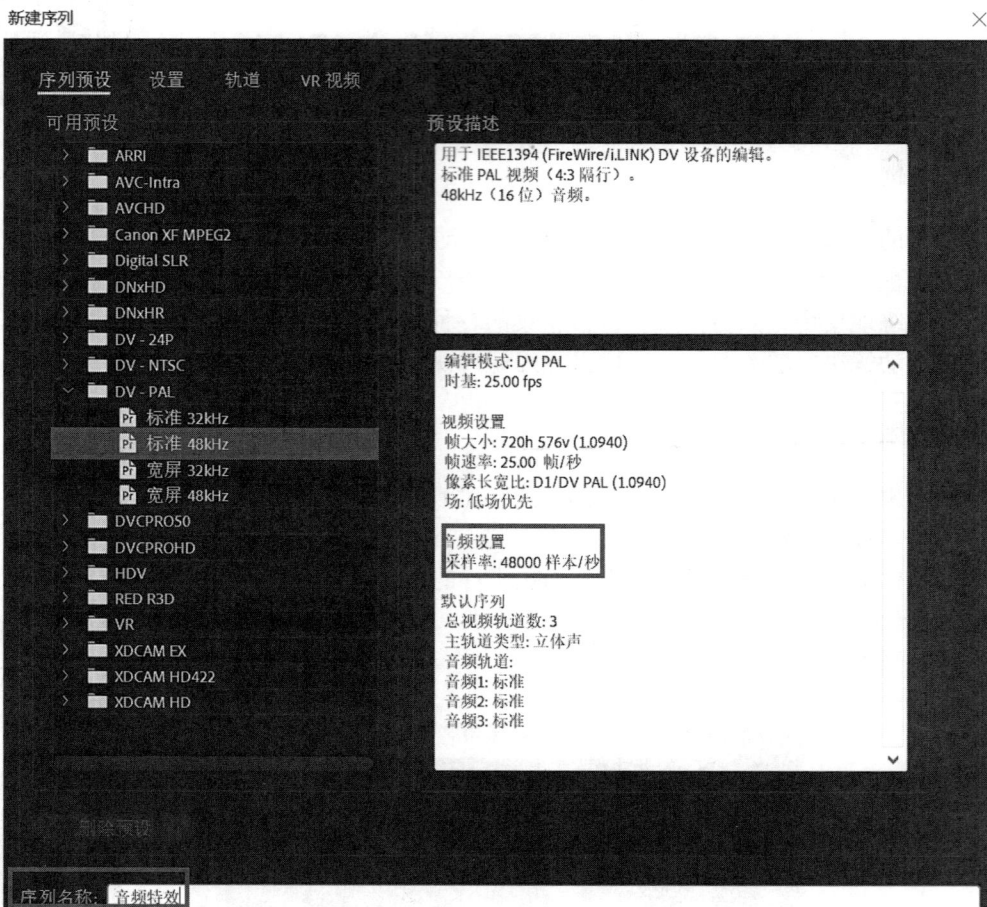

图 9-2　新建序列

（3）在项目面板中导入素材"海浪声.mp3"和"海浪声 2.mp3"，将其拖入时间轴的 A1 音频轨道，播放试听以确认素材的完整性，如图 9-3 所示。

图 9-3　播放音频

（4）试听两段音频素材后，若发现衔接处存在突兀感，可在时间轴中选中两段音频的交界区域，右键单击并选择"应用默认过渡"(默认添加持续 1 s 的"恒定功率"交叉淡化效果)，此时音频轨道上将出现渐变过渡示识，可拖动边缘调整淡化时长，如图 9-4 所示。

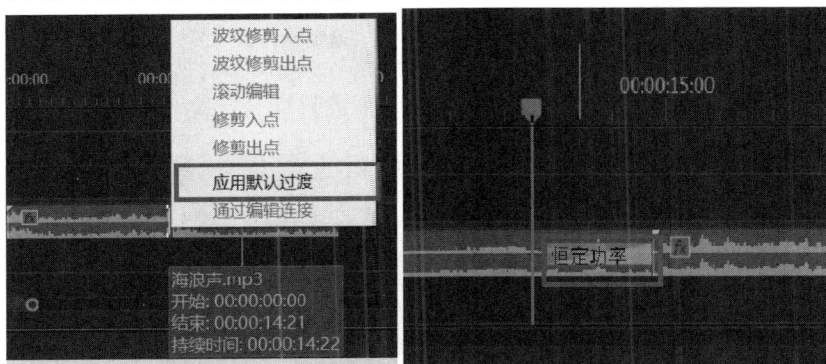

图 9-4　应用默认过渡

(5) 选中已添加的"恒定功率"过渡效果，右键单击并选择"设置过渡持续时间"，在弹出的对话框中，将默认的 1 s(显示为 00:00:01:00)修改为 15 帧(例如，若序列帧率为 25 fps，则输入 00:00:00:15)，单击"确定"完成调整，如图 9-5 所示。

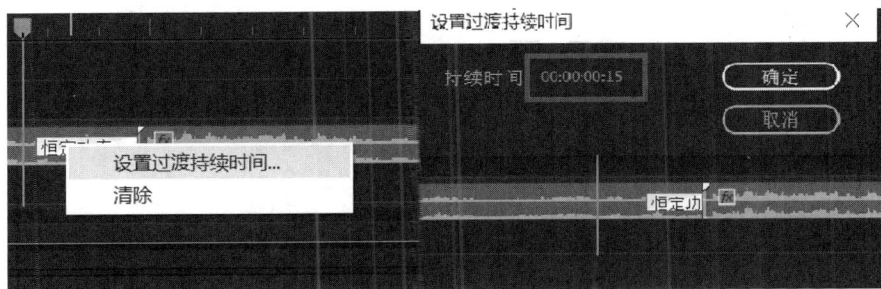

图 9-5　调整持续时间图

(6) 在音频 1 的开端和音频 2 的末端分别添加"指数淡化"过渡效果，并听取效果变化。在菜单栏中选择"音频"→"音频过渡"→"交叉淡化"→"指数淡化"，选中"指数淡化"并分别拖入音频的首端和末端，如图 9-6 所示。

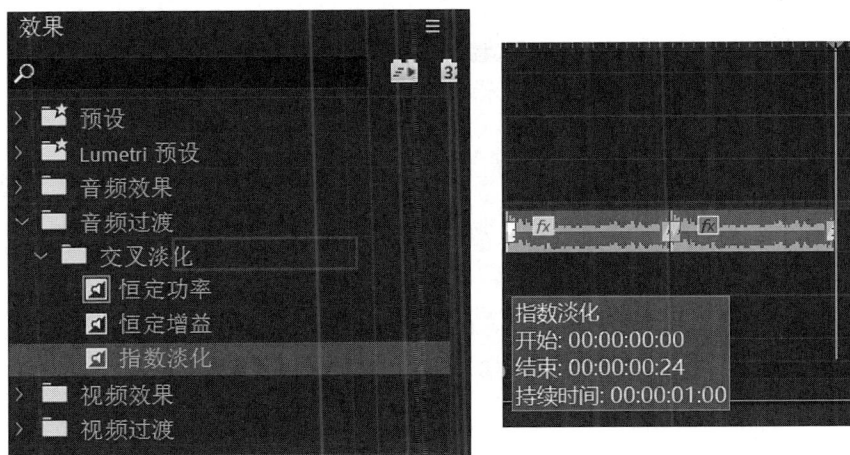

图 9-6　添加指数淡化效果

(7) 完成音频编辑后，依次选择菜单栏"文件"→"导出"→"媒体"，打开"导出设置"对话框，在"格式"下拉列表中选择"MP3"，在"预设"栏选择"MP3 256 kbps高品质"编码方案，单击"输出名称"设置存储路径并命名文件，最后确认参数无误后单击右下角的"导出"，等待渲染进度条完成即可生成目标音频文件，如图9-7所示。

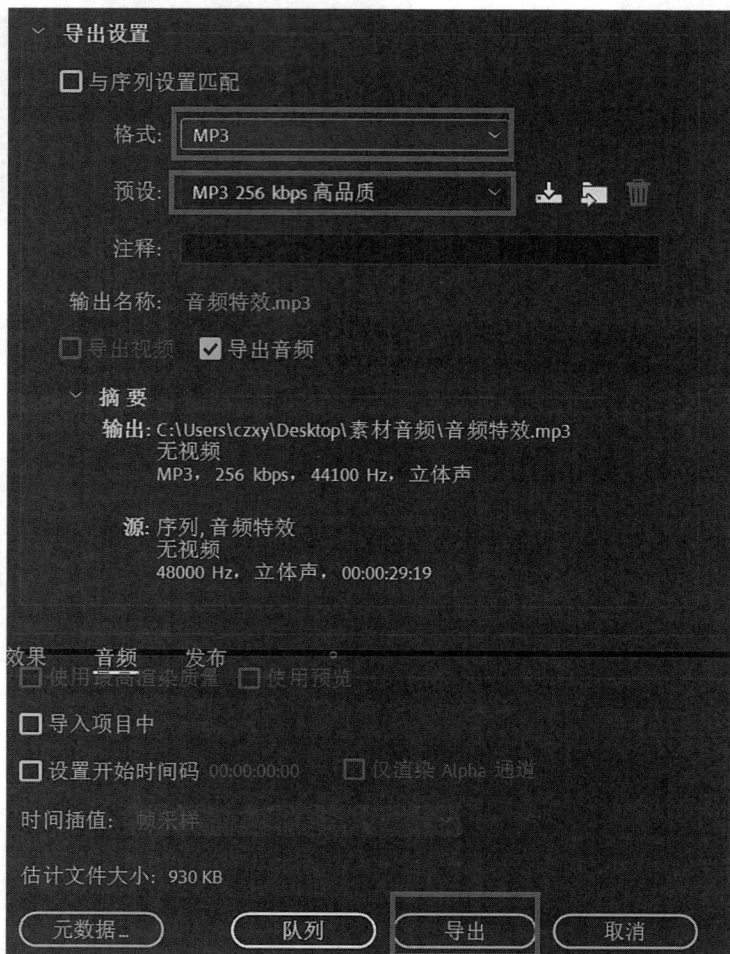

图9-7　导出音频文件

任务 2　降噪处理音频

降噪处理音频

任务目标

本任务的剪辑素材是由现场拍摄的一段"羽毛球声"的音频组成的。通过对该音频的剪辑，了解声音的分类，掌握通过调整数值使音频降噪的方法，掌握应用关键帧操作降噪。

任务实施

在音频处理的诸多环节中，降噪处理是确保音频质量的关键步骤。在短视频、自媒体等领域中音频的清晰度和纯净度直接影响着作品的整体效果。现实中，音频的录制会受到各种噪声的干扰，如背景杂音、设备自身噪声等。这些噪声会严重破坏音频的品质，分散读者的注意力，甚至可能导致传达的信息不清晰。这就需要我们掌握降噪技巧，为作品增色。下面对一段现场"羽毛球声"做降噪处理，来提升音频效果。

（1）新建文件夹，命名为学号姓名(如 99 张三)。新建项目名称为"声音修复-减少噪音"，存储到新建文件夹中，单击"确定"，如图 9-8 所示。

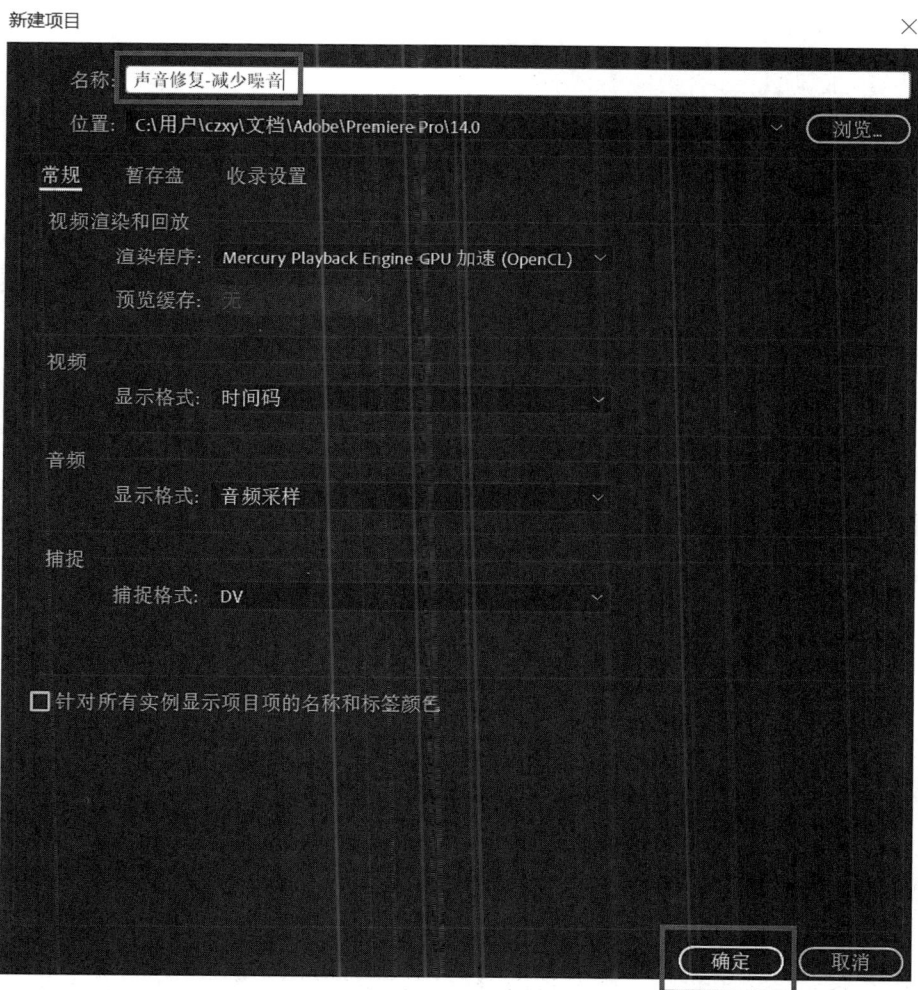

图 9-8　新建项目文件

（2）选择菜单栏"文件"→"新建"→"序列"，打开"新建序列"对话框，在"可用预设"列表选择"DV-PAL"→"标准 48 kHz"，切换至"设置"选项卡并确认"音频"采样率为 48 kHz，"序列名称"修改为"声音修复-减少噪音"，单击"确定"完成序列创建并进入编辑界面，如图 9-9 所示。

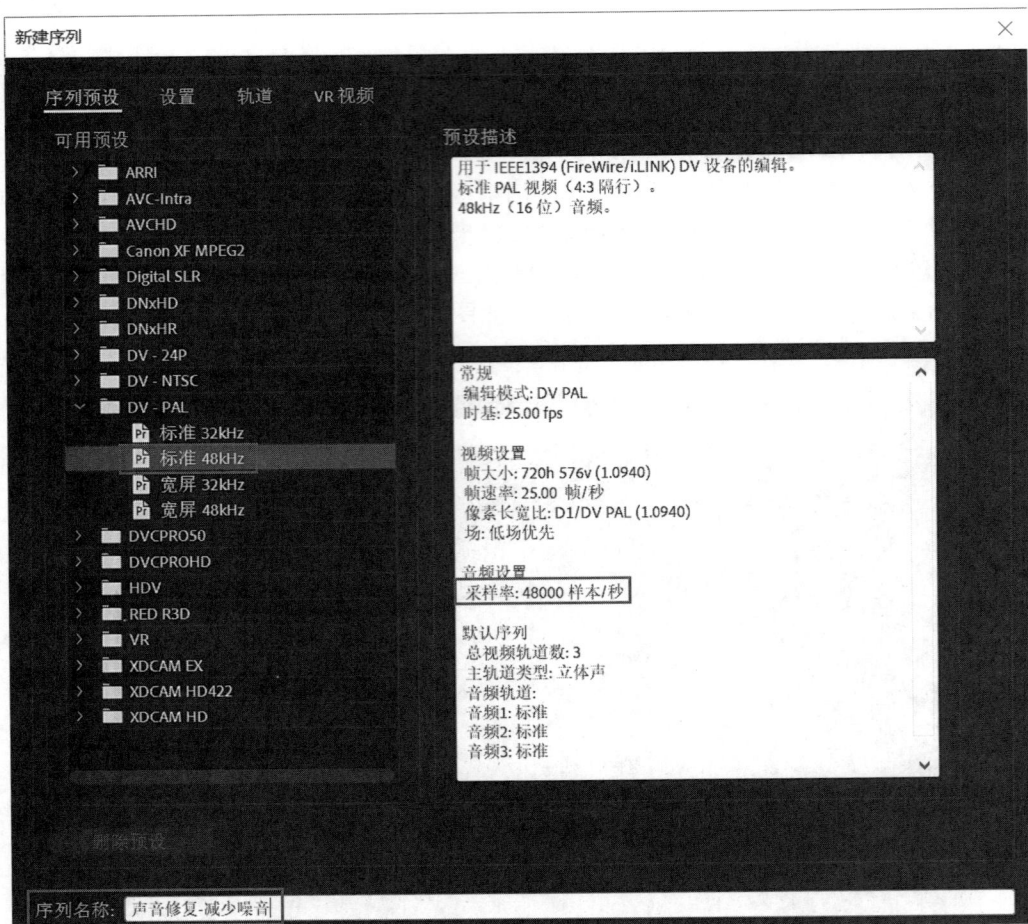

图 9-9　新建序列

(3) 导入素材"羽毛球声"，将其拖入 A1 轨道，试听时可清晰识别背景中存在明显的环境噪声，后续需执行降噪处理以优化音质，如图 9-10 所示。

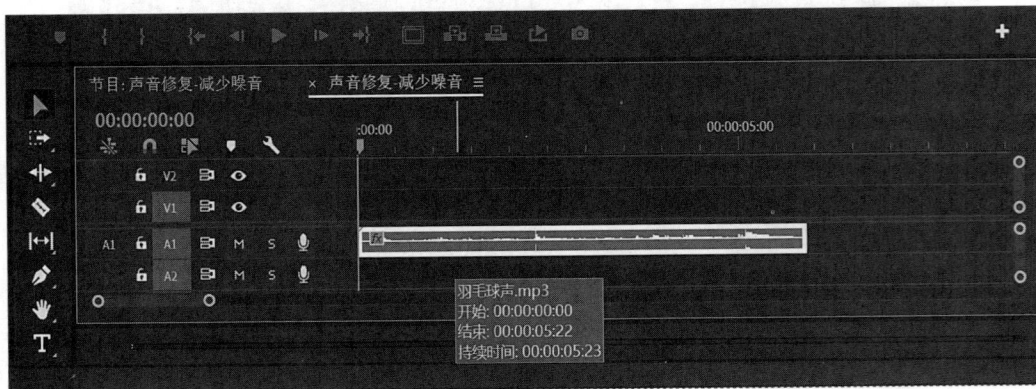

图 9-10　素材导入

(4) 选择音频，在"基本声音"中选择"对话"模式，如图 9-11 所示。

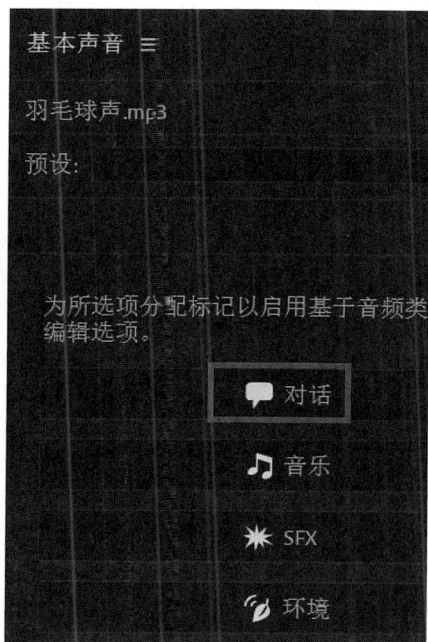

图 9-11　"对话"模式

　　(5) 在"效果控件"面板中展开"修复"分类并双击加载"减少杂色"效果器，将"阈值"参数调整至 8 dB，勾选"降低隆隆声"功能并设置"频率衰减"为 5 dB，针对性消除 50～150 Hz 频段的环境底噪，最后单击"播放"对比处理前后的音频效果，同时通过"频谱分析仪"实时观测噪声消除情况以优化参数，如图 9-12 所示。

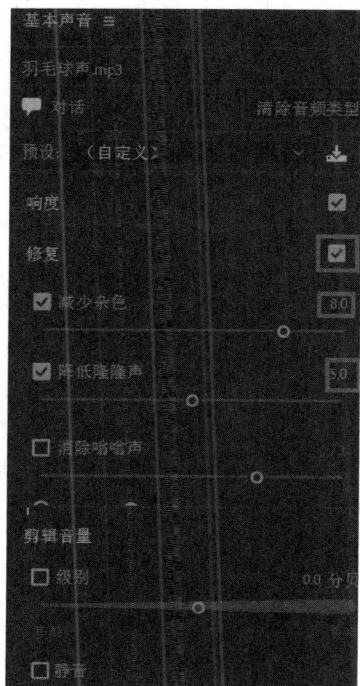

图 9-12　修复模式

(6) 完成基础降噪参数设置后，需进一步进行精细化处理。在"效果控件"面板中激活已添加的"降噪"效果器并单击"编辑"进入高级设置界面，如图 9-13 所示。在"处理焦点"中选择"全频段"，勾选"仅监听噪声"功能后播放音频，此时仅输出被算法识别的噪声成分以验证降噪准确性。关闭"仅监听噪声"功能完整试听处理后的音频，确保音色无失真且底噪有效消除，如图 9-14 所示。

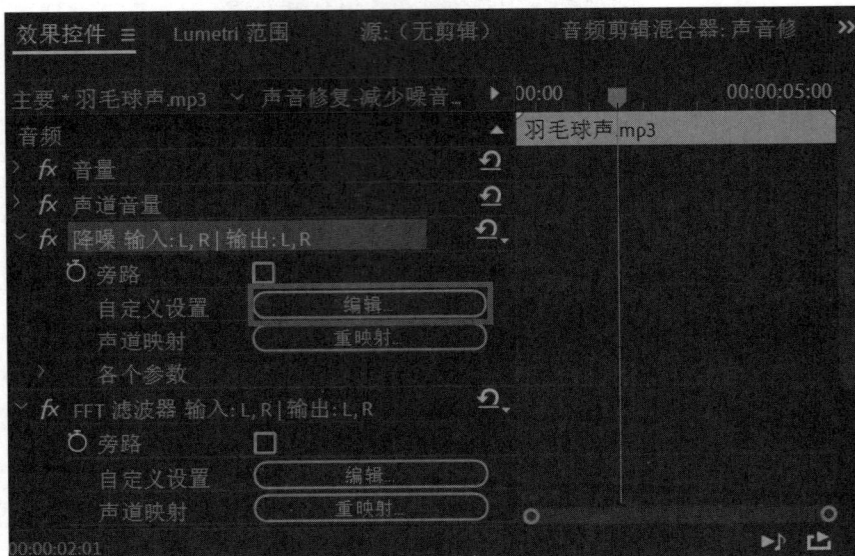

图 9-13　噪声模式

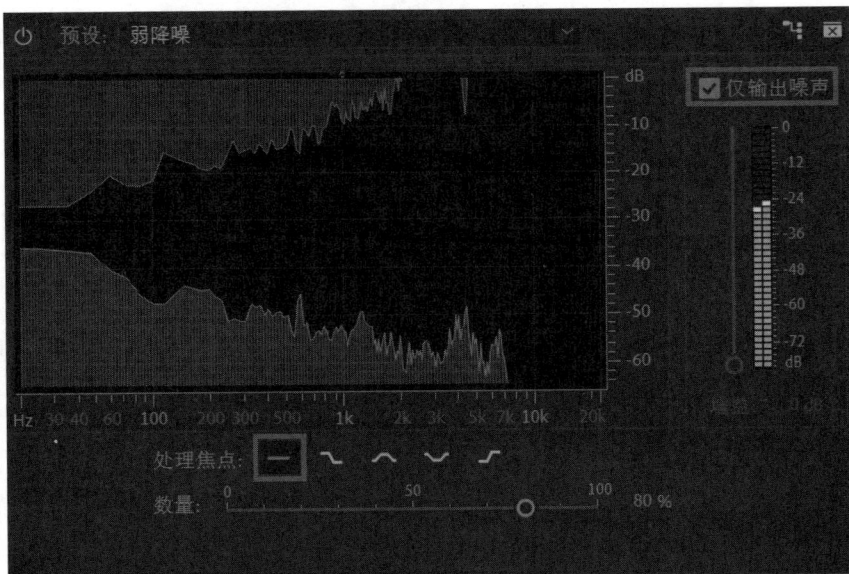

图 9-14　关键帧降噪模式

(7) 在数量上设置关键帧，听取不同时间段降噪效果。在开始位置设置 0，在 00:00:00:15 处设置 20%，在 00:00:01:21 处设置 60%，在 00:00:03:15 处设置 80%。设置后听取不同数量降噪后的效果，如图 9-15 所示。

图 9-15　"关键帧动态降噪"控制界面

(8) 导出音频文件，选择"文件"→"导出"→"媒体"，在"导出设置"对话框中的"格式"下拉菜单中选择"MP3"，在"预设"列表选择"MP3 256 kbps 高品质"编码方案，单击"输出名称"设置存储路径并命名文件，确认音频采样率为 48 kHz、比特率为 256 kbps，参数无误后，单击"导出"按钮，渲染进度条完成后即可生成最终音频文件，如图 9-16 所示。

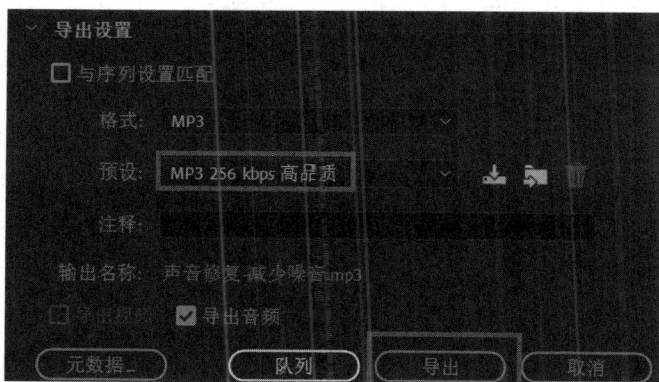

图 9-16　导出项目

任务 3　动态调整声音

动态调整声音

任务目标

本任务以杭州亚运会开幕式环境声为实操案例，通过频谱分析区分各种声音，如环境声(欢呼声)、语音信号(解说声)和设备底噪(电流声)，结合动态压缩技术平衡音量波动，利用噪声抑制消除环境底噪，重点训练关键帧动态降噪与频段均衡的核心技能，独立解决录音素材中信噪比不足、峰值失真等常见音频问题。

任务实施

Pr作为一款专业且功能强大的视频编辑软件，为创作者们提供了丰富多彩的声音处理工具，其中动态调整声音的功能更是举足轻重。在实际音频素材录制过程中，由于场景的变化、录制对象的不同表现等，往往存在音量不均衡、声音起伏不自然等问题。例如，现场拍摄一段"亚运会开幕式"声，距离的远近都会导致声音的忽大忽小。Pr的动态调整声音功能，能够精确地应对这些复杂的声音状况，无论是增强音频的戏剧性，还是营造细腻的氛围，都能发挥关键作用。下面以"现场亚运会"拍摄为例，采用动态调整声音赋予作品更加出色的效果。在操作过程中不仅能欣赏亚运健儿的体育精神，还能掌握一些声音处理技巧。

(1) 新建文件夹，命名为学号姓名(如99张三)。新建项目名称为"用动态调整声音"，存储到新建文件夹中，如图9-17所示。

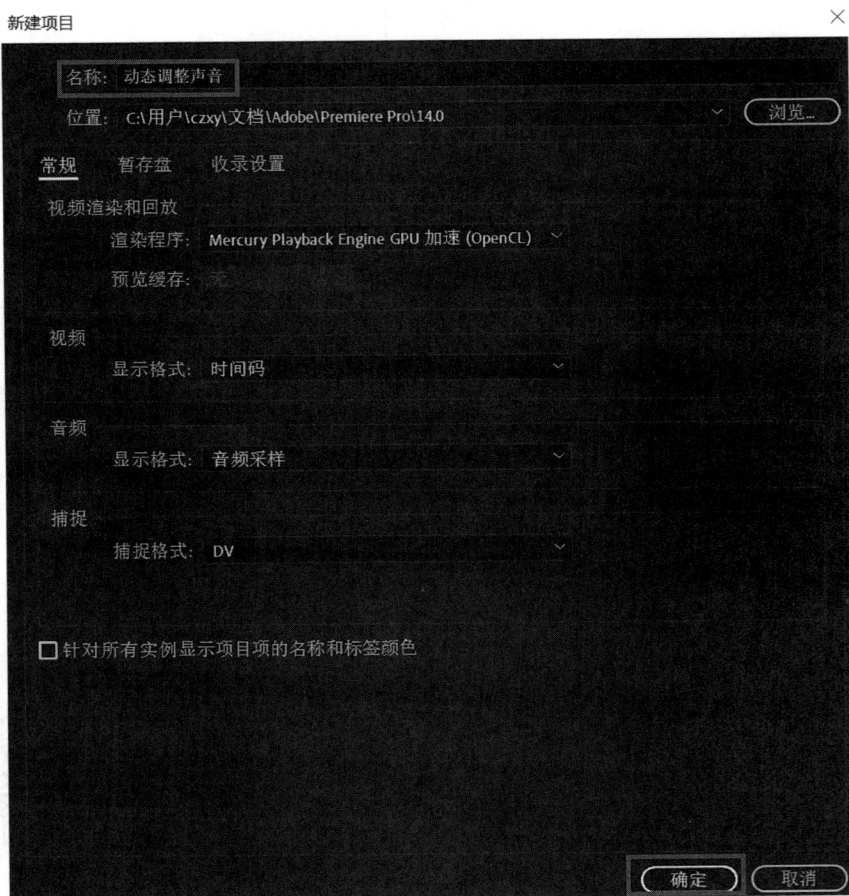

图 9-17　新建项目

(2) 单击菜单栏"文件"→"新建"→"序列"，打开"新建序列"对话框，在"可用预设"列表选择"DV-PAL"→"标准48 kHz"，切换至"设置"选项卡并确认"音频"采样率为48 kHz，在"序列名称"输入框中修改为"动态调整声音"，单击"确定"完成序列创建并进入编辑界面，如图 9-18 所示。

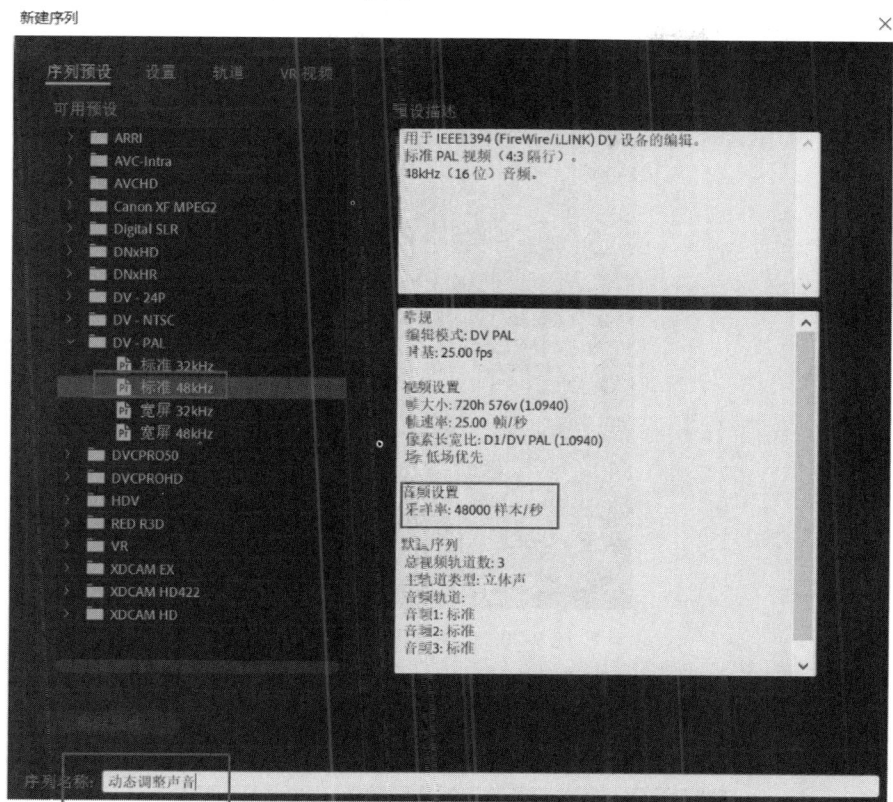

图 9-18　新建序列

（3）将素材"亚运会开幕式声"导入项目面板，拖入 A1 音频轨道，试听音频识别背景环境噪声(如人群杂声、设备底噪)，确定降噪处理目标。因音频时长较长，可使用快捷键 W"剃刀"工具，在时间轴 00:00:00:00 处单击切割，移动至 00:00:09:00 处进行二次切割，删除首尾保留中间 9 s 核心片段，如图 9-19 所示。

图 9-19　素材导入

(4) 选择"菜单"→"音频"，在"基本声音"中选择"对话"模式。在"对话"模式中可以进行降噪和动态调整声音，如图 9-20 所示。

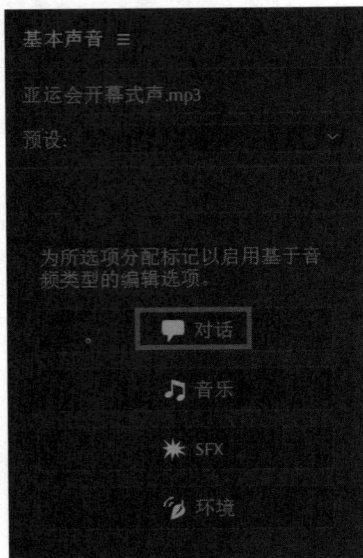

图 9-20 "对话"模式

(5) 勾选"对话"展开栏中的"修复"，勾选"减少杂色"，根据音频的播放调整数量为 3.5，达到降噪效果。在"透明度"下勾选"动态"，来回拖动音频，数值调整为 8.0，使效果达到最佳，如图 9-21 所示。

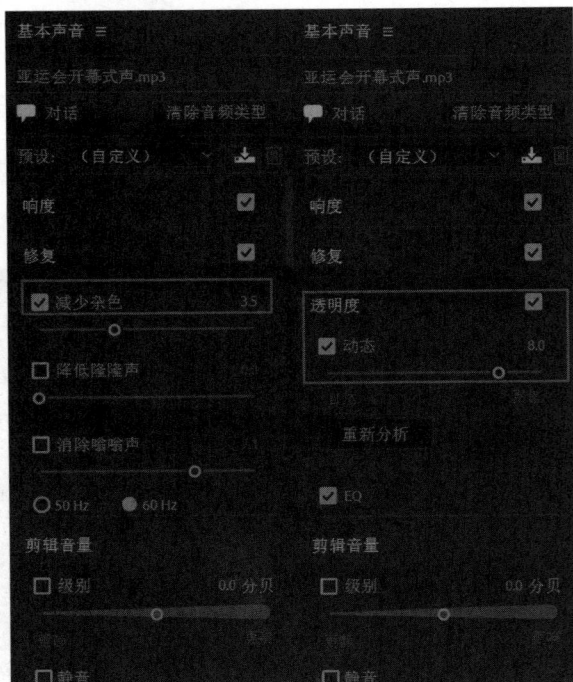

图 9-21 动态调整声音

(6) 同任务 2 中步骤(6)一致，在"效果控件"面板中出现"降噪"和"动态处理"两个参数。展开"自定义设置"选项组并兰击"编辑"进入动态处理编辑界面，如图 9-22 所示。通过拖拽动态曲线视窗中的控制点，可实时调整增益/衰减曲线，建议在监听音频变化的同时观察电平表，确保动态范围优化后峰值不超过 −3 dBFS，如图 9-23 所示。

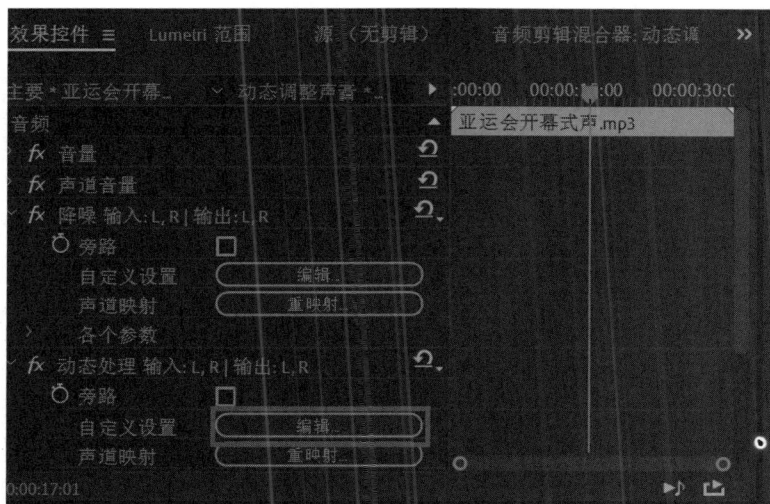

图 9-22　动态曲线调整声音编辑界面

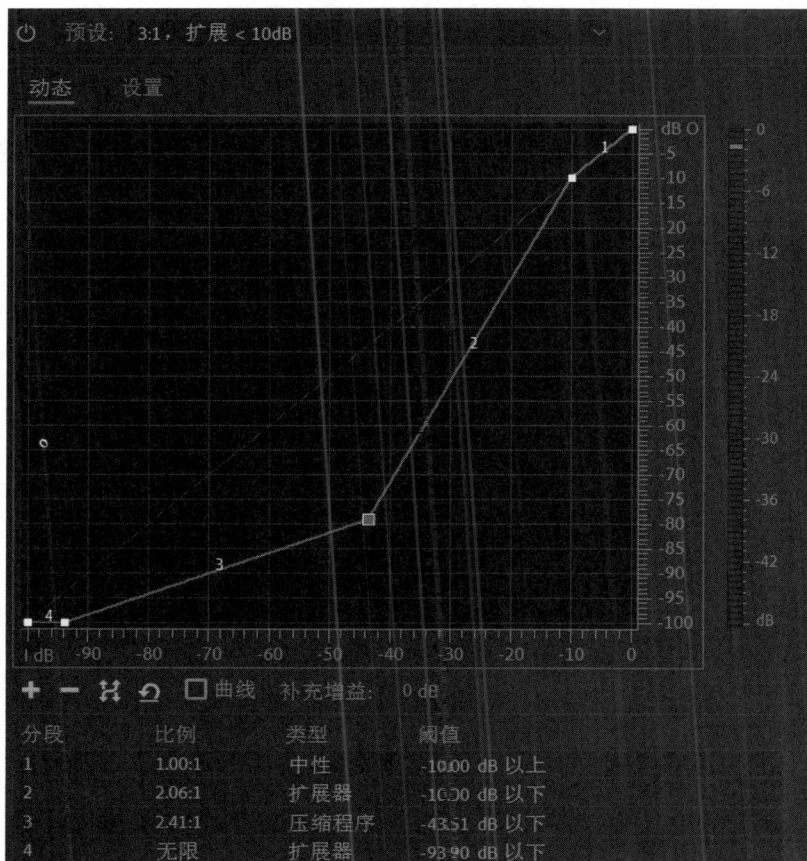

图 9-23　动态曲线调整声音曲线视图

(7) 完成曲线调整后，切换至"预设"选项卡，逐项试听系统预设的动态处理方案，此时需循环播放关键音频段落进行 A/B 对比，重点关注不同预设对声场宽度、响度平衡及细节层次的影响，最终选定与当前音频素材最契合的优化方案，如图 9-24 所示。

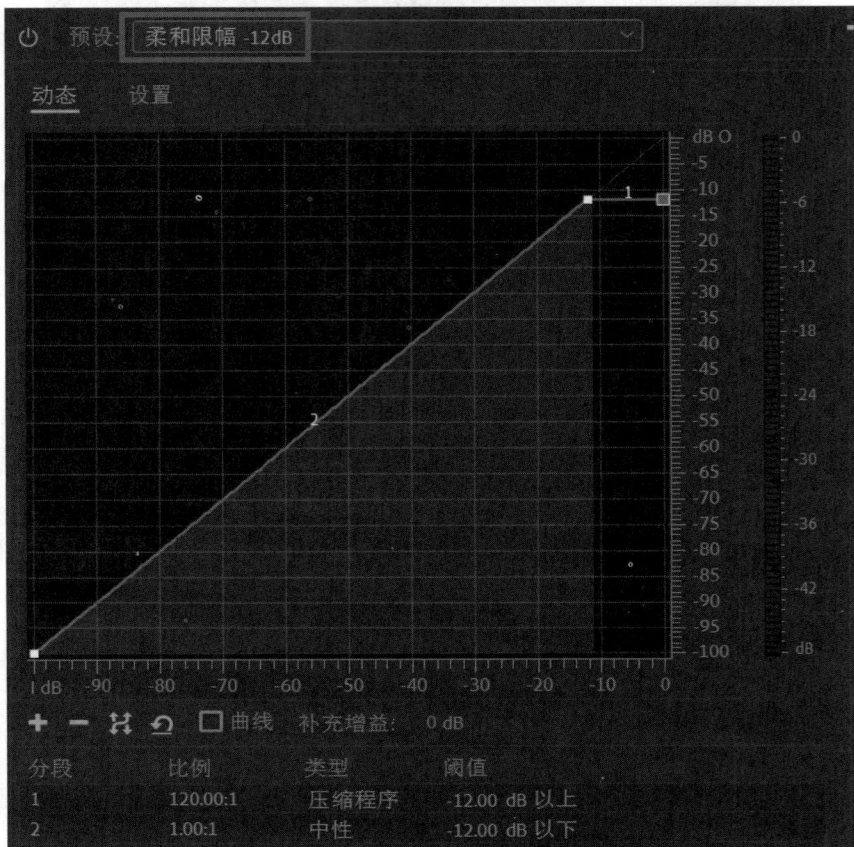

图 9-24　动态曲线调整声音预设

(7) 导出音频文件。打开"导出设置"对话框，在"格式"下拉菜单中选择"MP3"，在"预设"列表选择"MP3 256 kbps 高品质"编码方案，单击"输出名称"设置存储路径并命名文件，确认音频采样率为 48 kHz、比特率为 256 kbps，参数无误后，单击"导出"，渲染进度条完成后即可生成最终音频文件。

任务 4　创意调整声音

创意调整声音

任务目标

本任务以"现场声"音频为素材，区分语音、环境声和底噪，掌握混响效果器的应用，通过选择预设实现声场空间模拟。通过学习本任务，可独立完成音频修复与效果合成。

任务实施

在视频创作的精彩世界里，声音不仅仅是画面的附属，更是独立塑造氛围、传递情感、强化主题的关键元素。Pr 为创作者们打开了一扇通往声音创意表达的大门，创意调整声音的功能更是极具魅力。创意调整声音鼓励创作者们突破常规，发掘声音的无限可能。下面以一段"亚运会现场声"的剪辑为例，学习给定声音的预设效果。

(1) 创建新项目"创意调整声音""新建序列""导入素材文件现场声""选择基本声音中的'对话'模式"，参照任务 3 中的步骤(1)～(4)。

(2) 将素材"现场声"导入项目面板，拖入 A1 音频轨道。因音频时长较长，可使用快捷键 C"剃刀"工具，在时间轴 00:00:00:00 处单击切割，移动至 00:00:09:00 处进行二次切割，删除首尾保留中间 9 s 核心片段。

(3) 在"基本声音"中找到并勾选"创意"，勾选"混响"，根据预设效果，分别选择"大厅""教堂""大型反射房间""俱乐部外""小型干燥房间""加粗语音""温暖的房间""热情的语音"，将数量调整到 9，如图 9-25 所示。

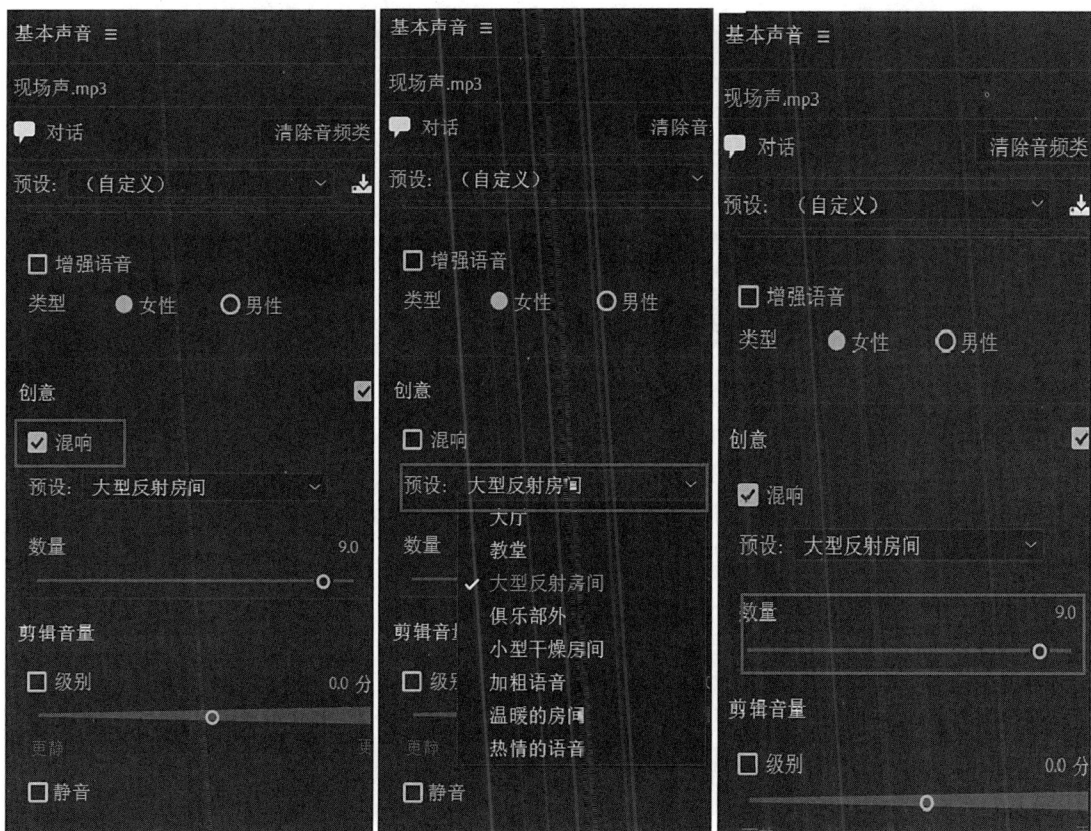

图 9-25　创意调整声音

(4) 在"基本声音"中找到"剪辑音量"，勾选"级别"，分别设置分贝值为 -10、0、

1、3、5、7、9 并分别听取每种分贝设置的效果。勾选"静音"和取消勾选"静音"，分别听取音频效果，如图 9-26 所示。

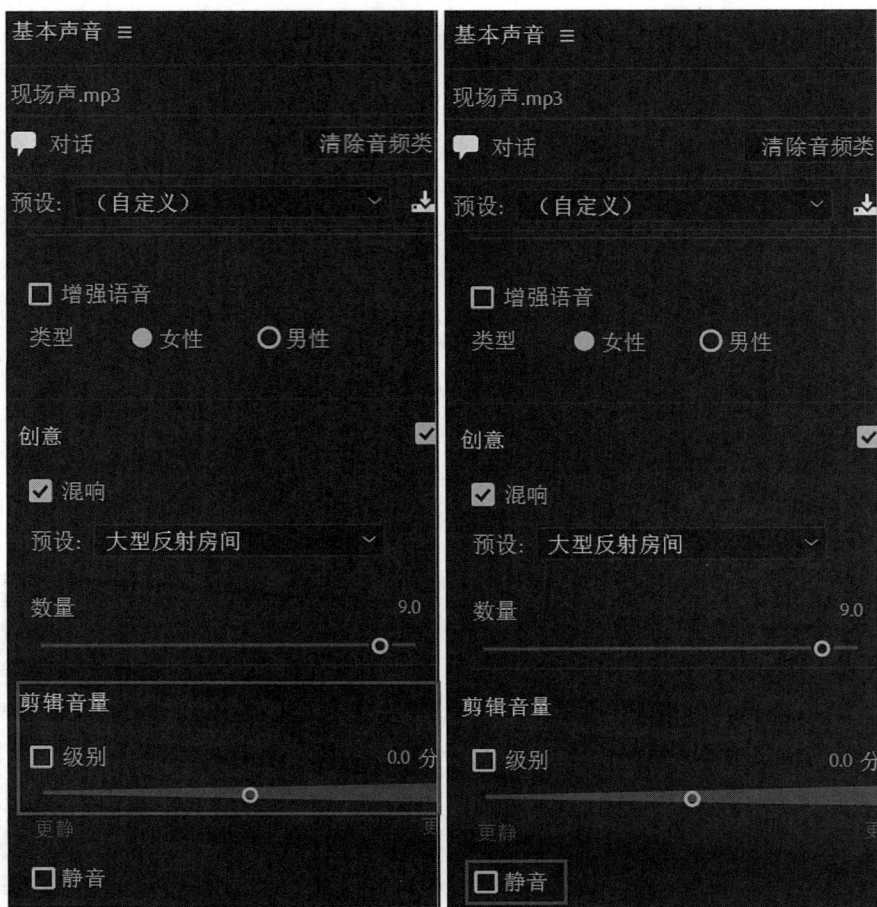

图 9-26　调整剪辑音量

（5）导出音频。打开"导出设置"对话框，在"格式"下拉菜单中选择"MP3"，在"预设"列表选择"MP3 256 kbps 高品质"编码方案，单击"输出名称"设置存储路径并命名文件，确认音频采样率为 48 kHz、比特率为 256 kbps，参数无误后，单击"导出"，待渲染进度条完成后即可生成最终音频文件。

技巧点亮

下面介绍回声制作的操作技巧。

（1）以"日出"和"诗词"素材为例，将"诗词"素材调整成回声模式。创建项目，命名为"制作回声"，新建序列"制作回声"，导入素材"日出.jpg"并拖入 V1 轨道，导入音频素材"诗词"并拖入 A1 轨道，如图 9-27 所示。

图 9-27　素材导入

(2) 播放古诗，发现前 3 s 是空白。使用工具栏中的"剃刀"工具截取并删除前 3 s 音频，后面的音频平移到开始位置，如图 9-28 所示。

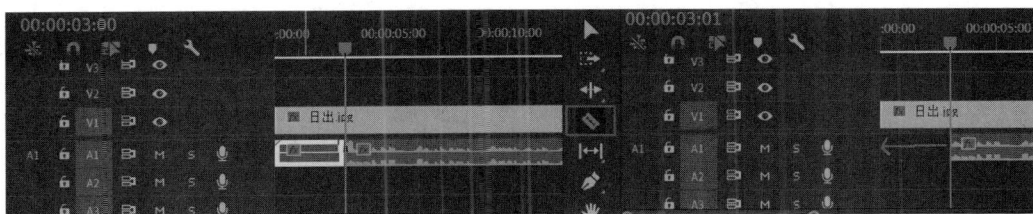

图 9-28　截取片段

(3) 根据步骤(2)，分别截取前两句诗词，第三句之后删除，如图 9-29 所示。

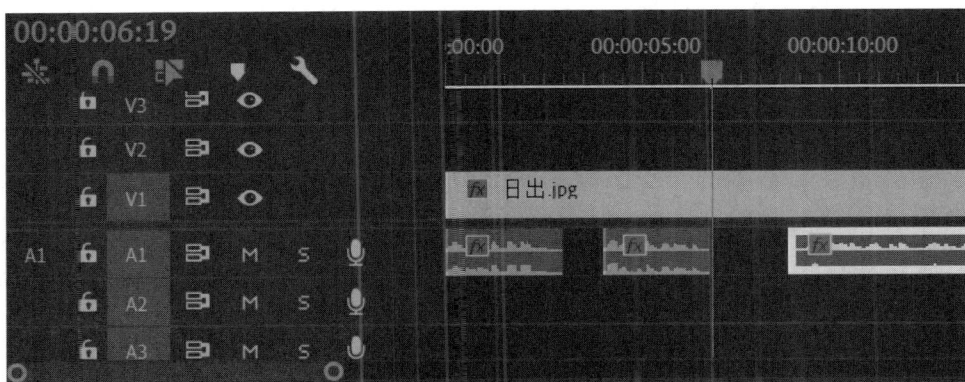

图 9-29　截取前两句古诗

(4) 选中第二段，做回声处理。在 Adobe Premiere Pro 中延长音频时长可通过创建嵌套序列实现，具体操作步骤如下：首先在时间轴面板中定位到 A1 音轨的第二段音频素材，右键单击该素材片段，在弹出的菜单中选择"嵌套"功能；接着在新建嵌套序列对话框中，将默认名称修改为"延长"并单击确定；完成嵌套后，原音频片段将转换为可扩展的嵌套序列。此时双击进入该"延长"序列内部，即可通过调整素材速度/持续时间或添加音频过渡效果来实现时长延伸，最后返回主时间轴即可看到延长后的完整音频轨道，如图 9-30 所示。

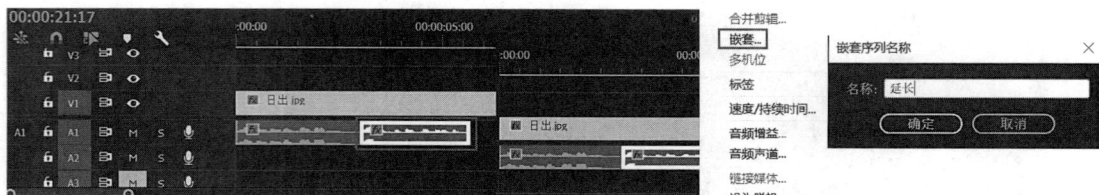

图 9-30　嵌套处理音频

(5) 双击进入"延长"界面，按住 Alt 键，同时按住鼠标左键，将该序列拖至下方空白处，此时音频自动创建 A2 音频轨道，如图 9-31 所示。

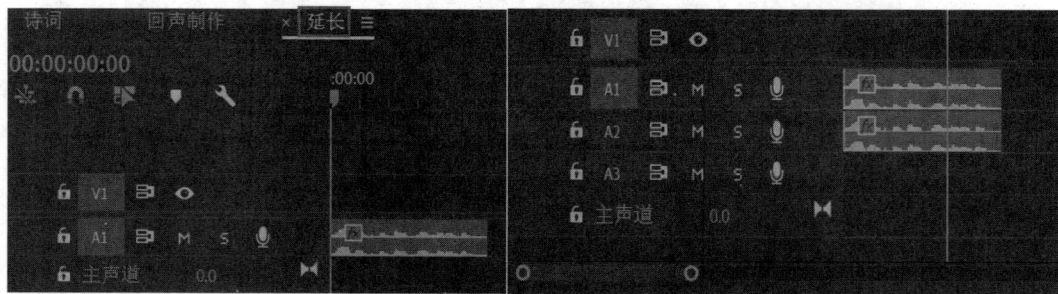

图 9-31　复制音频

(6) 此时调整第二段音频速度，具体操作步骤如下：首先在音轨编辑界面中定位到 A2 音轨，选中该音轨上的第二段音频片段；接着右键单击该片段，从弹出的上下文菜单中选择"调整速度与持续时间"功能；在弹出的参数设置窗口中，将速度值调整为原始速度的 30%(该操作会使播放速度降低为原速的 1/3)；确认勾选"保持音高"选项后点击确定，此时由于播放速率降低至接近三分之一，该音频片段的持续时间将等比延长至原有时长的约 3.33 倍(即原时长的 3 倍左右)，完成音频的慢速处理，如图 9-32 所示。

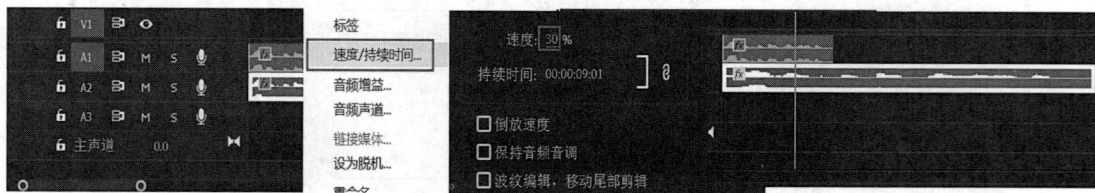

图 9-32　调整速度

(7) 勾选"静音"，返回到"回声制作"序列。将这段音频向后拖，音频时长变成原来的 3 倍左右，如图 9-33 所示。

图 9-33　放缓速度